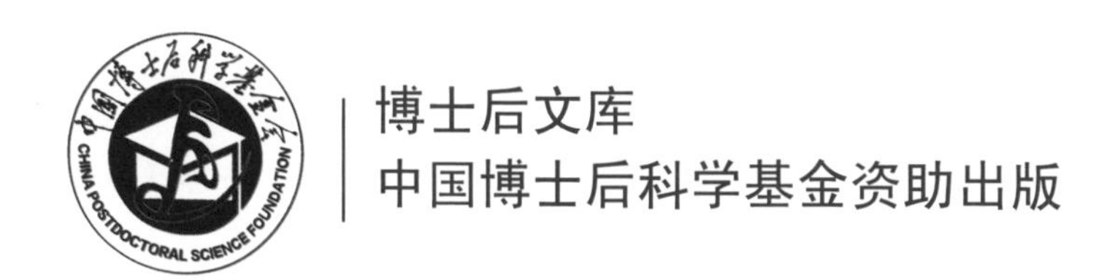

博士后文库

中国博士后科学基金资助出版

基于遥感与伽马能谱的月球化学和岩性分析

王贤敏　编著

科学出版社

北　京

内 容 简 介

本书重点从月球化学成分含量分布与月球岩性分析两个相互关联的方面进行介绍，探讨相关地质演化线索。全书共4章，第1章主要介绍采用“嫦娥二号”伽马射线谱仪数据反演月表Th含量，分析壳幔内Th含量的分布特征和富Th物质的分布深度，探讨富Th物质月表出露机制；第2章主要介绍采用“嫦娥一号”干涉成像光谱仪数据反演月表主要氧化物含量，探讨月球高地地区的岩性特征；第3章主要介绍月球岩石的类型、源区、形成年代、化学成分和矿物特征；第4章主要根据Th含量和主要氧化物含量，揭示月球各岩套在月球表面和浅月表的分布特征，进而探讨相关的岩浆洋演化和地质线索。本书插图配彩图二维码，见封底。

本书可作为从事行星科学和遥感地质等领域工作的科研人员的参考书。

图书在版编目（CIP）数据

基于遥感与伽马能谱的月球化学和岩性分析/王贤敏编著.—北京:科学出版社，2019.11

（博士后文库）

ISBN 978-7-03-062868-8

Ⅰ.①基… Ⅱ.①王… Ⅲ.①月球-地球化学标志-研究 ②月球-岩相分析-研究 Ⅳ.①P184

中国版本图书馆CIP数据核字（2019）第242460号

责任编辑：何　念 / 责任校对：刘　畅
责任印制：彭　超 / 封面设计：陈　敬

科学出版社 出版
北京东黄城根北街16号
邮政编码：100717
http://www.sciencep.com
中国科学院印刷厂印刷
科学出版社发行　各地新华书店经销
*
开本：B5（720×1000）
2019年11月第　一　版　　印张：12 1/4
2019年11月第一次印刷　　字数：245 000
定价：118.00元
（如有印装质量问题，我社负责调换）

《博士后文库》编委会名单

《博士后文库》序言

1985 年，在李政道先生的倡议和邓小平同志的亲自关怀下，我国建立了博士后制度，同时设立了博士后科学基金。30 多年来，在党和国家的高度重视下，在社会各方面的关心和支持下，博士后制度为我国培养了一大批青年高层次创新人才。在这一过程中，博士后科学基金发挥了不可替代的独特作用。

博士后科学基金是中国特色博士后制度的重要组成部分，专门用于资助博士后研究人员开展创新探索。博士后科学基金的资助，对正处于独立科研生涯起步阶段的博士后研究人员来说，适逢其时，有利于培养他们独立的科研人格、在选题方面的竞争意识以及负责的精神，是他们独立从事科研工作的“第一桶金”。尽管博士后科学基金资助金额不大，但对博士后青年创新人才的培养和激励作用不可估量。四两拨千斤，博士后科学基金有效地推动了博士后研究人员迅速成长为高水平的研究人才，“小基金发挥了大作用”。

在博士后科学基金的资助下，博士后研究人员的优秀学术成果不断涌现。2013 年，为提高博士后科学基金的资助效益，中国博士后科学基金会联合科学出版社开展了博士后优秀学术专著出版资助工作，通过专家评审遴选出优秀的博士后学术著作，收入《博士后文库》，由博士后科学基金资助、科学出版社出版。我们希望，借此打造专属于博士后学术创新的旗舰图书品牌，激励博士后研究人员潜心科研，扎实治学，提升博士后优秀学术成果的社会影响力。

2015 年，国务院办公厅印发了《关于改革完善博士后制度的意见》（国办发〔2015〕87 号），将“实施自然科学、人文社会科学优秀博士后论著出版支持计划”作为“十三五”期间博士后工作的重要内容和提升博士后研究人员培养质量的重要手段，这更加凸显了出版资助工作的意义。我相信，我们提供的这个出版资助平台将对博士后研究人员激发创新智慧、凝聚创新力量发挥独特的作用，促使博士后研究人员的创新成果更好地服务于创新驱动发展战略和创新型国家的建设。

祝愿广大博士后研究人员在博士后科学基金的资助下早日成长为栋梁之才，为实现中华民族伟大复兴的中国梦做出更大的贡献。

中国博士后科学基金会理事长

前　言

随着地球环境的恶化和能源的逐渐枯竭，人类将视野转向了深空探测。月球是地球唯一的天然卫星，是距离地球最近的自然天体，因此成为人类进行太空探测的首选对象。首先，对月球的探测和研究，有助于揭示地月系统的起源和演化，揭示地球早期的演化历史。其次，月球蕴含丰富的资源，如核聚变燃料氦-3，以及钛铁矿、稀土、铀、钍、铝、钙、铬、镍、钠、镁、铜和硅等矿产资源，通过月球采矿返回，有望缓解地球的资源危机。此外，通过探测月球，建立月球前哨基地，为实施登陆火星计划做准备。

1959年苏联成功发射了第一个星际探测器月球1号和第一个在月表硬着陆的月球探测器月球2号，成功开启了人类探测月球的历程。从1958年美国和苏联启动探月计划至今，世界发达国家和航天技术大国先后开展月球探测计划，目前开展过月球探测活动的国家和地区有苏联、美国、日本、欧洲、中国、印度和以色列。月球探测工程作为我国一项战略性科技工程，被列为《国家中长期科学和技术发展规划纲要（2006—2020年）》的十六个重大专项之一。

月球化学成分、岩性特征和相关演化历史的研究是月球探测的重要科学目标，是理解月球化学分布不均一性的核心科学问题，是揭示月球火山活动历史和天体撞击开掘作用的重要科学问题，也是重建月球岩浆洋模型的关键线索。然而，目前在月球化学成分和岩性特征方面仍存在一些关键问题具有争议或未有定论，限制了我们对月球演化历史的理解，包括：①作为月球重要的放射性产热元素Th，其在壳幔内的分布特征是什么？富Th物质在月壳内的分布深度是多少？富Th物质的月表出露机制是如何的？②月表的一些主要氧化物，如SiO_2、Al_2O_3、CaO、MgO 等在月表的分布特征是什么？③广泛分布在斜长岩质高地地区的岩性是什么？为什么具有较高的Mg#（镁指数）？④镁质岩套的形成是否需要克里普物质的参与？早期镁质岩浆活动是全球现象还是仅局限于风暴洋克里普地体？⑤碱性岩套侵入的是月壳的浅层还是深处？碱性岩套在月表的哪些地区出露，出露机制是如何的？碱性岩套与镁质岩套是否存在岩石成因关系？⑥标志着古老月海玄武质火山活动的隐月海在哪？

本书围绕月球化学成分和岩性特征两个相关联的主题，探讨相关的月球地质演化历史，对上述目前存在争议的或尚未解决的关键科学问题给出结论或线索。本书的工作将机器学习算法引入月球科学领域，提高月表化学成分含量反演和岩性识别的精度，有望为相关的月球地质演化问题提供线索和依据。此外，本书研究工作采用的主要数据源包括“嫦娥一号”干涉成像光谱仪的高光谱遥感数据和“嫦娥二号”伽马射线谱仪的能谱数据，展示我国探月数据在月球遥感和月球地质领域的应用。本书旨在抛砖引玉，希望借此促进月球探测理论和技术的发展。

本书的研究工作得到中国博士后科学基金会和国家自然科学基金项目（项目编号：41372341）的资助。感谢中国科学院紫金山天文台吴昀昭研究员、中国地质大学（武汉）胡祥云教授和肖龙教授、中国科学院大学张渊智教授、吉林大学陈圣波教授对本书研究工作的指导和帮助。感谢中国地质大学（武汉）研究生仇登高、夏文祥、赵思源对本书中研究工作的贡献。本书参考和引用国内外学者的许多研究成果，在此向这些学者表示感谢。由于作者水平有限，书中难免有疏漏之处，恳请读者和学者批评指正。

王贤敏

2019 年 4 月 8 日于武汉

本书涉及专业词汇中英文对照表

英文全称	英文简写	中文
alkali suite		碱性岩套
Alphonsus		阿方索
Antoniadi		安东尼亚迪
Apollo		阿波罗
Aristarchus		阿里斯塔克
Aristillus		阿里斯基尔
Autolycus		奥多利卡斯
basalt-rich, mafic breccias		玄武质角砾岩
Belkovich		别利科维奇
Birt		伯特
Bouguer		布格
Bullialdus		布利奥
Cauchy-5		柯西-5
Chandrayaan-1		“月船一号”
Chandrayaan-1 X-ray Spectrometer	C1XS	“月船一号”X射线谱仪
Chang’e-1	CE-1	“嫦娥一号”
Chang’e-2	CE-2	“嫦娥二号”
Chang’e-3	CE-3	“嫦娥三号”
Chang’e-4	CE-4	“嫦娥四号”
Chang’e-5	CE-5	“嫦娥五号”
Clementine		克莱门汀
Compton		康普顿
Copernicus		哥白尼
dark mantling deposits		暗色月幔沉积
Decision Tree	DT	决策树
digital elevation model	DEM	数字高程模型
digital image model	DIM	数字影像模型

续表

英文全称	英文简写	中文
digital terrain model	DTM	数字地形模型
dimict breccias		双矿碎屑角砾岩
Diviner thermal infrared	Diviner TIR	预言家热红外
Dryden		德赖登
Feldspathic Highlands Terrane	FHT	斜长岩质高地地体
ferroan anorthosite		亚铁斜长岩套
ferroan anorthositic suite		亚铁斜长岩套
Fra Mauro		弗拉·毛罗
gamma ray spectrometer	GRS	伽马射线谱仪
gamma-ray and neutron spectrometers	GRNS	伽马射线谱仪和中子谱仪
Gauss		高斯
Gravity Recovery and Interior Laboratory	GRAIL	重力恢复和内部实验室
Grimaldi		格里马尔迪
Gruithuisen		格鲁伊图森
Hansteen Alpha		汉斯廷·阿尔法
High-Ca pyroxene	HCP	高钙辉石
high voltage level		高压电平
Highlands Radar Dark Terrane		高地雷达暗色地体
highly feldspathic（noritic and troctolitic）, thorium-poor breccias		贫钍的高度斜长岩质（苏长岩质和橄长岩质）角砾岩
Imbrium Basin		雨海盆地
interference imaging spectrometer	IIM	干涉成像光谱仪
J. Herschel		约·赫歇尔
Kaguya		“月亮女神”
Kepler		开普勒

续表

英文全称	英文简写	中文
KREEP		克里普
KREEP basalt		克里普玄武岩
KREEP-Bearing Terrane		含克里普地体
largely unbrecciated mare basalts		（大部分非角砾的）月海玄武岩
Lassell		拉赛尔
Lavoisier		拉瓦锡
leave-one-out cross-validation	LOOCV	留一交叉验证
Leibnitz		莱布尼兹
less feldspathic （anorthositic norite and troctolite） breccias with little mare basalt		含少量月海玄武岩的弱长石质（钙长苏长岩和橄长岩）角砾岩
low-Ca pyroxene	LCP	低钙辉石
low-K Fra Mauro	LKFM	低钾弗拉・毛罗
Luna		月球号
Lunar Meteorite Compendium		月球陨石概略
lunar orbiter laser altimeter	LOLA	月球轨道飞行器激光高度计
Lunar Prospector	LP	月球勘探者
lunar reconnaissance orbiter	LRO	月球勘测轨道器
lunar reconnaissance orbiter camera	LROC	月球勘测轨道器相机
lunar soil characterization consortium	LSCC	月壤特征集
magnesian suite		镁质岩套
Mairan		梅蓝
majority analysis		主要分析
Mare Anguis		蛇海
Mare Australe		南海
mare basalt		月海玄武岩
Mare Cognitum		知海
Mare Crisium		危海

续表

英文全称	英文简写	中文
Mare Fecunditatis		丰富海
Mare Frigoris		冷海
Mare Humboldtianum		洪堡海
Mare Humorum		湿海
Mare Imbrium		雨海
Mare Ingenii		智海
Mare Insularum		岛海
Mare Marginis		界海
Mare Moscoviense		莫斯科海
Mare Nectaris		酒海
Mare Nubium		云海
Mare Orientale		东海
Mare Serenitatis		澄海
Mare Smythii		史密斯海
Mare Spumans		泡沫海
Mare Tranquillitatis		静海
Mare Undarum		浪海
Mare Vaporum		汽海
Marius Hills		马利厄斯丘陵
Mersenius		梅森
Messala		默萨拉
Mg-rich spinel		富镁尖晶石
Mg-spinel lithology		镁尖晶石岩
miniature radio frequency	Mini-RF	微型无线电频率
minimal description length principle	MDLP	最短描述长度原则

续表

英文全称	英文简写	中文
minimum noise fraction	MNF	最小噪声分离
monomict breccias		单矿碎屑角砾岩
Mons Rümker		吕姆克山
Montes Apenninus		亚平宁山脉
Montes Jura		侏罗山脉
moon mineralogy mapper	M3	月球矿物绘图仪
multiband imager	MI	多波段成像仪
Nearside Radar Dark Terrane	NRDT	月球正面雷达暗色地体
Oceanus Procellarum		风暴洋
Oppenheimer		奥本海默
optical maturity	OMAT	光学成熟度
Orientale Impact Basin Terrane	OT	东方盆地地体
partial least squares regression	PLSR	偏最小二乘回归
pink spinel anorthosite		粉红尖晶石钙长岩
Plato		柏拉图
Poincaré		庞加莱
polymict breccias		复矿碎屑角砾岩
probability density function	PDF	概率密度函数
Procellarum KREEP Terrane	PKT	风暴洋克里普地体
pyroclastic deposit		火山碎屑沉积
quality state		质量情况
quartz monzobiorite	QMD	石英二长闪长岩
radial basis function	RBF	径向基函数
rare earth element	REE	稀土元素
rille		月谷
root mean square error	RMSE	均方根误差

续表

英文全称	英文简写	中文
signal noise ratio	SNR	信噪比
Sinus Iridum		虹湾
small crater rim and ejecta probing	SCREP	小撞击坑边缘和溅射物探查
Sosigenes		索西琴尼
South Pole-Aitken	SPA	南极艾特肯
South Pole-Aitken Basin		南极艾特肯盆地
South Pole-Aitken Terrane	SPAT	南极艾特肯地体
Space Weather Prediction Center		空间天气预报中心
spectral profiler	SP	光谱廓线仪
support vector machine	SVM	支持向量机
Taurus-Littrow		陶拉斯-利特罗
Theophilus		西奥菲勒斯
Thomson		汤姆孙
Th-rich（>3.5 μg/g), moderately mafic breccias		富钍（>3.5 μg/g）的中等镁铁质角砾岩
Tsiolkovskiy		齐奥尔科夫斯基
ultraviolet visible	UV-VIS	紫外-可见光
USGS Geologic Atlas of the Moon		美国地质勘探局的月球地质图集
USGS Moon Pyroclastic Volcanism Project		美国地质勘探局的月球火山碎屑火山活动项目
Vallis Alpes		阿尔卑斯大峡谷
Von Kármán		冯・卡门
wide angle camera	WAC	广角相机
wrinkle ridge		月脊

注：部分中英文对照参考了中华人民共和国民政部发布的《第一批月球地名标准汉字译名表》和《第二批月球地名标准汉字译名表》，术语在线:http://www.termonline.cn/list.htm?k，月球地图—百度文库：https://wenku. baidu. com/view/d604fc0e4a7302768e9939f3.html， 月面图—百度文库： https://wenku.baidu.com/view5d6317b2fd0a79563cle72af. html。

目　录

第 1 章　月球 Th 含量分布和出露机制

月球钍（Th）含量是区分不同岩性和地体的重要标志，是反映月壳厚度的关键指标，是研究月球化学分布不均一性的关键因素，也是重建月球岩浆洋模型的重要线索。本章主要介绍采用“嫦娥二号”（Chang’e-2，CE-2）伽马射线谱仪（gamma ray spectrometer，GRS）数据反演月表 Th 含量分布，根据月壳厚度、月球五大岩套在壳幔内的分布特征和它们的 Th 含量特征，揭示壳幔内 Th 含量的分布特征和富 Th 物质的分布深度，进而探讨富 Th 物质在月表出露的机制。

1.1 月球 Th 含量的地质意义

Th 作为一种放射性产热元素，其在月表和壳幔内的分布特征及月表出露机制为月球热演化历史提供了重要的线索。本节主要从 Th 含量与月球岩性的关系、Th 含量与月球地体划分的关系、Th 含量和月壳厚度的关系三个方面来阐述 Th 含量的地质意义。

1.1.1 Th 含量与月球岩性的关系

月球岩浆岩主要包括 5 类原生岩套[亚铁斜长岩套（ferroan anorthosite 或者 ferroan anorthositic suite）、镁质岩套（magnesian suite）、碱性岩套（alkali suite）、克里普玄武岩（KREEP basalt）、月海玄武岩（mare basalt）与相关的火山碎屑沉积（pyroclastic deposit）]（Wieczorek et al., 2006a；Lucey et al., 2006；Warren, 1993；Taylor et al., 1991）。需要说明的是，本书中的“火山碎屑沉积”均指月海玄武岩火山碎屑沉积。

以上 5 类原生岩的 Th 含量特征存在明显的差异。图 1.1 为 5 类原生岩在 FeO-Th 含量空间中的分布特征，其中各类岩浆岩样本来源于月球陨石样本和阿波罗（Apollo）与月球号（Luna）带回的月岩样本，这些样本的化学成分数据参见 Fagan 和 Neal（2016），Elardo 等（2014），Snape 等（2011），Haloda 等（2009，2006），Greshake 等（2008），Wieczorek 等（2006b），Day 等（2006），Zeigler 等（2006，2005），Gnos 等（2004），Warren 和 Kallemeyn（1993）。表 1.1 是各类月球原生岩的 Th 含量统计特征。由图 1.1 和表 1.1 可见，碱性岩套具有变化范围广的 Th 含量（0.2～66 μg/g），即涵盖了极低到极高的 Th 含量。部分碱性钙长岩和碱性苏长岩具有极低到低的 Th 含量，但一些碱性钙长岩和碱性苏长岩具有高到极高的 Th 含量，且总体而言，碱性苏长岩比碱性钙长岩富 Th。霏细岩、花岗岩、二长辉长岩具有高到极高的 Th 含量，是碱性岩套中，甚至是月球岩浆岩中最富 Th 的岩石类别。克里普玄武岩具有提升的 Th 含量，涵盖了中等到极高的 Th 含量。从 Wieczorek 等（2006b）统计的数据可知，克里普玄武岩具有中等到高的 Th 含量，而陨石 Sayh al Uhaymir 169（SAU 169）的克里普碎屑的 Th 含量达到 21.7 μg/g（Gnos et al., 2004）。月海玄武岩和镁质岩套具有极低到中等的 Th 含量，但从总体（均值）而言，具有低 Th 含量的特征。亚铁斜长岩套的极低 Th 含量是其显著特征。因此，月球五大岩套的 Th 含量具有明显的差异，Th 含量是区分月球岩性的重要指标。

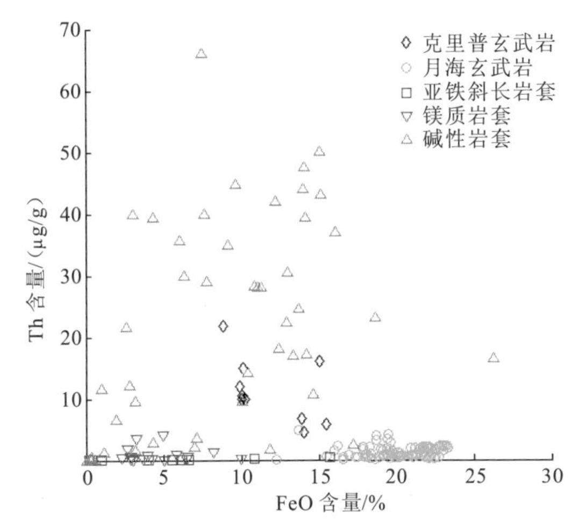

图 1.1　月球 5 类原生岩在 FeO-Th 含量空间中的分布

表 1.1　各类月球原生岩的 Th 含量统计特征（Wieczorek et al., 2006b）

岩性	Th 含量最大值 /（μg/g）	Th 含量最小值 /（μg/g）	Th 含量均值 /（μg/g）
亚铁斜长岩套	0.41	0.003 7	0.11
镁质岩套	4.20	0.16	1.18
碱性钙长岩	21.60	0.20	4.90
碱性苏长岩	39.40	1.90	12.30
碱性岩套中的霏细岩和花岗岩	66.00	9.50	33.70
碱性岩套中的二长辉长岩	50.10	10.70	31.50
克里普玄武岩	14.90	4.46	9.30
月海玄武岩	4.10	0.20	1.00

注：表中数据是对 Apollo 和 Luna 带回的一些月岩样本的统计

1.1.2　Th 含量与月球地体划分的关系

1. 基于化学成分的地体划分

目前国际上常用的地体划分方法是 Jolliff 等（2000）提出的基于月表 FeO 和 Th 含量的地体划分方法。Jolliff 等（2000）根据克莱门汀（Clementine）紫外-可见光多光谱数据反演的 FeO 含量（Lucey et al., 1998）和月球勘探者（Lunar

Prospector, LP） GRS 数据反演的 Th 含量（Gillis et al., 1999；Lawrence et al., 1998），将月壳划分为化学成分特征不同的三个地体：风暴洋克里普地体（Procellarum KREEP Terrane, PKT）、南极艾特肯地体（South Pole-Aitken Terrane, SPAT）和斜长岩质高地地体（Feldspathic Highlands Terrane, FHT）（图 1.2）。PKT 是位于月球正面包括风暴洋（Oceanus Procellarum）—雨海（Mare Imbrium）地区在内的富 Th 的近似椭圆形区域，该地体边界的确定依据是边界内大部分像素单元的 Th 含量大于约 3.5 μg/g（根据 LP GRS 的 5°Th 含量数据）（Jolliff et al., 2000；Lawrence et al., 1998）。PKT 是一个镁铁质的化学地质省，其质量约占月壳质量的 10%，月壳中大约 40%的 Th 均富集在该地体（Jolliff et al., 2000）。PKT 中 Th（Th 平均值约 5 μg/g）和其他产热元素，如 U 和 K 的富集，导致该地体与其他月壳部分比较，具有独特的热演化历史（Jolliff et al., 2000）。SPAT 是一个镁铁质异常的地区，挖掘出了下月壳和上月幔的物质（Jolliff et al., 2000）。SPAT 被划分成地形凹陷对应的内部区域和边缘与溅射物对应的外部区域两个部分（Jolliff et al., 2000）。FHT 被划分成中

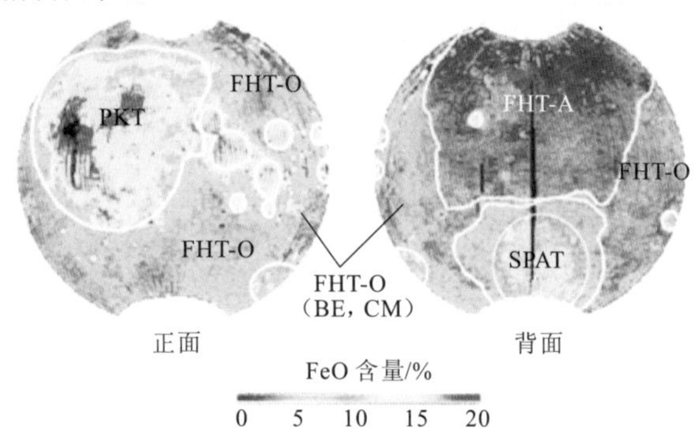

（a）Clementine 数据提取的月表 FeO 含量和地体划分

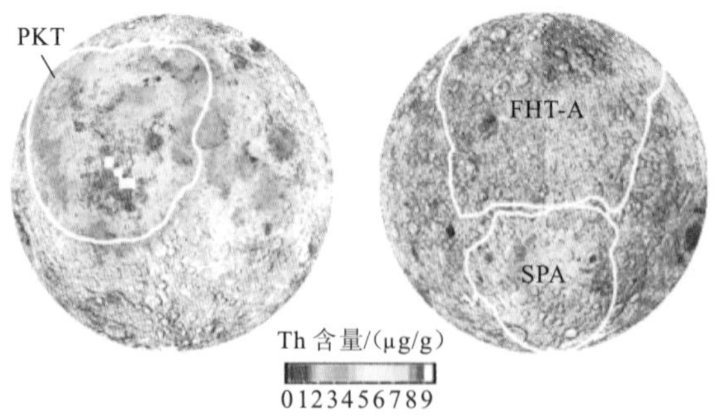

（b）LP GRS 提取的月表 Th 含量和地体划分

图 1.2 基于 FeO 和 Th 含量的月壳地体划分（Jolliff et al., 2000）

BE 表示盆地溅射物；CM 表示隐月海

间的高斜长岩质的区域（FHT-A）和外部区域（FHT-O）两个部分。FHT-A 区域主要位于月球背面，具有全月最厚的月壳；FHT-O 包括盆地溅射物、隐月海和剩下的月表地区（Jolliff et al., 2000）。

各地体区域表面的化学成分特征见表 1.2，其中 FeO 和 Th 含量为区域表面含量的均值（Jolliff et al., 2000）。可见，PKT 富 Th，其中非月海区域表面比月海区域表面具有相对更高的 Th 含量。PKT 中月海区域表面的 Th 含量提升可能来源于克里普物质和碱性岩石物质的混染和覆盖。SPAT 的内部区域、FHT 的隐月海区域表面也有一定的 Th 含量提升，其中 SPAT 的内部区域的 Th 含量提升可能与碱性岩石物质的大量出露有关。FHT 的高斜长岩质区域和 SPAT 的外部区域的表面具有低 Th 含量，这可能与这些地区分布的亚铁斜长岩套和镁质钙长岩的低 Th 含量特征有关。

表 1.2　各地体区域表面的化学成分特征（Jolliff et al., 2000）

地体	FeO 含量/%	Th 含量/（μg/g）
FHT 的高斜长岩质区域	4.2 ± 0.5	0.8 ± 0.3
FHT 的盆地溅射物区域	5.5 ± 1.6	1.5 ± 0.8
FHT 的隐月海区域	16.2 ± 2.3	2.2 ± 0.7
FHT 的隐月海周围区域	8.8 ± 2.3	1.6 ± 0.8
PKT 的非月海区域	9.0 ± 1.6	5.2 ± 1.4
PKT 的月海区域	17.3 ± 1.8	4.9 ± 1.0
PKT 的月海物质和非月海物质的混合区域	10.7 ± 2.6	4.5 ± 2.0
SPAT 的内部区域	10.1 ± 2.1	1.9 ± 0.4
SPAT 的外部区域	5.7 ± 1.1	1.0 ± 0.3

2. 基于物理特征和化学成分的地体划分

Cahill 等（2014）采用月球勘测轨道器（lunar reconnaissance orbiter, LRO）的微型无线电频率（miniature radio frequency, Mini-RF）的 S 波段（12.6 cm）雷达数据，根据物理特征和化学成分优化了月表地体的划分。

LRO Mini-RF 的 S 波段雷达数据的空间分辨率为 30 m/pixel，覆盖了月表大约 67%的区域，揭示了月表的物理特征，将月表划分为具有不同物理属性的 3 个区域：月球正面雷达暗色区域、东方盆地及其溅射物雷达亮色区域、高地雷达亮色区域（包括 FHT 和 SPAT）（Cahill et al., 2014）。

Cahill 等（2014）结合采用 LRO Mini-RF 的 S 波段雷达数据、LRO Diviner 的岩石含量数据（Bandfield et al., 2011；Paige et al., 2010）、Clementine 多光谱数据生成的光学成熟度（optical maturity, OMAT）图（Lucey et al., 2000a）、Clementine 多光谱数据反演的 FeO 和 TiO_2 含量数据（Lucey et al., 2000b）及 LP GRS 反演的 Th 含量数据（Lawrence et al., 2000；Binder, 1998），根据物理特征和化学成分，将月表划分为 4 个区域：①月球正面雷达暗色地体（Nearside Radar Dark Terrane，NRDT），②东方盆地地体（包括东方盆地内部和外部两个子地体，Orientale Impact Basin Terrane，OT），③FHT，④SPAT，如图 1.3 所示，底图是月球勘测轨道器相机（Lunar Reconnaissance Orbiter Camera, LROC）的广角相机（wide angle camera, WAC）影像。其中 NRDT 包括 PKT（Jolliff et al., 2000）、含克里普地体（KREEP-Bearing Terrane）和高地雷达暗色地体（Highlands Radar Dark Terrane）。

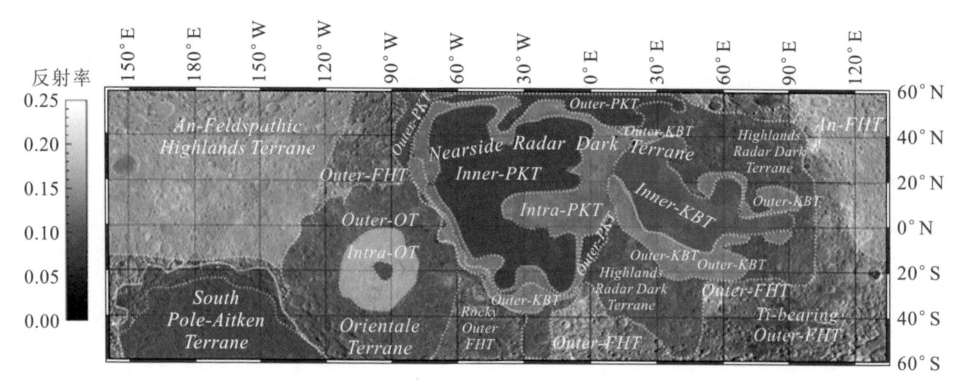

图 1.3　基于物理和化学特征的月表地体划分（Cahill et al., 2014）

Outer-PKT 表示 PKT 的外部区域；Inner-PKT 表示 PKT 的内部区域；Intra-PKT 表示 PKT 的内含区域；Inner-KBT 表示含克里普地体内部区域；Outer-KBT 表示含克里普地体外部区域；An-Feldspathic Highlands Terrane 和 An-FHT 表示 FHT 的高斜长岩质区域；Outer-FHT 表示 FHT 的外部区域；Ti-bearing Outer-FHT 表示 FHT 外部区域的含钛地区；Rocky Outer FHT 表示 FHT 外部区域的多岩石地区；Orientale Terrane 表示 OT；Outer-OT 表示东方盆地地体外部子地体；Inner-OT 表示东方盆地地体内部子地体；South Pole-Aitken Terrane 表示 SPAT；Nearside Radar Dark Terrane 表示 NRDT；Highlands Radar Dark Terrane 表示高地雷达暗色地体

各地体的化学成分、雷达散射、光学成熟度和岩石含量特征（平均值）见表 1.3。PKT 内部区域较富 Th 且富 Fe，Th 含量在 3.5～5.8 μg/g，具有低圆极化比值和高岩石含量，该区域中的湿海（Mare Humorum）具有高岩石含量（约 0.77%）（Cahill et al., 2014），此外，该区域是月表较不成熟的区域之一。PKT 内含区域具有全月表最高的 Th 含量均值，较高的 FeO 含量，与 PKT 内部区域比较，岩石含量下降明显，月表更成熟，风化程度更高（Cahill et al., 2014）。PKT 外部区域主要包括风暴洋北部地区、雨海（Mare Imbrium）北部地区及冷海（Mare Frigoris）（Cahill et al., 2014)，该区域具有提升的 Th 和 FeO 含量，极低的 TiO_2 含量(约 0.5 %)(Cahill et al., 2014)，具有较低的风化程度。含克里普地体的 Th 含量低于 PKT，但高于其他地体。含克里普地体内部区域包括澄海（Mare Serenitatis）、静海（Mare Tranquillitatis）和月球东部的一些月海，该区域较富 Fe，具有较高的岩石含量和较高的风化程度（Cahill et al., 2014）。含克里普地体外部区域包括与东部月海接壤的高地地区（Cahill et al., 2014），与含克里普地体内部区域比较，该区域具有更低的 FeO 含量、更低的岩石含量和更成熟的月表，可能是整个月表风化程度最高的区域。高地雷达暗色地体是 NRDT 的最外侧区域（Cahill et al., 2014），该区域具有较低的 Th 含量、较低的 FeO 含量和较低的岩石含量。高地雷达亮色地体的风化程度较低，是全月表岩石含量最低的区域，具有较高的圆极化比值，其中 SPAT 具有提升的 Th 和 FeO 含量，而 FHT 具有低的 Th 含量和全月表最低的 FeO 含量。OT 具有较高的圆极化比值，较低到中等的 FeO 含量和低的 Th 含量；风化程度变化较大，其东方盆地区域较成熟，而其内部区域则风化程度较低；岩石含量变化较大，其外部区域岩石含量偏低，而内部区域岩石含量偏高。OT 的内部区域具有全月表最低的 Th 含量均值和较低的 FeO 含量，是全月表较不成熟的区域之一，具有全月表最高的圆极化比均值，是 OT 内岩石含量最高的区域（Cahill et al., 2014）。

表 1.3 各地体的化学成分、雷达散射、光学成熟度和岩石含量特征（Cahill et al., 2014）

地体	Th 含量/（μg/g）	FeO 含量/%	圆极化比值	光学成熟度	岩石含量/%
PKT 的内部区域	5.2 ± 1.4	18.5 ± 3.0	0.46 ± 0.08	0.18 ± 0.03	0.50 ± 0.72
PKT 的内含区域	6.2 ± 2.2	12.8 ± 3.3	0.46 ± 0.11	0.16 ± 0.03	0.38 ± 0.42
PKT 的外部区域	4.9 ± 1.1	9.5 ± 2.7	0.49 ± 0.12	0.18 ± 0.03	0.40 ± 0.59
含克里普地体内部区域	2.0 ± 0.8	15.1 ± 4.5	0.47 ± 0.10	0.15 ± 0.03	0.46 ± 0.53
含克里普地体外部区域	1.8 ± 0.8	10.3 ± 3.1	0.48 ± 0.11	0.14 ± 0.04	0.39 ± 0.34
高地雷达暗色地体	1.2 ± 0.8	6.7 ± 1.9	0.49 ± 0.12	0.17 ± 0.04	0.35 ± 0.34
高地雷达亮色地体中的 SPAT	1.8 ± 0.5	12.0 ± 2.3	0.60 ± 0.12	0.18 ± 0.03	0.32 ± 0.30
高地雷达亮色地体中的 FHT	0.6 ± 0.5	4.4 ± 0.5	0.56 ± 0.13	0.18 ± 0.03	0.34 ± 0.25
OT 的东方盆地区域	0.6 ± 0.2	11.1 ± 3.1	0.57 ± 0.09	0.15 ± 0.02	0.44 ± 0.27
OT 的内部区域（内部子地体）	0.3 ± 0.2	5.7 ± 1.2	0.69 ± 0.12	0.18 ± 0.02	0.46 ± 0.34
OT 的外部区域（外部子地体）	0.5 ± 0.6	6.5 ± 1.5	0.55 ± 0.12	0.16 ± 0.03	0.36 ± 0.28

1.1.3　Th 含量与月壳厚度的关系

一些研究（Kobayashi et al., 2012；Warren, 2001）表明月壳厚度和 Th 含量存在反相关（图 1.4 和图 1.5）。图 1.4（a）显示了 LP GRS 数据反演的 Th 含量（Warren, 2000；Lawrence et al., 1999）和月壳厚度（Neumann et al., 1996）存在反相关性，图 1.4（b）显示了“月亮女神”（Kaguya） GRS 探测的 Th 峰（2 615 keV）计数率（空间分辨率 450 km × 450 km）（Kobayashi et al., 2012）与月壳厚度（Ishihara et al., 2009）具有反相关性，并且这种反相关性在 FHT 体现得较明显（Kobayashi et al., 2012）。图 1.5 显示了 Th 峰计数率（2 615 keV）的月表分布特征（Kobayashi

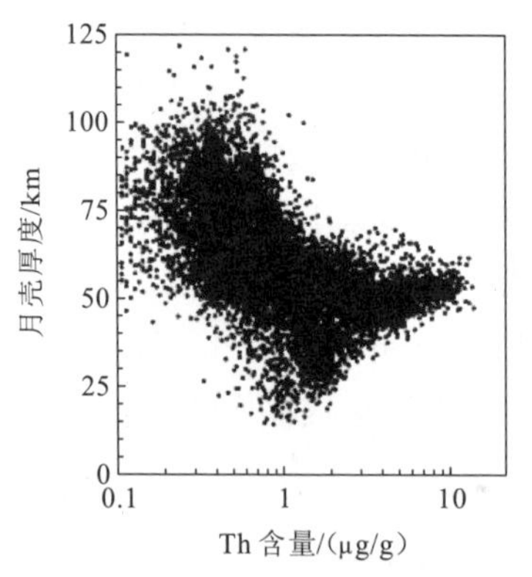

（a）LP GRS 数据反演的 Th 含量与月壳厚度的反相关性（Warren, 2001）

（b）Kaguya GRS 探测的 Th 峰计数率与月壳厚度的反相关性（Kobayashi et al., 2012）

图 1.4　Th 含量与月壳厚度的反相关性

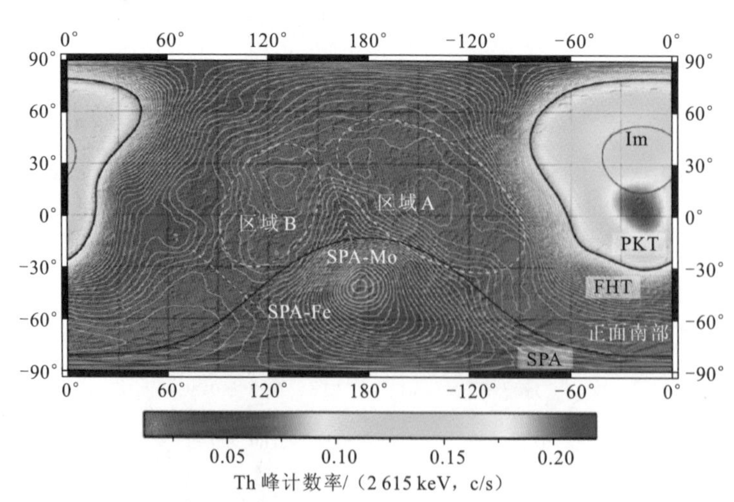

（a）Th 含量分布特征和 Th 峰计数率（2 615 keV）等值线图

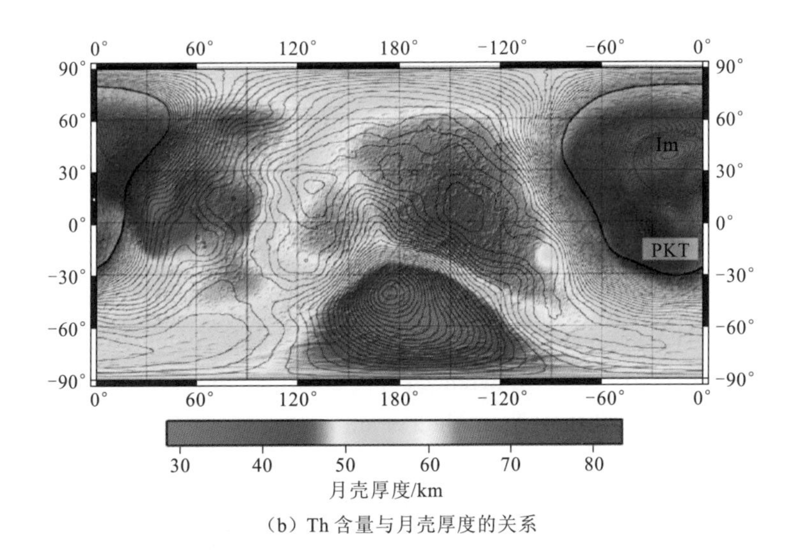

（b）Th 含量与月壳厚度的关系

图 1.5　Th 含量分布和月壳厚度（Kobayashi et al., 2012）

Im 表示雨海盆地的轮廓；SPA-Mo 表示从南极艾特肯盆地（South Pole-Aitken Basin）到莫斯科海（Mare Moscoviense）具有提升 Th 含量的地带；SPA-Fe 表示从南极艾特肯盆地到丰富海（Mare Fecunditatis）之间的地带

et al., 2012)，以及 Th 峰计数率（2615 keV）的等值线图（Kobayashi et al., 2012）与月壳厚度图（Ishihara et al., 2009）的叠加。Kobayashi 等（2012）指出最低的 Th 含量出现在最厚的月壳区域，Th 含量与月壳厚度的反相关性在月球正面的南部地区和背面得到较好的体现。

Th 含量与月壳厚度的反相关性可能是月球岩浆洋的横向不均一性结晶导致的（Kobayashi et al., 2012）。第一片具有最低 Th 含量的薄月壳形成于岩浆洋的顶部；然后，岩浆洋中结晶的斜长石捕获富 Th 的剩余液体，并被不断地添加到薄月壳中（Kobayashi et al., 2012；Korotev, 1998；Longhi, 1978）。一方面，较厚的月壳区域形成于岩浆洋中漂浮的钙长岩物质，因此具有较低的 Th 含量（Trombka et al., 1973）；另一方面，伴随着岩浆的演化，岩浆变得富 Th，因此较薄的月壳区域（月壳延迟形成的区域）含有更多的 Th（Kobayashi et al., 2012）。由于岩浆洋的横向不均一性结晶和月壳不同部分形成的时间差异，Th 含量和月壳厚度也变得横向不均一（Kobayashi et al., 2012）。在月球岩浆洋结晶过程中，月球最早的克拉通可能存在于月球背面的具有最厚月壳且具有最低 Th 含量的两个区域，即图 1.5 所示的区域 A 和区域 B（Kobayashi et al., 2012）。此外，Kobayashi 等（2012）将整个月表划分成一系列环状区域，每个环状区域内的所有点到雨海盆地中心的距离均大致相等；由于在 PKT 以外地体（FHT 和 SPAT）的每个环状区域内 Th 含量与月壳厚度具有明显反相关性，提出月球背面的 Th 分布特征不是由雨海撞击溅射物决定的，而是由形成 Th 含量与月壳厚度反相关性的机制决定的（Kobayashi et al., 2012）。

1.2　基于 CE-2 GRS 数据的月表 Th 含量分布

目前，一些月球伽马射线探测器的探测数据揭示了月表 Th 含量的分布特征，如 Apollo GRS（Harrington et al., 1974）、LP 伽马射线谱仪（gamma-ray spectrometer, GRS）（Prettyman et al., 2006；Lawrence et al., 2000；Feldman et al., 1999）、Kaguya GRS（Kobayashi et al., 2012；Yamashita et al., 2010；Hasebe et al., 2008）、“嫦娥一号”（Chang'e-1，CE-1）GRS（Zou et al., 2011）和 CE-2 GRS（Zhu et al., 2014）。本节介绍基于 CE-2 GRS 探测数据反演全月表 Th 含量的分布特征。本节内容来源于作者发表于 *Astrophysics and space science*（《天体物理学与空间科学》）的论文“Thorium distribution on the lunar surface observed by Chang’E-2 gamma-ray spectrometer”（基于 CE-2 GRS 数据的月表 Th 含量分布研究）（Wang et al., 2016）。

1.2.1　CE-2 GRS 及探测数据

CE-2 GRS 首次采用溴化镧 $LaBr_3$（Ce）探测器，这是一种新型增强闪烁探测器，实验室测得的能量分辨率约为 3.6%@662 keV（Ma et al., 2013）。$LaBr_3$（Ce）具有与半导体探测器接近的能量分辨率（Ma et al., 2013），因此能够较好地探测月表 Th 元素辐射的伽马射线。CE-2 卫星运行在 100 km 高度的圆形轨道上（Zhu et al., 2014, 2013），其携带的 GRS 的探测时间从 2010 年 10 月 15 日至 2011 年 5 月 20 日，每 3 s 记录一条谱线，记录了大量的谱线数据，因此能够反演空间尺度为 60 km × 60 km 的月表 Th 含量分布。

CE-2 GRS 探测数据与 LP GRS 在约 100 km 高度处获得的探测数据具有相同的空间分辨率（150 km × 150 km）（Zhu et al., 2013；Lawrence et al., 2004）；LP GRS 的能量分辨率是 10.5%@662 keV（Lawrence et al., 2004），因此 CE-2 GRS 的能量分辨率优于 LP GRS。与 Kaguya GRS 比较，Kaguya GRS 的能量分辨率约为 1%@1.8 MeV（Yamashita et al., 2010），因此 CE-2 GRS 的能量分辨率低于 Kaguya GRS；CE-2 GRS 一共工作了 178 d（Zhu et al., 2013），每 3 s 记录一条谱线，而 Kaguya GRS 的有效观测时间为 2 674 h（Yamashita et al., 2010），每 17 s 记录一条谱线（Kobayashi et al., 2012），因此 CE-2 GRS 的谱线数多于 Kaguya GRS，而谱线数的优势有助于在更高的空间尺度上表达 Th 含量的分布特征。Kaguya GRS

的空间分辨率为 100～140 km（Kobayashi et al., 2010），为了提高 Th 峰计数率图的准确性，Kobayashi 等（2012）生成的 Th 峰计数率图的空间分辨率为 450 km［图 1.5（a）］。

1.2.2　数据处理和 Th 含量反演

CE-2 GRS 在 2.61 MeV 处探测到明显的 Th 峰，因此 Th–^{208}Tl 在 2.61 MeV 辐射对应的 Th 峰（Reedy, 1978；Reedy et al., 1973）用于分析全月表 Th 含量的分布特征。图 1.6 为 CE-2 GRS 探测获得的 Th 峰范围的伽马谱线，是 CE-2 GRS 在 100 km 高度处工作 7 个月获取的平均谱线；该谱线是 Th–^{208}Tl 在 2.61 MeV 辐射的伽马能谱和 ^{227}AC 衰变产生的伽马能谱的叠加，其中 ^{227}AC 衰变产生的伽马能谱代表了仪器本底（Zhu et al., 2013）。本书中采用的 CE-2 GRS 数据为探月工程数据发布与信息服务系统提供的 2C 级数据，已经过能量检校、死时间校正和立体角校正。采用 2C 级 CE-2 GRS 数据，经过以下 4 步处理，生成全月表 Th 含量分布图。

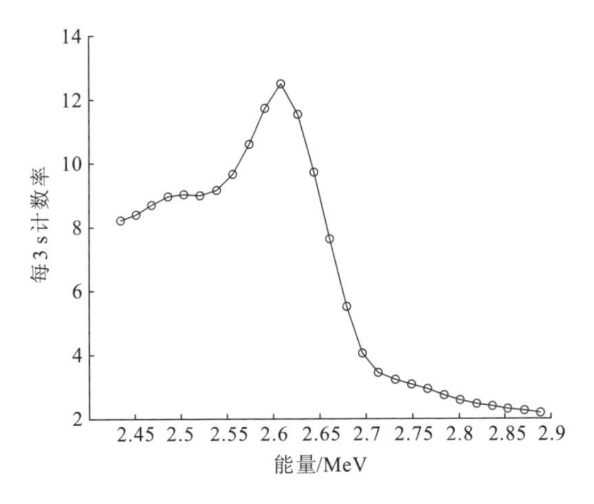

图 1.6　CE-2 GRS 探测获得的 Th 峰范围的伽马谱线

1. 谱线数据选择

首先根据指明谱线质量的字段“quality state”和“high voltage level”，选择 quality state=0 且 high voltage level=3 的质量正常的谱线，并且删除全 0 值谱线。其次计算每条谱线的平均计数率，删除平均计数率异常的谱线，包括计数率为负值、异常高值和中间道址出现异常计数率值的谱线。最后考虑到太阳质子事件对伽马射线探测的影响（Zhu et al., 2013；Lawrence et al., 2004），在太阳质子事件发生时间内探测的伽马谱线均删除。其中太阳质子事件数据来源于“Space Weather

Prediction Center”（Homepage | NOAA/NWS Space Weather Prediction Center，https://www.swpc.noaa.gov/.［2019-08-16］）。

2. 谱漂校正

采用 K（1.46 MeV）和 Th（2.61 MeV）两个强特征峰进行谱漂校正，即所有轨数据的 K 和 Th 特征峰均被校正到相同的道址。图 1.7 显示了以 0088 轨、1650 轨和 2739 轨为例谱漂校正前后的单轨平均谱线。谱漂校正前，不同轨谱线中，同一元素的特征峰位于不同的道址，影响了 Th 峰计数率的统计。K 元素的 1.46 MeV 峰和 Th 元素的 2.61 MeV 峰是 CE-2 GRS 谱线中的两个强特征峰，且反演的是 Th 含量，因此选择以上 K 峰和 Th 峰进行谱漂校正。谱漂校正主要包括 5 个步骤。

（1）根据能量公式：能量（keV）=（14.25×道址＋20.78）/增益系数，其中增益系数= 0.816，因此标准道址 =（能量×0.816−20.78）/14.25，从而得到 K（1.46 MeV）峰和 Th（2.61 MeV）峰的标准道址。

（2）根据 K 峰和 Th 峰的原始道址和标准道址之间的线性关系，每一轨 GRS 谱线均对应一条谱漂校正直线。

（3）根据计算得到的谱漂校正直线，对每一轨谱线进行谱漂校正，从而使得所有轨谱线的 Th 峰和 K 峰均位于相同的道址。

（4）将原始道址的计数率赋给校正后的新道址。

（5）谱漂校正中会出现有的新道址没有对应的旧道址，如旧道址 i 和 $i+1$ 分别校正到新道址 j 和 $j+2$，则新道址 $j+1$ 就没有旧道址与其对应，则采用线性插值的方法，根据新道址 j 和 $j+2$ 的计数率线性插值得到道址 $j+1$ 的计数率。需要

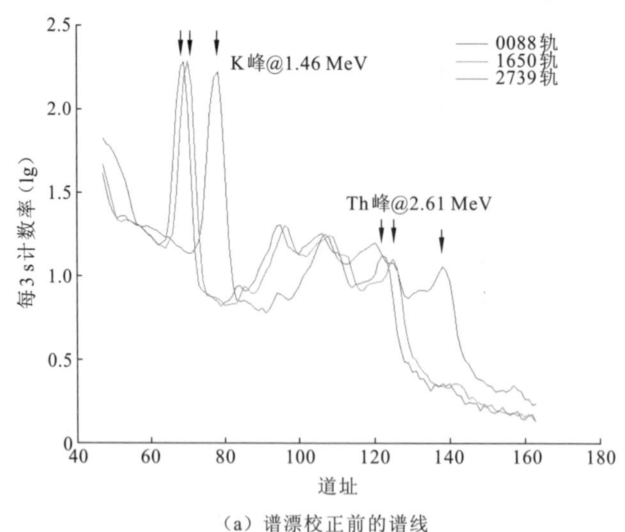

（a）谱漂校正前的谱线

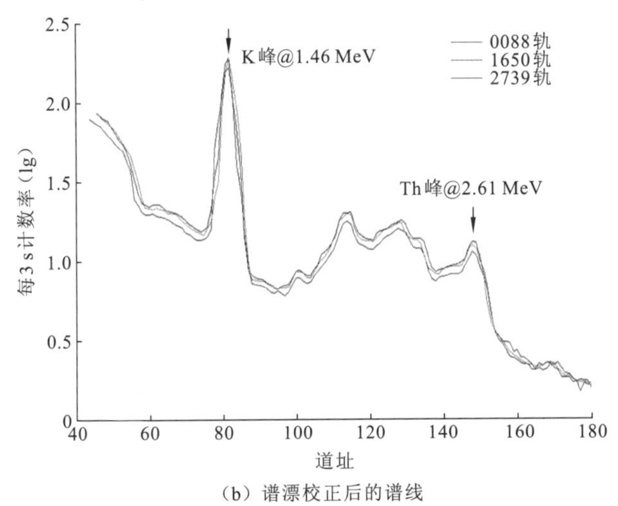

（b）谱漂校正后的谱线

图 1.7　以 3 轨数据为例的 CE-2 GRS 谱线漂移校正

说明的是，相对于曲线拟合插值方法，线性插值方法的优点在于较好地保留原始谱线的计数率值，但不足是影响谱线的光滑性。

3. 宇宙射线校正

宇宙射线校正是宇宙射线照射量率随时间变化的校正，即去除宇宙射线照射量率随时间的变化对 Th 含量反演的影响（Lawrence et al., 2004）。宇宙射线与月表物质的相互作用是 CE-2 GRS 探测获得的月表伽马射线的来源之一（杨佳，2010；Lawrence et al., 2004），不同时刻与月表物质作用的宇宙射线照射量率不同，会影响不同时刻获得的伽马谱线的计数率，进而影响 Th 含量的反演值，因此需要进行宇宙射线校正。CE-2 GRS 的 2C 级数据已经过宇宙射线校正，但仍有残留的影响，因此本小节再次进行宇宙射线校正，去除宇宙射线照射量率随时间的变化对 Th 含量反演的影响。

采用 O 元素 6.13 MeV 伽马射线进行宇宙射线校正（Lawrence et al., 2004）。高能宇宙射线撞击月表，产生快中子非弹性散射，进而产生 O 元素 6.13 MeV 伽马射线（Lawrence et al., 2004），因此 O 元素 6.13 MeV 计数率的变化反映了宇宙射线照射量率随时间的变化。选取每一轨（探测时间大约两个小时）在[85°, 90°]纬度区域的 O 元素 6.13 MeV 伽马射线计数率的均值作为这一轨宇宙射线照射量率的指标（简称宇宙射线指标）。宇宙射线指标被限制在纬度范围 85°～90°，是因为整个月表，尤其是纬度 85°～90°的小范围区域内的 O 含量通常是常量（Haskin and Warren, 1991），因此纬度范围 85°～90°的地区，O 元素 6.13 MeV 伽马射线计数率随时间的变化反映了宇宙射线照射量率随时间的变化（Lawrence et al., 2004）。

宇宙射线校正主要包括以下 4 个步骤（Lawrence et al., 2004）。

（1）宇宙射线指标规范化：计算每一轨宇宙射线指标和初始轨宇宙射线指标的比值，将每一轨宇宙射线指标规范化到初始时间，规范化后的宇宙射线指标实际上反映了宇宙射线照射量率随时间的变化。

（2）计算 Th 窗计数率与规范化宇宙射线指标的拟合直线：根据每一轨的 Th 窗（2.44～2.89 MeV）总计数率的平均值（简称 Th 窗计数率）与规范化宇宙射线指标，对所有轨绘制 Th 窗计数率与规范化宇宙射线指标之间的关系图，计算得到 Th 窗计数率与规范化宇宙射线指标之间的拟合直线，Th 窗计数率=178.94−5.7199×规范化宇宙射线指标。根据拟合直线可知，宇宙射线照射量率的变化对 Th 计数率有影响，宇宙射线照射量率变化和 Th 计数率之间的线性关系需要被去除。

（3）拟合直线校正：以初始时间（初始轨）的规范化宇宙射线指标和 Th 窗计数率为原点，将拟合直线绕原点旋转到与规范化宇宙射线指标轴相平行的新拟合直线 $y=173.22$。

（4）Th 计数率值校正：根据新旧拟合直线之间的变换关系，建立每一轨新 Th 窗计数率与旧 Th 窗计数率之间的变换关系，对每一轨所有谱线的 Th 计数率进行校正，从而得到宇宙射线校正后的 Th 计数率。图 1.8 显示了宇宙射线校正前后每一轨的 Th 窗计数率的变化，其中绿色的点是宇宙射线校正前的 Th 窗计数率，蓝色的直线是旧拟合直线，反映了宇宙射线照射量率变化对 Th 计数率的影响，蓝色的点是宇宙射线校正后的 Th 窗计数率，可见宇宙射线校正后，宇宙射线照射量率变化对新 Th 窗计数率值没有影响。因此，通过去除规范化宇宙射线指标与 Th 窗计数率之间的线性关系，去除了宇宙射线照射量率随时间变化对 Th 计数率的影响。为了方便比较，图 1.8 中校正后的蓝色点向上平移了 100 个计数率值。

4. Th 含量反演

Th 含量反演主要包括以下 4 个步骤。

（1）月面格网划分和能谱累积：采用 Prettyman 等（2006）的格网划分方法，将月面划分成 11 306 个分辨率为 2°×2°的格网，计算位于每一个格网 j 内的所有伽马谱线的平均谱线 S_j。

（2）每个格网的 Th 能窗平均计数率计算：对于每个格网 j，计算其平均谱线 S_j 在 Th 能窗（2.5～2.7 MeV）内的平均计数率 C_j，作为该格网的 Th 含量指标。

（3）本底去除：假设月表最小 Th 含量值为 0（Zou et al, 2011；Lawrence et al., 2000），则 Th 能窗平均计数率的最小值 Min（C_j）应该为 0，然而 CE-2 GRS 谱线

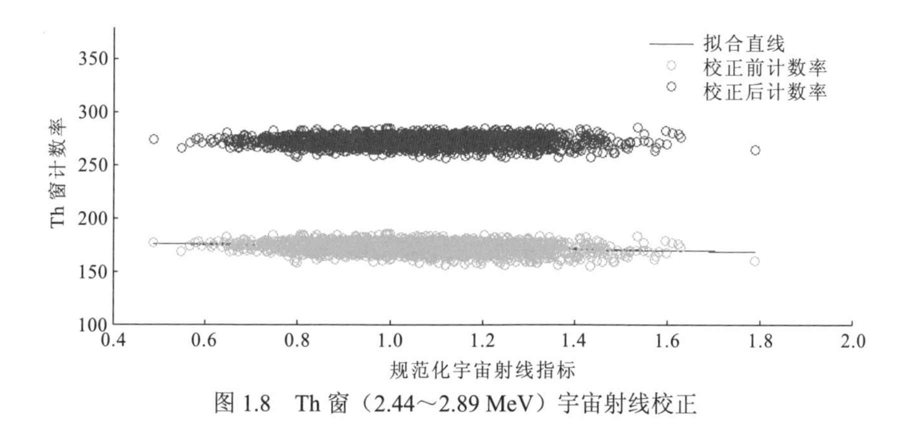

图 1.8　Th 窗（2.44～2.89 MeV）宇宙射线校正

的 Min（C_j）值大于 0，因此大于 0 的 Min（C_j）值代表了本底，将其从每个格网的 Th 能窗平均计数率 C_j 中扣除（Zou et al, 2011）。CE-2 GRS 的巡航谱在一定程度上代表了仪器本底，在扣除 Min（C_j）的同时，巡航谱代表的本底也作为 Min（C_j）的一部分被扣除了。

（4）Th 含量计算：采用月表登陆站点的 Th 含量值（杨佳，2010；Gillis et al., 2004；Korotev et al., 2000；Korotev, 1998）作为地面真值，反演月表 Th 含量，并对计算的 Th 含量进行平滑，去除 Th 含量计算结果中的噪声。表 1.4 为代表地面真值的各月表站点的平均实测 Th 含量和对应的 Th 能窗平均计数率。图 1.9 为通过月表登陆站点计算的 Th 能窗平均计数率与 Th 含量之间的线性关系，其中站点 Apollo 11 和 Apollo 17 在图中叠加在一起了。

表 1.4　各月表登陆站点的平均实测 Th 含量和 CE-2 GRS 的 Th 能窗平均计数率

月表登陆站点	平均实测 Th 含量/（μg/g）	Th 能窗平均计数率
Apollo 11	1.94 ± 0.11	0.58
Apollo 12	5.8 ± 0.27	0.84
Apollo 14	12.7 ± 0.2	1.10
Apollo 15	3.0	0.93
Apollo 16	2.2 ± 0.07	0.56
Apollo 17	2.0	0.58
Luna 16	1.17 ± 0.13	0.54
Luna 20	1.2 ± 0.3	0.28
Luna 24	0.36 ± 0.05	0.45

注：表中 Th 含量数据来源于杨佳（2010），Gillis 等 （2004），Korotev 等 （2000），Korotev （1998）

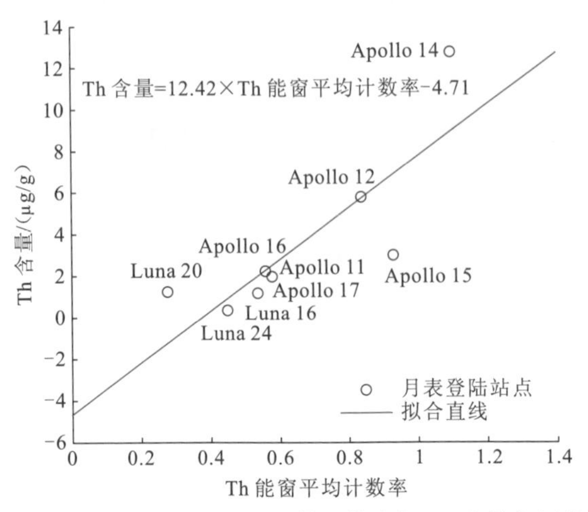

图 1.9　Th 能窗（2.5～2.7 MeV）平均计数率与 Th 含量之间的线性关系

1.2.3　Th 含量分布

CE-2 GRS 数据反演的全月表 Th 含量分布图如图 1.10 所示。Th 含量分布图叠加在月球轨道飞行器激光高度计（lunar orbiter laser altimeter, LOLA）数字高程模型（digital elevation model, DEM）数据（Smith et al., 2010；http://pds-geosciences.wustl.edu/missions/lro/lola.htm [2019-08-16]）生成的地形阴影图上。图 1.10 中的英文字母指明了具有明显高 Th 含量的地区，其中 A 表示弗拉·毛罗（Fra Mauro）地区，B 表示靠近哥白尼（Copernicus）撞击坑的一块地区，C 表示阿里斯基尔（Aristillus）撞击坑和奥多利卡斯（Autolycus）撞击坑，D 表示侏罗山脉（Montes Jura）的东部及相邻的地区，E 表示侏罗山脉的西南部和梅蓝（Mairan）

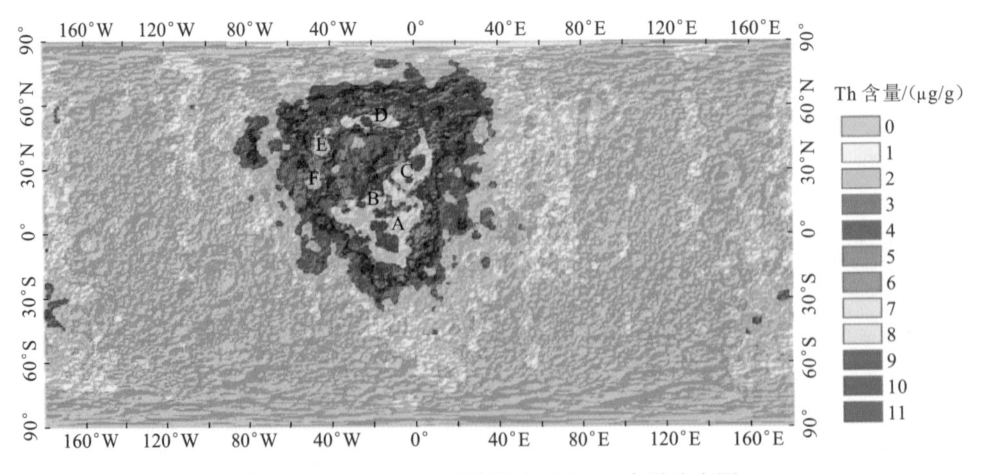

图 1.10　CE-2 GRS 反演的全月表 Th 含量分布图

撞击坑，F 表示阿里斯塔克（Aristarchus）撞击坑及周围区域。其中，整数色棒值代表一个 Th 含量范围，如色棒值 2 表示 Th 含量值大于等于 1.5 且小于 2.5。

为了分析 Th 含量月表分布的统计特征，将全月表 Th 含量划分为 4 个等级：低 Th 含量（0～2 μg/g）、中等 Th 含量（2～3.75 μg/g）、高 Th 含量（3.75～6.9 μg/g）和极高 Th 含量（≥6.9 μg/g）。全月表 Th 含量等级分布图如图 1.11（a）所示，叠加在 LOLA DEM 数据（Smith et al., 2010；http://pds-geosciences.wustl.edu/missions/lro/lola.htm［2019-08-16］）生成的地形阴影图上。低 Th、中等 Th、高 Th 和极高 Th 含量分别占有大约 81.5%、9.8%、7.0%和 1.7%的月表区域。因此，在空间分辨率 60 km×60 km（2°×2°）下，整个月表的绝大部分区域呈现低 Th 含量；中等 Th 含量主要分布在 PKT 的外围区域和南极艾特肯盆地的中心区域；高和极高 Th 含量主要集中于 PKT 内，环绕雨海盆地（Imbrium Basin）分布。图 1.11（b）为南极艾特肯盆地的 Th 含量等级分布图，叠加在 LOLA DEM 地形数据（Smith et al., 2010；http://pds-geosciences.wustl.edu/missions/lro/lola.htm［2019-08-16］）上，其中白色曲线表示南极艾特肯盆地的大致轮廓，英文字母和圆形表示南极艾特肯盆地内的一些较大的盆地或撞击坑：A 表示 Apollo 盆地，L 表示莱布尼兹（Leibnitz）撞击坑，V 表示冯·卡门（Von Kármán）撞击坑，I 表示雨海（Ingenii）盆地，P 表示庞加莱（Poincaré）盆地。可见，在空间分辨率 60 km×60 km 下，南极艾特肯盆地绝大部分地区呈现低 Th 含量（0～2 μg/g），中等 Th 含量（2～3.75 μg/g）分布在南极艾特肯盆地的中部和东部地区，高 Th 含量（3.75～4.9 μg/g）极少出露，在中部地区呈零星分布。总体而言，南极艾特肯盆地中部和东部地区的 Th 含量明显高于西部地区的 Th 含量，西部地区主要分布着极低 Th 含量（0～1 μg/g），1～2 μg/g 的 Th 含量在西部地区零散分布。

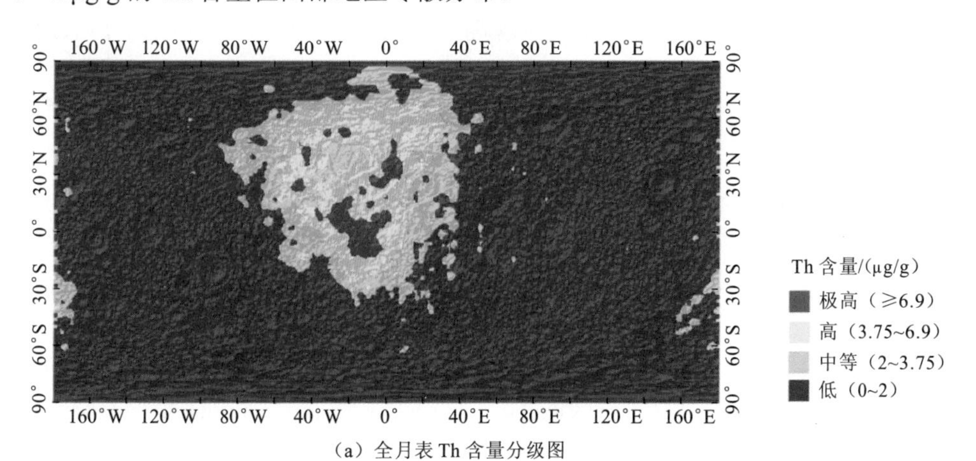

（a）全月表 Th 含量分级图

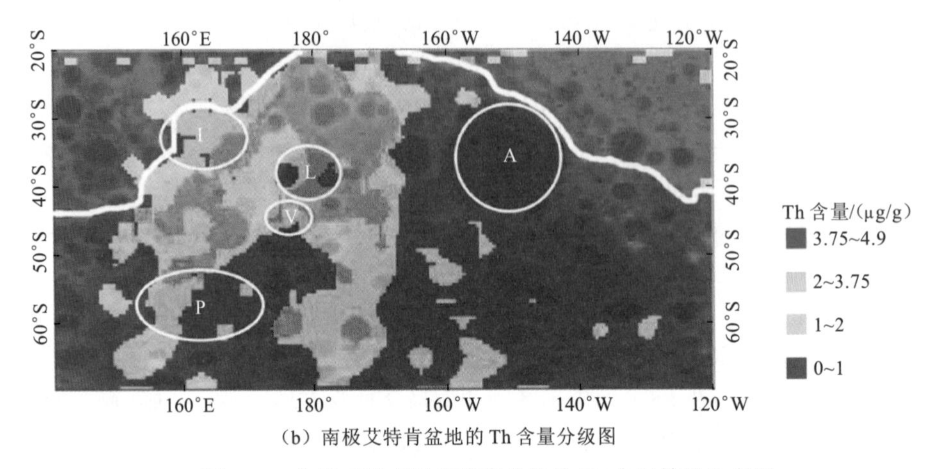

（b）南极艾特肯盆地的 Th 含量分级图

图 1.11　全月表和南极艾特肯盆地的 Th 含量等级分布图

1.2.4　Th 含量反演结果比较和不确定性分析

将 CE-2 GRS 反演的 Th 含量与 2012 年公开发布的 LP GRS 数据反演的 2°×2° Th 含量（Prettyman, 2012；Prettyman et al., 2006）（http://pds-geosciences.wustl. edu/missions/lunarp/）进行比较。公开发布的 LP GRS 的 Th 含量是在大约 100 km 飞行高度处探测获得，与 CE-2 GRS 的 Th 含量具有相同的空间分辨率。图 1.12（a）为全月表 CE-2 GRS 与 LP GRS 的 Th 含量相关性分析，相关系数值为 86%，均方根误差（root mean square error, RMSE）为 1.13 μg/g，相关性拟合直线为 LP_Th = 0.88 × CE-2_Th + 0.64。CE-2 GRS 和 LP GRS 的全月表 Th 含量直方图比较如图 1.12（b）所示。此外，CE-2 GRS 探测获得的 6 个高 Th 区域（图 1.10）在 LP GRS 探测的 Th 含量分布中也呈现高 Th 特征。因此 CE-2 GRS 和 LP GRS 的 Th 含量在全月表总体上具有相似的分布特征。CE-2 GRS 与 LP GRS 探测的 Th 含量差异主要是由两个原因导致：①仪器的系统误差和探测精度；②Th 含量计算中存在的不确定性。

CE-2 GRS 与 Kaguya GRS 探测的 Th 含量（Kobayashi et al., 2012）[图 1.5（a），空间分辨率 450 km×450 km] 比较，总体上具有相近的分布特征，如 PKT 地区的高 Th 特征、雨海以南 Fra Mauro 地区的高 Th 特征、南极艾特肯地区的 Th 含量提升、整个月表总体上的 Th 含量分布特征和地域变化趋势等均具有相似性。

能谱累积产生的 Th 含量不确定性根据式（1.1）计算（Lawrence et al., 2004）。在空间分辨率 2°×2°下，整个月表的 Th 含量不确定性小于 2 μg/g，平均不确定性为 0.38 μg/g，整个月表最大 Th 含量为（11.793 ± 1.82）μg/g。Th 含量反演中实际的不确定性要大于以上值，然而实际的不确定性值较难确定，需要进一步研究。

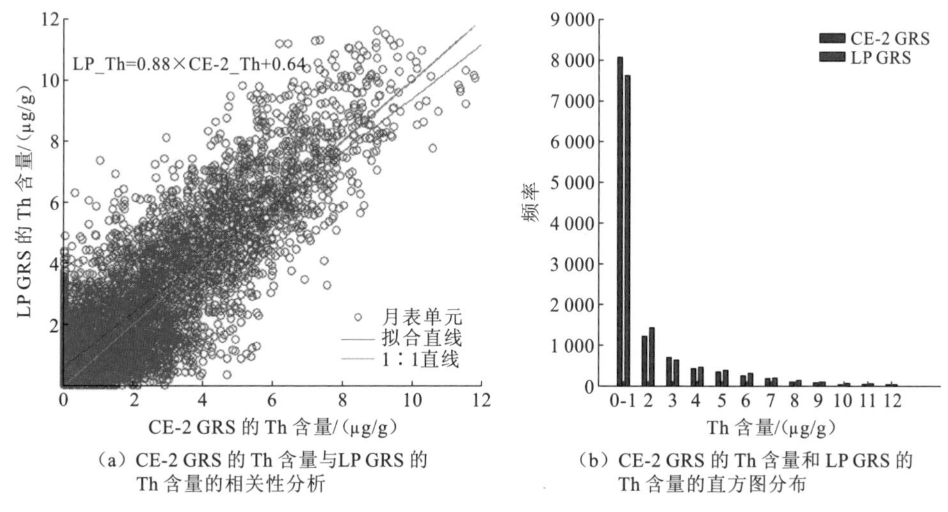

（a）CE-2 GRS 的 Th 含量与LP GRS 的 Th 含量的相关性分析

（b）CE-2 GRS 的 Th 含量和 LP GRS 的 Th 含量的直方图分布

图 1.12　CE-2 GRS 和 LP GRS 的全月表 Th 含量比较

$$\mathrm{RSD}=\frac{1}{c}\sqrt{\frac{\sum_{i=1}^{N}(c_i-c)^2}{N-1}} \tag{1.1}$$

式中：RSD 为相对标准偏差，用于评估能谱累积时的不确定性；对于每个像素，c_i 为该像素内的单条谱线在 Th 能窗（2.5～2.7 MeV）内的平均计数率；c 为该像素内所有谱线的平均谱线在 Th 能窗内的平均计数率；N 为该像素内的谱线数。

1.2.5　PKT 月表 Th 含量分布特征

在 PKT 内，月表 Th 含量分布具有两个主要的特征。①沿着近似环状的高 Th 带两侧总体上呈现对称分布的趋势，即在高 Th 区域（图 1.10 标注字母 A～F 的区域）两侧朝向雨海方向和远离雨海方向的 Th 含量变化趋势大致相同。②一些较低 Th 含量区域形成了狭长的带状区域，环绕较高 Th 含量区域边界分布。例如，Th 含量在 5.5～6.5 μg/g（不含 6.5 μg/g）的区域（图 1.10 中的暗绿色区域）呈现狭窄的条带状，环绕 Th 含量在 6.5～8.5μg/g（不含 8.5 μg/g）的区域（图 1.10 中的黄色区域）分布。Th 含量在 3.5～4.5μg/g（不含 4.5 μg/g）的区域（图 1.10 中的深蓝色区域）是一个狭长的带状区域，沿着 Th 含量在 4.5～5.5 μg/g（不含 5.5 μg/g）的区域（图 1.10 中的橙色区域）的外侧边界分布。以上 Th 含量分布特征，能够为 PKT 地区富 Th 物质的月表出露机制（参见 1.4.1 小节）提供一些线索，为岩浆侵入（Nemchin et al., 2008）、火山活动（Taylor et al., 2012；Lawrence et al., 1999；Hawke and Head, 1978）和撞击开掘（Lawrence et al., 1999）等机制提供一些依据。

1.2 节内容介绍了基于 CE-2 GRS 数据的月表 Th 含量反演，由于 CE-2 GRS 在能量分辨率和探测谱线数方面的优势，揭示了月表 Th 含量的分布特征。本节工作还存在一些局限性和有待进一步完善之处。

（1）在本底去除方面，本节假设月表最小 Th 含量为 0，即采用 Th 能窗平均计数率最小值代表本底；由于探测器的 $LaBr_3$ 晶体的元素 ^{227}AC 衰变产生的伽马辐射对 Th@2.61 MeV 峰的影响较大，即仪器本底较大，通过研究更合理的本底去除方法，有望改进 Th 含量反演的精度。

（2）在月表 Th 含量反演时，本节采用月表登陆站点的 Th 含量实测值作为地面真值来反演月表 Th 含量；若能获得更详尽的探测器参数，进而建立 Th 能窗平均计数率与 Th 含量之间的关系式，则有望提高 Th 含量反演的精度。

1.3　壳幔内 Th 含量分布特征

Warren（2001）指出月壳内的 Th 含量与月壳内的垂直深度（向下至约 30 km 深）呈反相关，整个月壳的 Th 含量远低于月表的 Th 含量。Jolliff 等（2000）提出月壳和月幔内的 Th 含量分别占整个月球 Th 含量的 74.9%和 25.1%。本节通过两个方面来讨论壳幔内 Th 含量的分布：①根据月表 Th 含量分布与月壳厚度的关系，推断壳幔内 Th 含量的分布特征；②根据月球主要岩石类型在壳幔内的分布深度和各类岩性的 Th 含量特征，推断壳幔内 Th 含量的分布。本节工作认为随着月壳深度的增加，月壳内的 Th 含量先增加；到达下月壳大约月壳深度 40 km 后继续往下，Th 含量下降；月幔具有低 Th 含量特征。

1.3.1　月表 Th 含量分布与月壳厚度

图 1.13 为重力恢复和内部实验室（Gravity Recovery and Interior Laboratory，GRAIL）重力数据反演的月壳厚度图（Wieczorek et al., 2013），其中月壳厚度数据来源于网址 http://www.ipgp.fr/～wieczor/GRAILCrustalThicknessArchive/［2019-08-16］上的模型 1 数据。图 1.13 中标注了主要的月海、一些撞击坑和热点区域，其中各字母表达的地区名如下：TY 表示 Tsiolkovskiy 撞击坑，AO 表示 Apollo 撞击坑，CS 表示 Copernicus 撞击坑，FM 表示 Fra Mauro 高地，G 表示格里马尔迪（Grimaldi）撞击坑，CB 表示康普顿（Compton）和别利科维奇（Belkovich）地区，I 表示雨海，S 表示澄海，N 表示酒海（Mare Nectaris），F 表示丰富海，T 表示静海，C 表示危海（Mare Crisium），M 表示界海（Mare Marginis），SI 表示史密斯海（Mare

Smythii），A 表示南海（Mare Australe），ME 表示莫斯科海，II 表示南极艾特肯盆地内的智海（Mare Ingenii），O 表示东海（Mare Orientale），V 表示汽海（Mare Vaporum），NM 表示云海（Mare Nubium），H 表示湿海，CO 表示知海（Mare Cognitum），OP 表示风暴洋，FS 表示冷海，IM 表示岛海（Mare Insularum），AS 表示蛇海（Mare Anguis），HM 表示洪堡海（Mare Humboldtianum），SS 表示泡沫海（Mare Spumans），U 表示浪海（Mare Undarum），P 表示 Poincaré 盆地。根据图 1.13，并结合 LP GRS、CE-2 GRS 和 Kaguya GRS 探测的月表 Th 含量分布特征，可以发现月表 Th 含量与月壳厚度之间主要存在以下 6 点关系。

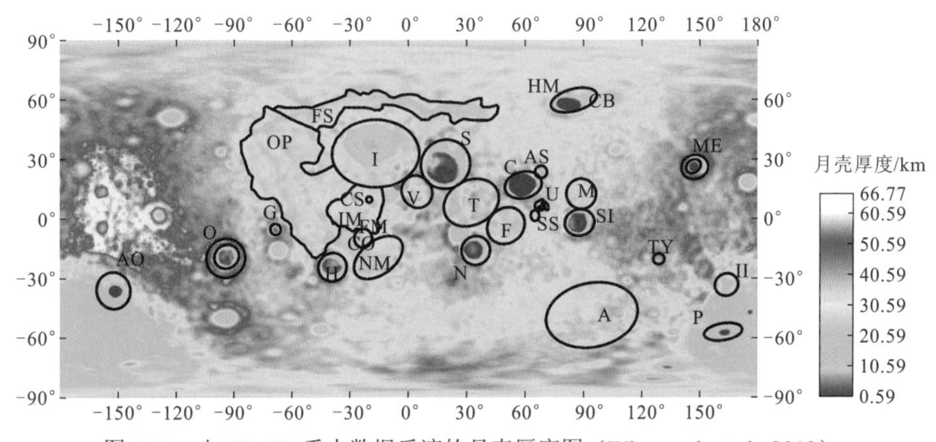

图 1.13　由 GRAIL 重力数据反演的月壳厚度图（Wieczorek et al., 2013）

该图数据来源于 Wieczorek 等（2013）和网址 http://www.ipgp.fr/～wieczor/GRAILCrustalThicknessArchive/ [2019-08-16]

（1）一些月海和撞击盆地的月壳厚度很薄，甚至挖掘到了月幔（图 1.13 中的深蓝色地区）。月壳厚度受到直径在 200～2 000 km 的撞击盆地的影响，一些最大的撞击事件可能穿透整个月壳，挖掘到了月幔（Wieczorek et al., 2013）。例如，莫斯科海和危海内部的月壳厚度接近 0，洪堡海、Apollo 盆地、Poincaré 盆地内部的月壳厚度均小于 5 km。这些具有很薄月壳的月海和盆地地区，可能有月幔物质挖掘出来，并与月壳物质混合（Wieczorek et al., 2013）。例如，危海、莫斯科海和洪堡海周围有富橄榄石物质出露（Yamamoto et al., 2010），说明可能挖掘到了月幔物质（Wieczorek et al., 2013）。这些很薄月壳的地区，通常具有低或较低的 Th 含量特征。

（2）较薄月壳的地区（图 1.13 中的浅蓝色地区）主要出现在南极艾特肯盆地的中部和一些撞击坑及其附近地区、PKT 的部分地区（如雨海的北部、冷海的东部等地区）及 FHT 的一些撞击坑，这些地区有的具有较低 Th 含量（如 FHT 的一些撞击坑），有的具有提升的 Th 含量（如雨海的北部地区、南极艾特肯盆地中部地区等），有的具有较高 Th 含量（如冷海的东部地区）。

（3）在月壳厚度 20～30 km 挖掘出下月壳物质的地区（图 1.13 中的绿色地区）主要分布在 FHT 的外部区域（FHT-O）、PKT 及 SPAT 的外围区域。其中分布在 FHT 的外部区域的部分，除了康普顿-别利科维奇（Compton-Belkovich）地区具有提升的 Th 含量外，总体上具有低 Th 含量特征；分布在 PKT 的部分，具有中等到高的 Th 含量特征；分布在 SPAT 外围区域的部分，主要具有从低到提升的 Th 含量。

（4）挖掘出上月壳物质，具有较厚月壳的地区（图 1.13 中的黄色地区）具有变化范围广的 Th 含量，涵盖了低 Th 到高 Th 含量的变化。

（5）月壳厚度在 45～60 km（甚至大于 60 km），具有厚月壳的地区，主要分布在 FHT 的高斜长岩质区域（FHT-A），在 FHT 外部区域和 PKT 区域也有零散分布，这些地区一般具有明显的低 Th 含量特征。

（6）月壳厚度 20～40 km 的地区比其他月壳厚度地区相对富 Th。PKT 地区 Th 含量最高的区域均主要位于月壳厚度 20～40 km 的地区。

根据月表 Th 含量分布和月壳厚度的关系，Th 含量在壳幔内的分布特征可能是随着月壳深度的增加，Th 含量先增加后减少，月壳深度在 0～20 km 相对贫 Th，在 20～40 km 富 Th，在 40～60 km（甚至大于 60 km）及上月幔，Th 含量下降，直至贫 Th。

1.3.2 月球主要岩套的壳幔分布和 Th 含量特征

根据月球岩浆洋模型（Shearer et al., 2006；Herbert，1978；Wood，1972），并结合月壳厚度图（图 1.13）（Wieczorek et al., 2013）和五大岩套月表分布特征（详见第 4 章），可推断月球五大岩套在壳幔内的分布特征。月球五大岩套中，亚铁斜长岩套形成了斜长岩质的月壳（Shearer et al., 2006；Herbert et al., 1978；Wood，1972）；克里普玄武岩起源于壳幔之间的夹层，部分在辐射衰减引起的热量释放或者大撞击事件的影响下，侵入月壳中部（Nemchin et al., 2008；Shearer et al., 2006；Warren and Wasson, 1979）；月海玄武岩起源于月幔，代表了月幔物质（Lucey et al., 2006；Wieczorek et al., 2006a；Herbert et al., 1978；Wood, 1972）；镁质岩套一部分侵入浅层月壳（Shearer et al., 2012；McCallum et al., 2006；McCallum and O'Brien, 1996），如 FHT 高斜长岩质区域出露的镁质岩套（Wang and Zhao, 2017），也有一部分深成侵入下月壳（Shearer et al., 2015；McCallum and Schwartz, 2001），如东

方盆地内环内部出露的镁质岩套（Wang and Zhao, 2017）；碱性岩套在月壳内的分布深度总体上比镁质岩套深（详见第 4 章岩性分析），一部分侵入上月壳较深（月壳深度 20～30km）的位置，如 PKT 的外围区域出露的碱性岩套（Wang and Zhao, 2017），一部分深成侵入下月壳，如 Compton-Belkovich 地区出露的碱性岩套（Wang and Zhao, 2017；Lucey et al., 2006；Lawrence et al., 2003, 2000；Elphic et al., 2000），有些仅侵入下月壳较深的位置（月壳深度大于 40 km），如南极艾特肯盆地中心地区出露的碱性岩套（Wang and Zhao, 2017）。

月球五大岩套的 Th 含量特征见表 1.1，亚铁斜长岩套具有极低的 Th 含量，月海玄武岩和镁质岩套具有极低到中等的 Th 含量，克里普玄武岩具有中等到高 Th 含量，碱性岩套的 Th 含量变化范围广，具有极低到极高的 Th 含量（Wieczorek et al., 2006b）。根据各岩套的 Th 含量均值，总体而言，碱性岩石（除了部分碱性钙长岩和碱性苏长岩）的 Th 含量高于克里普玄武岩，特别是一些霏细岩、花岗岩和二长辉长岩的 Th 含量远高于克里普玄武岩。

根据月球五大岩套在壳幔内的分布特征和五大岩套的 Th 含量特征，可推测壳幔内 Th 含量的分布特征。根据 Th 含量的均值（Wieczorek et al., 2006b），亚铁斜长岩套总体上极贫 Th，镁质岩套总体上贫 Th，碱性岩套总体上呈现中等到极高的 Th 含量，克里普玄武岩总体上具有高 Th 含量，大部分类别碱性岩石的 Th 含量高于克里普玄武岩，月海玄武岩总体上贫 Th。根据五大岩套在壳幔内的分布深度（详见第 4 章岩性分析，结合月表岩性分布和月壳厚度，可推断五大岩套在壳幔内的分布深度），碱性岩套的总体分布深度比镁质岩套深；克里普玄武岩的分布深度与碱性岩套分布深度存在部分重叠，但碱性岩套的分布范围涵盖上月壳和下月壳较大深度范围，比克里普玄武岩分布深度范围广，且克里普玄武岩代表了壳幔之间夹层物质（Shearer etal., 2006；Warren and Wasson, 1979）；月海玄武岩起源于月幔，可以反映月幔物质特征（Lucey et al., 2006；Wieczorek et al., 2006a；Wood, 1972）。因此 Th 含量在壳幔内的分布特征可能是随着月壳深度增加，Th 含量先增加然后下降，月壳底部的 Th 含量可能低于上月壳较深位置和下月壳的 Th 含量，月幔则贫 Th。

需要说明的是，月表经历了复杂的演化，包括物质的运移，月球壳幔内也可能存在物质分布横向不均一性，因此结合月表 Th 含量或岩性特征与月壳厚度分析 Th 含量的壳幔分布特征仍存在一定的不确定性。

1.4 富 Th 物质月表出露机制

月表物质起源于壳幔，主要在浅成或深成侵入、天体或陨石的撞击挖掘和火山活动作用下出露于月表。富 Th 物质和具有提升 Th 含量的物质主要体现为碱性岩套物质和克里普物质。碱性岩套物质的出露机制主要包括浅成或深成侵入、天体或陨石撞击挖掘和硅质火山活动。克里普物质的出露机制主要包括深成侵入、克里普火山活动和天体或陨石撞击挖掘。月表富 Th 或具有提升 Th 含量的地区主要集中在 PKT、Compton-Belkovich 和 SPAT 地区，本节分别讨论这三个地区的富 Th 物质或具有提升 Th 含量物质的月表出露机制。

1.4.1 PKT 地区的富 Th 物质出露机制

PKT 富 Th 或具有提升 Th 含量的物质主要包括克里普物质和碱性岩套物质，下文分别讨论克里普物质和碱性岩套物质在 PKT 地区出露的原因。

1. 克里普物质月表出露机制

在 PKT 地区，克里普物质主要出露于雨海周围的高地，环绕雨海分布，以及出露于岛海、Fra Mauro 高地、知海及以上地区的周边区域，也出露于云海、汽海、冷海和风暴洋的部分地区（Wang and Zhao, 2017）。Lawrence 等（1999）指出雨海撞击等撞击事件和克里普火山活动是克里普物质出露于月表的主要原因。克里普物质在辐射衰减引起的热量释放或者大的陨石撞击驱动下侵入月壳中部（Nemchin et al., 2008），然后在克里普火山活动（Taylor et al., 2012；Hawke and Head, 1978）和撞击挖掘，如雨海撞击事件，以及 Aristarchus、Mairan、开普勒（Kepler）和 Aristillus 等撞击坑形成作用下出露于月表（Lawrence et al., 1999）。

2. 碱性岩套物质月表出露机制

在 PKT 地区，碱性岩套物质主要出露于 PKT 的外围区域、冷海及雨海和冷海之间的高地地区（Wang and Zhao, 2017）。碱性岩套物质在侵入月壳后，出露于月表主要包括两个原因：①撞击挖掘（Wieczorek et al., 2006a）；②硅质火山活动（Wilson et al., 2015；Glotch et al., 2010）。

在撞击挖掘方面，由于碱性岩套物质环绕 PKT 外围分布，以及在雨海北部和东部地区环绕雨海分布，这种大范围的分布可能是 PKT 地区的一系列大撞击事件，如雨海撞击事件，挖掘出了大量的碱性岩套物质，形成环绕分布特征。此外，在一些局部地区，如岛海的 Copernicus 和 Kepler 撞击坑也可明显看到碱性岩套在撞击成坑作用下，被挖掘出来，形成撞击坑周围的溅射物（图 1.14）。图 1.14（a）为岛海地区的 Th 含量分布图，Th 含量由 LP GRS 数据反演得到（Prettyman , 2012；Prettyman et al., 2006），叠加在 LOLA DEM 数据（Smith et al., 2010；http://pds-geosciences. wustl.edu/missions/lro/lola.htm）生成的地形阴影图上。图 1.14（b）是岛海地区的岩性分布图（Wang and Zhao，2017），叠加在 LOLA DEM 数据（Smith et al., 2010）上，其中黑色封闭曲线为岛海的大致轮廓，两个黑色圆分别表示 Copernicus 和 Kepler 撞击坑的大致位置，可见两个坑的撞击形成事件中，有碱性岩套物质和克里普物质被挖掘出来，构成两个坑的挖掘溅射物。

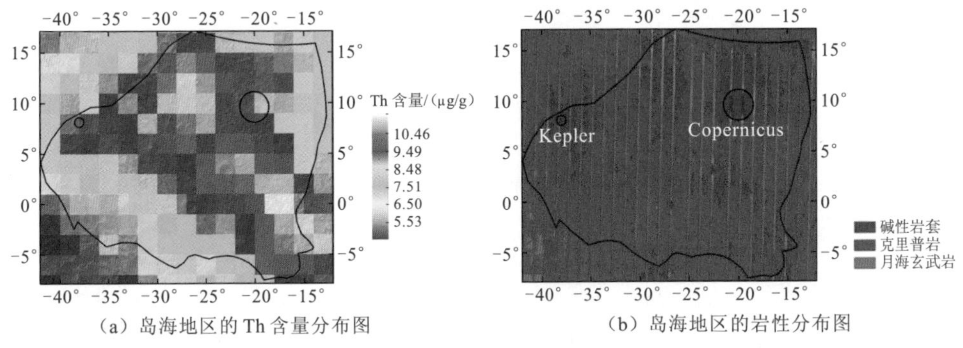

（a）岛海地区的 Th 含量分布图　　（b）岛海地区的岩性分布图

图 1.14　岛海地区的 Th 含量分布图和岩性分布图（Wang and Zhao, 2017）

碱性岩套物质另一个出露的重要原因是硅质火山活动和侵入月壳的硅质物质的撞击挖掘（Wilson et al., 2015；Jolliff et al., 2011a；Glotch et al., 2010）。图 1.15 显示了目前发现的主要的硅质火山活动和撞击挖掘的硅质物质（Clegg-Watkins et al., 2017；Ashley et al., 2016；Ivanov et al., 2016；Jolliff et al., 2011a, 2011b；Glotch et al., 2011, 2010；Greenhagen et al., 2010；Hagerty et al., 2006；Whitaker, 1972）在 Th 含量图上的分布，Th 含量由 LP GRS 数据反演得到（Prettyman, 2012；Prettyman et al., 2006）。其中英文字母的含义：A 表示 Aristarchus 撞击坑的溅射物，M 表示 Mairan 穹丘，G 表示格鲁伊图森（Gruithuisen）穹丘，HA 表示汉斯廷·阿尔法（Hansteen Alpha）火山群，L 表示拉赛尔（Lassell）地块，CB 表示 Compton-Belkovich 火山群。Mairan 穹丘、Gruithuisen 穹丘、Hansteen Alpha 火山群和 Compton-Belkovich 火山群的硅质物质是硅质火山喷发出露的（Jolliff et al., 2011a, 2011b；Glotch et al., 2011, 2010）；Aristarchus 撞击坑的硅质物质一种可能是侵入月壳的硅质物质在撞击作用中挖掘出来，构成该撞击坑的部分溅射物，另一种可能是早期的硅质火山喷出物被月海熔岩流和火山碎屑沉积埋藏，后来在 Aristarchus 撞击成坑作用下又被挖掘出来（Glotch et al., 2010）；Lassell 地块的小

撞击坑挖掘出的硅质物质也存在以上两种可能，即侵入月壳的硅质物质被撞击挖掘出来或者被掩埋的硅质火山物质在后续的撞击成坑作用下又被挖掘出来（Glotch et al., 2010），此外 Lassell 地块中硅含量最高的地区 Lassell G 和 Lassell K 是火山口或者塌陷的破火山口（Clegg-Watkins et al., 2017），而该地块南部多条流动结构叠加在圆锥体特征上则可能表明该地区曾发生多次火山喷发事件（Clegg-Watkins et al., 2017, Ashley et al., 2016）。

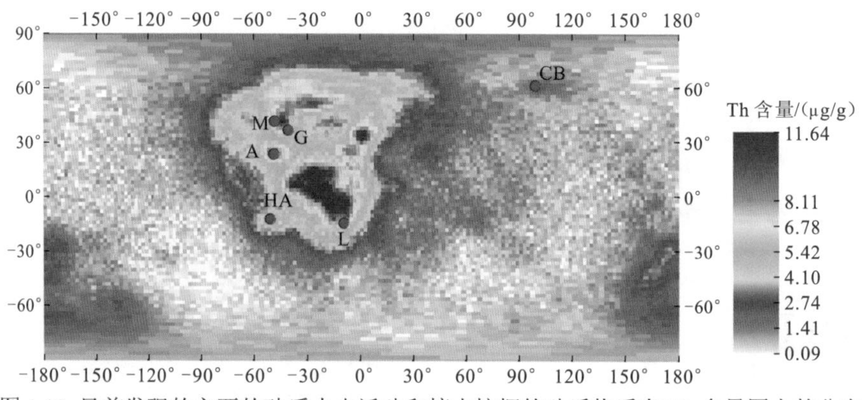

图 1.15　目前发现的主要的硅质火山活动和撞击挖掘的硅质物质在 Th 含量图上的分布

这些硅质火山或硅质物质挖掘的位置（Clegg-Watkins et al., 2017; Glotch et al., 2011；Jolliff 2011a）和 Th 含量特征（Glotch et al., 2011；Hagerty et al., 2006; Lawrence et al., 2003）见表 1.5，其中 Aristarchus 撞击坑溅射物的 Th 含量来源于对应经纬度范围内 LP GRS 反演的 Th 含量（Prettyman, 2012；Prettyman et al., 2006），由于受到 LP GRS 的 Th 数据空间分辨率 60 km×60 km 的限制，因此只能反映该地区大致的 Th 含量特征，表中列出的参考文献是对应硅质地区 Th 含量的来源文献。可见：①目前发现的主要的硅质物质出露地区，除了 Compton-Belkovich 火山群位于月球背面外，其他均位于月球正面的 PKT 内；②硅质地区通常具有高到极高的 Th 含量特征，与碱性岩套的 Th 含量特征吻合。

表 1.5　硅质物质出露地区的 Th 含量特征

硅质火山或硅质物质挖掘的位置	位置	Th 含量 /（μg/g）	参考文献
Aristarchus 撞击坑溅射物	（23.2° N, 48.2° W）	8.69	Prettyman（2012）和 Prettyman 等（2006）

续表

硅质火山或硅质物质挖掘的位置	位置	Th 含量 /（μg/g）	参考文献
Mairan 穹丘	（41.4° N, 47.7° W）	西北穹丘：8.8±3 Mairan T 穹丘：36.5±9 中部穹丘：48.0±6 南部穹丘：82.8±19	Glotch 等（2011）
Gruithuisen 穹丘	（36.6° N, 40.1° W）	Gamma 穹丘：43 ± 3 Delta 穹丘：17 ± 6	Hagerty 等（2006）
Hansteen Alpha 火山群	（12.3° S, 50.2° W）	17～21	Hagerty 等（2006）
Lassell 地块	（14.7° S, 9.0° W）	50	Hagerty 等（2006）
Compton-Belkovich 火山群	（61.1° N, 99.5° E）	40～55	Lawrence 等（2003）

硅质地区的岩性特征主要体现为碱性岩套，如 Mairan 穹丘、Aristarchus 撞击坑溅射物、Hansteen Alpha 火山群、Compton-Belkovich 火山群地区均有碱性岩套出露，有的硅质地区，如 Gruithuisen 穹丘除了有硅质物质出露（来源于碱性岩套），可能还有克里普物质出露（Wang and Zhao, 2017）。以 Compton-Belkovich 地区为例，一些研究（Jolliff et al., 2011a；Lawrence et al., 2003）指出该硅质地区具有高 Th 含量和低 FeO 含量，表明该地区的岩性为碱性岩套（如碱性钙长岩、碱性苏长岩、碱性辉长岩）和/或硅质岩性（如花岗岩或流纹岩）；在前人的研究（Wieczorek et al., 2006a；Shearer et al., 2006；Snyder et al., 1995）中，花岗岩和流纹岩也归于碱性岩套类。这些硅质岩石（含硅的碱性岩石）产生的机制主要有两种：①在岩浆洋残余岩浆缓慢结晶的阶段，大量的花岗岩体在月壳内产生，在撞击成坑作用下，大量花岗岩体被挖掘出来（Glotch et al., 2010）；②玄武岩浆的底侵可能产生大量的硅质熔融物，当热玄武质岩浆侵入月壳，导致斜长岩质月壳的熔融和硅质岩浆的产生，在浮力作用下，硅质岩浆喷出月表，形成流纹岩（Glotch et al., 2010；Hagerty et al., 2006；Maaløe and Mcbirney, 1997）。

硅质火山产生于含硅的黏性岩浆，因此容易具有陡峭的坡度和粗糙的地表（Glotch et al., 2011；Wilson and Head, 2003）。例如，Mairan T 穹丘的侧面坡度达到 22°～27°（Tran et al., 2011），Gruithuisen 西北穹丘的坡度为 22°～27°（Tran et al., 2011），Compton-Belkovich 北部穹丘的坡度为 20°～26°（Jolliff et al., 2011a）。Mairan 穹丘、Gruithuisen 穹丘、Compton Belkovich 火山群、Lassell 地块和 Hansteen

Alpha 火山群的 WAC 形貌图（WAC 数据来源网址：http://wms.lroc.asu.edu/lroc/rdr_product_select#_ui-id-1［2019-08-16］），如图 1.16 所示。

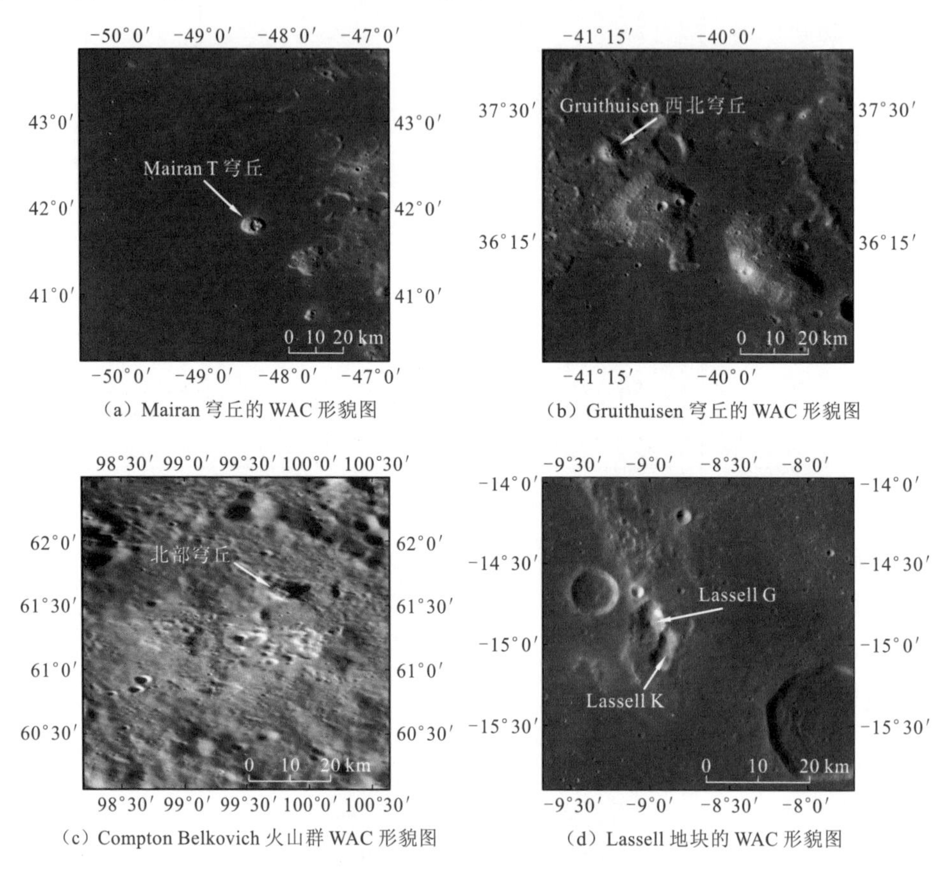

（a）Mairan 穹丘的 WAC 形貌图

（b）Gruithuisen 穹丘的 WAC 形貌图

（c）Compton Belkovich 火山群 WAC 形貌图

（d）Lassell 地块的 WAC 形貌图

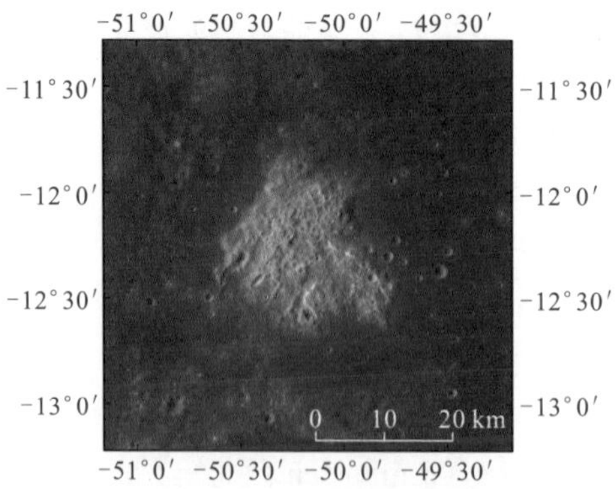

（e）Hansteen Alpha 火山群的 WAC 形貌图

图 1.16 主要硅质火山的 WAC 形貌图

1.4.2　Compton-Belkovich 地区的富 Th 物质出露机制

Compton-Belkovich 地区具有提升的 Th 含量，在 Compton 和 Belkovich 撞击坑之间以大约（61°N，100°E）为中心的月表存在一个孤立的高 Th 含量地区，Th 含量可达 40～55 μg/g（Lawrence et al., 2003, 1999）。Compton-Belkovich 火山群（61.1°N，99.5°E）位于这个高 Th 地区的中间地带，覆盖大约 25km×35 km 的面积，具有抬升的地形和较高的光谱反射率特征（Jolliff et al., 2011a）。Compton-Belkovich 火山群包括一系列的火山特征，如长度从小于 1 km 到大于 6 km 的产生于黏稠岩浆的火山穹丘、不规则形状的塌陷破火山口和火山锥（Chauhan et al., 2015；Jolliff et al., 2011a）。Compton-Belkovich 火山群的抬升地形的中间区域比周围区域高 400～600 m，可能是进化的硅质岩浆的浅成侵入导致地形升高（Jolliff et al., 2011a）。该地区的火山物质富硅或富碱性长石，可能是流纹岩火山物质（Jolliff et al., 2011a）。“月船一号”（Chandrayaan-1）月球矿物绘图仪（moon mineralogy mapper, M3）数据探测到 Compton-Belkovich 火山群具有较强的水或羟基（—OH）吸收特征（Bhattacharya et al., 2013），这种羟基异常特征可能揭示了该地区下方存在一个由淬冷玻璃碎片构成的浮石层，这些淬冷玻璃碎片含有残留的火山喷发前的水（Chauhan et al., 2015）。图 1.17（a）显示了 LROC NAC 影像（Robinson et al., 2010）叠加在 LOLA DEM 数据（Smith et al., 2010）上生成的 Compton-Belkovich 火山群的三维视图，黄色和白色的线分别标出了中间破火山口的地形边界和结构边界，红色箭头标明了越过穹顶的一条线性构造，黑色虚线标出了西部穹丘、北部穹丘、东部穹丘的大致边界，黑色点线标出了抬升高原的大致边界（Chauhan et al., 2015）。图 1.17（b）显示了基于 LOLA DEM 数据（Smith et al., 2010）的 Compton-Belkovich 火山群的地形特征（Chauhan et al., 2015）。

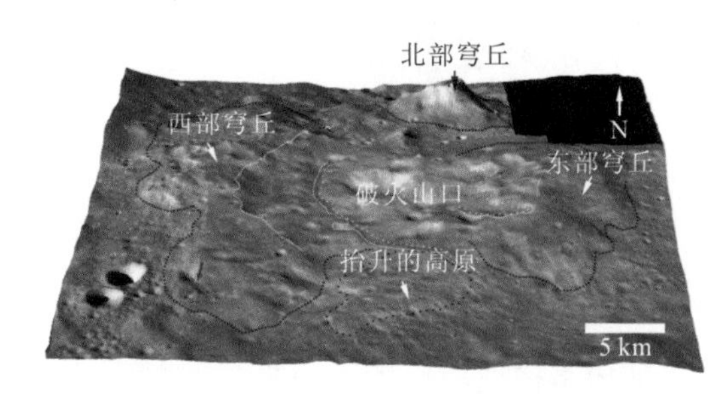

(a) Compton-Belkovich 火山群的三维视图

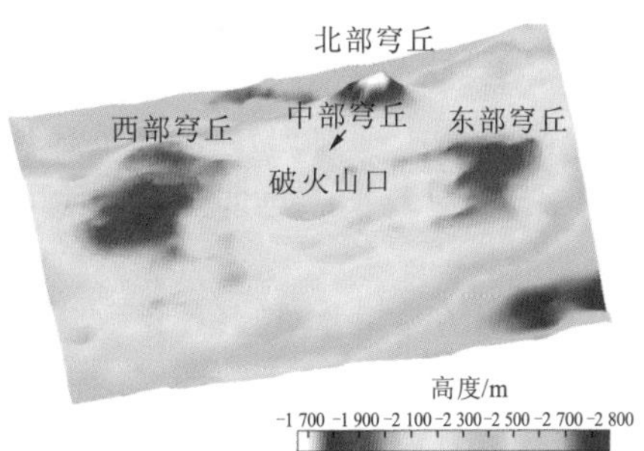

(b) Compton-Belkovich 火山群的地形特征

图 1.17　Compton-Belkovich 火山群的三维视图和地形特征（Chauhan et al., 2015）

Compton-Belkovich 地区富 Th 物质的出露与硅质火山喷发密切相关，主要包括 4 个阶段（Chauhan et al., 2015；Jolliff et al., 2011a）：①岩浆房形成和岩浆沿着月壳内先前存在的薄弱带侵入月表下浅层位置，可能积聚在上层月壤层内[图 1.18（a）]；②岩浆进化分异产生硅质残余熔融物，喷发到月表，形成东部、西部和北部穹丘，然后岩浆回撤，引起北部和西部穹丘顶点塌陷[图 1.18（b）]；③环状断裂形成，沿着这些断裂发生塌陷，形成破火山口，并引发大量火山灰流喷发和火山灰沉积[图 1.15（c）]；④火山穹丘复活，产生中部穹丘，形成火山碎屑沉积和火山灰流[图 1.15（d）]。Shirley 等（2016）指出 Compton-Belkovich 火山群火山活动的上限年龄约为 3.8 Ga，推断火山活动的开始时间可能在 Compton 撞击坑形成（约 3.6 Ga）之后，指出约 3.5 Ga 发生了火山活动导致的月表重塑事件，产生了广阔的火山构造（如火山锥和火山穹丘），塌陷形成的破火山口，以及火山碎屑的喷出和扩散。

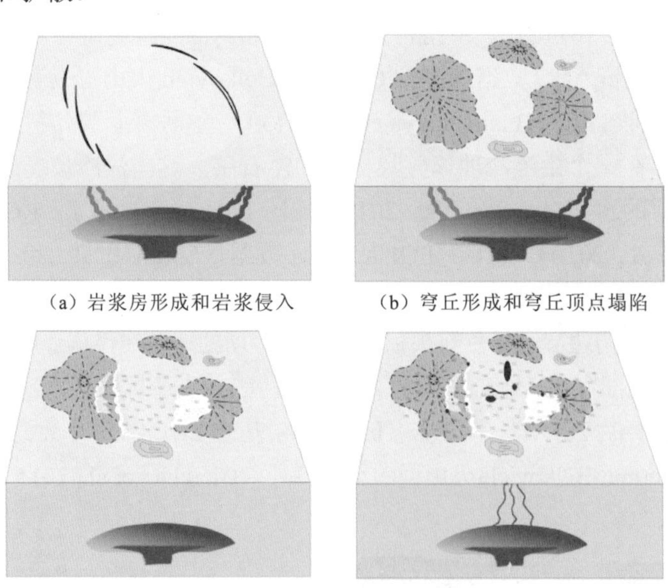
（a）岩浆房形成和岩浆侵入　（b）穹丘形成和穹丘顶点塌陷

（c）破火山口形成和火山灰沉积　（d）火山穹丘复活

图 1.18　Compton-Belkovich 火山群演化阶段（Chauhan et al., 2015）

1.4.3　SPAT 地区的 Th 含量提升物质出露机制

南极艾特肯盆地是月球上最大最古老的撞击构造，直径约 2 500 km（Stuart-Alexander, 1978）。图 1.19 显示了南极艾特肯盆地的 LOLA 数字地形模型（digital terrain model，DTM）（Smith et al., 2010）地形图，其中浅蓝色五角星标出的撞击构造表示该盆地或撞击坑有月海玄武岩出露，深蓝色五角星标明南极的位置，两个椭圆分别标出了Garrick-Bethell and Zuber（2009）推断的南极艾特肯盆地的内部环和外部环（Sruthi and Kumar, 2014）。

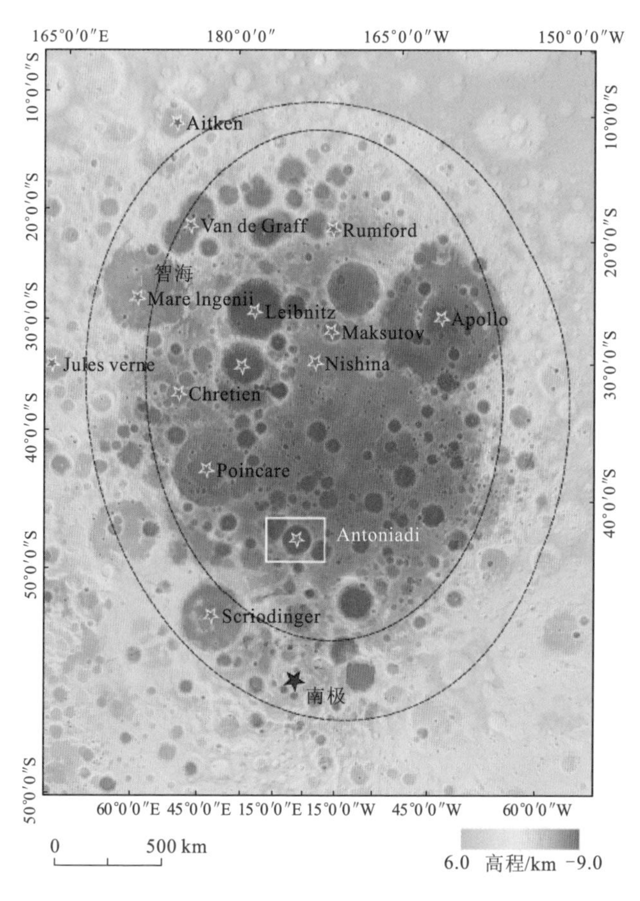

图1.19　南极艾特肯盆地的地形图和有月海玄武岩出露的撞击构造（Sruthi and Kumar, 2014）

根据月壳厚度图（图1.13）（Wieczorek et al., 2013），南极艾特肯盆地的整个上月壳被移除，大量的下月壳物质和一些上月幔物质被挖掘或喷发出来（Taguchi et al., 2017；Sruthi and Kumar., 2014；Hagerty et al., 2011；Pieters et al., 2001；Lucey et al., 1998）。SPA撞击形成事件熔化了上月幔物质，形成一层直径约630km的撞击熔融区域，该撞击熔融区域由上层7 km厚的富高钙辉石（High-Ca pyroxene, HCP）层和下层大于8km厚的富低钙辉石（Low-Ca pyroxene, LCP）层构成（Uemoto et al., 2017；Ohtake et al., 2014）。南极艾特肯盆地还发生了一系列月海玄武岩火山活动，目前发现的最年轻的火山活动时间大约为1.6Ga，发生在其中的安东尼亚迪（Antoniadi）盆地（Sruthi and Kumar, 2014）。

因为月幔物质贫 Th，所以 SPAT 地区的提升 Th 含量与挖掘出的下月壳物质密切相关，即 SPAT 地区 Th 含量提升物质出露的原因是南极艾特肯盆地形成和形成之后的一系列撞击作用挖掘出了具有提升 Th 含量的下月壳物质（Hagerty et al., 2011）。南极艾特肯盆地地区下月壳物质的岩性主要体现为苏长岩和辉长苏长岩（Hagerty et al., 2011；Pieters et al., 2001），由于南极艾特肯盆地 Th 含量提升区域主要分布着碱性岩套（Wang and Zhao, 2017；Wang and Pedrycz, 2015），南极艾特肯盆地的 Th 含量提升主要是因为挖掘出了碱性苏长岩和碱性辉长苏长岩。

Hagerty 等（2011）指出在南极艾特肯盆地形成之前，月球背面的下月壳经历了多次富 Th 岩浆侵入事件，因此南极艾特肯盆地 Th 含量提升物质出露的过程有可能是（Hurtwitz and Kring, 2014；Wieczorek et al., 2013；Hagerty et al., 2011；Pieters et al., 2001）：①月球背面的月幔早期经历了广泛的部分结晶（Hurtwitz and Kring, 2014；Hagerty et al., 2011），产生了进化的具有提升 Th 含量的碱性岩浆；②碱性岩浆多次侵入下月壳；③在南极艾特肯盆地撞击形成事件中，整个上月壳被移除（Wieczorek et al., 2013；Pieters et al., 2001），大量的下月壳物质（Hagerty et al., 2011；Pieters et al., 2001），包括大量的碱性苏长岩和碱性辉长苏长岩物质被挖掘出来；④在南极艾特肯盆地形成之后的一系列撞击事件中，具有 Th 含量提升的碱性苏长岩和碱性辉长苏长岩物质继续被挖掘出来。碱性岩套物质主要分布在南极艾特肯盆地中部凹陷地区的 Th 含量提升区域（Wang and Pedrycz, 2015）。

1.5　本章小结

本章阐述了月球 Th 含量的地质意义，包括月球 Th 含量与月球岩性划分、月球地体划分和月壳厚度之间的关系，基于 CE-2 GRS 数据分析了月表 Th 含量的分布特征，分析了壳幔内 Th 含量的分布规律，探讨了富 Th 物质在月表的出露机制，主要结论如下。

（1）在空间分辨率 60 km×60 km 下，整个月表的大部分区域呈现低 Th 含量；中等 Th 含量主要分布在 PKT 的外围区域和南极艾特肯盆地的中心区域；高和极高 Th 含量主要集中于 PKT 内，环绕雨海盆地分布。

（2）在空间分辨率 60 km×60 km 下，南极艾特肯盆地大部分地区呈现低 Th 含量（0～2 μg/g），中等 Th 含量（2～3.75 μg/g）分布在南极艾特肯盆地的中部和东部地区，高 Th 含量（3.75～4.9 μg/g）极少出露，在中部地区呈零星分布。

（3）在 PKT 内，月表 Th 含量分布主要呈现两个特征：①沿着近似环状的高 Th 分布带两侧，朝向雨海方向和背离雨海方向的 Th 含量变化趋势大致相同；

②一些较低 Th 含量区域形成狭长的带状区域，环绕较高 Th 含量区域边界分布。

（4）Th 含量在壳幔内的分布特征可能是随着月壳深度的增加，Th 含量先增加后减少，月壳深度在 0～20 km 相对贫 Th，在 20～40 km 富 Th，在 40～60 km（甚至大于 60 km）及上月幔，Th 含量下降，直至贫 Th。

（5）PKT 地区富 Th 或具有提升 Th 含量的物质主要包括克里普物质和碱性岩套物质，其中克里普物质主要在深成侵入、克里普火山活动和天体或陨石撞击挖掘作用下出露于月表；碱性岩套物质主要在深成侵入、撞击挖掘和硅质火山活动作用下出露于月表。

（6）Compton-Belkovich 地区富 Th 物质主要在进化的硅质岩浆浅成侵入和硅质火山喷发作用下出露于月表。

（7）南极艾特肯地区 Th 含量提升物质的出露原因是南极艾特肯盆地形成时和形成后的一系列撞击将整个上月壳移除，挖掘出大量碱性苏长岩和碱性辉长苏长岩等具有提升 Th 含量的下月壳物质。

参 考 文 献

杨佳, 2010. 月球伽马能谱数据处理试验研究[D]. 成都：成都理工大学.

ASHLEY J W, ROBINSON M S, STOPAR J D, et al., 2016. The lassell massif-A silicic lunar volcano[J]. Icarus, 273: 248-261.

BANDFIELD J L, GHENT R R, VASAVADA A R, et al., 2011. Lunar surface rock abundance and regolith fines temperatures derived from LRO Diviner Radiometer data[J/OL]. Journal of geophysical research: planets, 116(E12):1-11. https: //doi. org/10.1029/2011JE003866.

BHATTACHARYA S, SARAN S, DAGAR A, et al., 2013. Endogenic water on the moon associated with non-mare silicic volcanism: implications for hydrated lunar interior[J]. Current science, 105(5): 685-691.

BINDER A B, 1998. Lunar Prospector: overview[J]. Science, 281: 1475-1476.

CAHILL J T S, THOMSON B J, PATTERSON G W, et al., 2014. The miniature ratio frequency insruments's (Mini-RF) global observations of earth's moon[J]. Icarus, 243: 173-190.

CHAUHAN M, BHATTACHARYA S, SARAN S, et al., 2015. Compton-Belkovich volcanic complex (CBVC): an ash flow caldera on the moon[J]. Icarus, 253: 115-129.

CLEGG-WATKINS R N, JOLLIFF B L, WATKINS M J, et al., 2017. Nonmare volcanism on the Moon: photometric evidence for the presence of evolved silicic materials[J]. Icarus, 285: 169-184.

DAY J M D, TAYLOR L A, FLOSS C, et al., 2006. Comparative petrology, geochemistry and petrogenesis of evolved, low-Ti lunar mare basalt meteorites from the La Paz Icefield,

Antarctica[J]. Geochimica et cosmochimica acta, 70(6):1581-1600.

ELARDO S M, SHEARER C K, FAGAN A L, et al., 2014. The origin of young mare basalts inferred from lunar meteorites Northwest Africa 4734, 032, and LaPaz Icefield 02205[J]. Meteoritics and planetary science, 49(2): 261-291.

ELPHIC R C, LAWRENCE D J, FELDMAN W C, et al., 2000. Determination of lunar global rare earth element abundances using Lunar Prospector neutron spectrometer observations [J]. Journal of geophysical research, 105(E8):20333-20346.

FAGAN A L, NEAL C R, 2016. A new lunar high-Ti basalt type defined from clasts in Apollo 16 breccia 60639[J]. Geochimica et cosmochimica acta, 173: 352-372.

FELDMAN W C, BARRACLOUGH B L, FULLER K R, et al., 1999. The Lunar Prospector gamma-ray and neutron spectrometers[J]. Nuclear instruments and methods in physics research, 422(1/3): 562-566.

GARRICK-BETHELL I, ZUBER M T, 2009. Elliptical structure of the lunar South Pole-Aitken basin[J]. Icarus, 204: 399-408.

GILLIS J J, HASKIN L A, SPUDIS P D, 1999. An empirical calibration to calculate Th abundances from the Lunar Prospector Gamma-ray data[C]// 30th Annual Lunar and Planetary Science Conference, March 15-29, 1999, Houston, TX.

GILLIS J J, JOLLIFF B L, KOROTEV R L, 2004. Lunar surface geochemistry: Global concentrations of Th, K, and FeO as derived from lunar prospector and Clementine data[J]. Geochimica et cosmochimica acta, 68(18): 3791-3805.

GLOTCH T D, LUCEY P G, BANDFIELD J L, et al., 2010. Highly silicic compositions on the moon[J]. Science, 329(5998): 1510-1513.

GLOTCH T D, HAGERTY J J, LUCEY P G, et al., 2011. The Mairan domes: silicic volcanic constructs on the moon[J]. Geophysical research letters, 38(21): 134-140.

GNOS E, HOFMANN B A, AL-KATHIRI A, et al., 2004. Pinpointing the source of a lunar meteorite: implications for the evolution of the moon[J]. Science, 305(5684): 657-659.

GREENHAGEN B T, LUCEY P G, WYATT M B, et al., 2010. Global silicate mineralogy of the moon from the diviner lunar radiometer[J]. Science, 329(5998): 1507-1509.

GRESHAKE A, IRVING A J, KUEHNER S M, et al., 2008. Northwest Africa 4898: a new high-alumina mare basalt from the moon[C]// 39th Lunar and Planetary Science Conference, (Lunar and Planetary Science XXXIX), held March 10-14, 2008 in League City, Texas.

HAGERTY J J, LAWRENCE D J, HAWKE B R, et al., 2006. Refined thorium abundances for lunar red spots: implications for evolved, nonmare volcanism on the moon[J/OL]. Journal of geophysical research planets, 111(E6):1-20. https: //doi. org/10.1029/2005JE002592.

HAGERTY J J, LAWRENCE D J, HAWKE B R, 2011. Thorium abundances of basalt ponds in South Pole-Aitken basin: insights into the composition and evolution of the far side lunar mantle[J/OL]. Journal of geophysical research planets, 116(E6):1-23. https: //doi. org/10.1029/2010JE003723.

HALODA J, KOROTEV R L, TÝCOVÁ P, et al., 2006. Lunar meteorite Northeast Africa 003-A: a new lunar mare basalt[C]// 37th Annual Lunar and Planetary Science Conference, March 13-17, 2006, League City, Texas.

HALODA J, TÝCOVÁ P, KOROTEV R L, et al., 2009. Petrology, geochemistry, and age of low-Ti mare-basalt meteorite Northeast Africa 003-A: a possible member of the Apollo 15 mare basaltic suite[J]. Geochimica et cosmochimica acta, 73(11): 3450-3470.

HARRINGTON T M, MARSHALL J H, ARNOLD J R, et al., 1974. The Apollo gamma-ray spectrometer[J]. Nuclear instruments and methods, 118(2): 401-411.

HASEBE N, SHIBAMURA E, MIYACHI T, et al., 2008. Gamma-ray spectrometer (GRS) for lunar polar orbiter SELENE[J]. Earth planets and space, 60(4): 299-312.

HASKIN L A, WARREN P, 1991. Lunar chemistry[M]//HEIKEN G H, VANIMAN D T, FRENCH B M. Lunar sourcebook: a user's guide to the moon. Cambridge: Cambridge University Press: 357-474.

HAWKE B R, HEAD J W, 1978. Lunar KREEP volcanism: geologic evidence for history and mode of emplacement[C]// Lunar and Planetary Science Conference, 9th, Houston, Tex., March 13-17, 1978.

HERBERT F, DRAKE M J, SONETT C P, 1978. Geophysical and geochemical evolution of the lunar magma ocean[C]// Lunar and Planetary Science Conference, 9th, Houston, Tex., March 13-17, 1978.

HURTWITZ D M, KRING D A, 2014. Differentiation of the South Pole-Aitken basin impact melt sheet: implications for lunar exploration[J]. Journal of geophysical research planets, 119: 1110-1133.

ISHIHARA Y, GOOSSENS S, MATSUMOTO K, et al., 2009. Crustal thickness of the moon: implications for farside basin structures[J/OL]. Geophysical research letters, 36(19): 1-4. https: // doi. org/10.1029/2009GL039708.

IVANOV M A, HEAD J W, BYSTROV A, 2016. The lunar Gruithuisen silicic extrusive domes: topographic configuration, morphology, ages, and internal structure [J]. Icarus, 273: 262-283.

JOLLIFF B L, GILLIS J J, HASKIN L A, et al., 2000. Major lunar crustal terranes: surface expressions and crust-mantle origins[J]. Journal of geophysical research planets, 105(E2): 4197-4216.

JOLLIFF B L, WISEMAN S A, LAWRENCE S J, et al., 2011a. Non-mare silicic volcanism on the

lunar farside at Compton–Belkovich[J]. Nature geoscience, 4(8): 566-571.
JOLLIFF B L, TRAN T N, LAWRENCE S J, et al., 2011b. Compton-Belkovich: nonmare, silicic volcanism on the moon's far side[C]//42nd Lunar and Planetary Science Conference, held March 7-11, 2011 at The Woodlands, Texas.
KOBAYASHI S, HASEBE N, SHIBAMURA E, et al., 2010. Determining the absolute abundances of natural radioactive elements on the lunar surface by the Kaguya gamma-ray spectrometer[J]. Space science reviews, 154(1/4): 193-218.
KOBAYASHI S, KAROUJI Y, MOROTA T, et al., 2012. Lunar farside Th distribution measured by Kaguya gamma-ray spectrometer[J]. Earth and planetary science letters, 337-338: 10-16.
KOROTEV R L, 1998. Concentrations of radioactive elements in lunar materials[J]. Journal of geophysical research planets, 103(E1): 1691-1701.
KOROTEV R L, JOLLIFF B L, ZEIGLER R A, 2000. The KREEP components of the Apollo 12 regolith[C]// 31st Annual Lunar and Planetary Science Conference, March 13-17, 2000, Houston, Texas, abstract no.
LAWRENCE D J, ELPHIC R C, FELDMAN W C, et al., 2003. Small-area thorium features on the lunar surface[J/OL]. Journal of geophysical research, 108(E9): 1-25. https: //doi. org/10.1029/2003JE002050.
LAWRENCE D J, FELDMAN W C, BARRACLOUGH B L, et al., 1998. Global elemental maps of the moon: the Lunar Prospector gamma-ray spectrometer[J]. Science, 281: 1484-1489.
LAWRENCE D J, FELDMAN W C, BARRACLOUGH B L, et al., 1999. High resolution measurements of absolute thorium abundances on the lunar surface[J]. Geophysical research letters, 26(17): 2681-2684.
LAWRENCE D J, FELDMAN W C, BARRACLOUGH B L, et al., 2000. Thorium abundances on the lunar surface[J]. Journal of geophysical research planets, 105(E8): 20307-20331.
LAWRENCE D J, MAURICE S, FELDMAN W C, 2004. Gamma-ray measurements from Lunar Prospector: time series data reduction for the Gamma-Ray spectrometer[J/OL]. Journal of geophysical research planets, 109(E7):1-11. https: //doi. org/10.1029/2003JE002206.
LONGHI J, 1978. Pyroxene stability and the composition of the lunar magma ocean[C]// Lunar and Planetary Science Conference, 9th, Houston, Tex., March 13-17, 1978.
LUCEY P G, BLEWETT D T, HAWKE B R, 1998. Mapping the FeO and TiO_2 content of the lunar surface with multispectral imagery[J]. Journal of geophysical research, 103: 3679-3699.
LUCEY P G, BLEWETT D T, TAYLOR G J, et al., 2000a. Imaging of lunar surface maturity[J]. Journal of geophysical research planets, 105 (E8): 20377-20386.
LUCEY P G, BLEWETT D T, JOLLIFF B L, 2000b. Lunar iron and titanium abundance algorithms

based on final processing of clementine ultraviolet–visible images[J]. Journal of geophysical research planets, 105 (E8): 20297-20305.

LUCEY P, KOROTEV R L, GILLIS J J, et al., 2006. Understanding the lunar surface and space-moon interactions[J]. Reviews in mineralogy and geochemistry, 60(1): 83-219.

MA T, CHANG J, ZHANG N, et al., 2013. Gamma-ray spectrometer onboard Chang'E-2[J]. Nuclear instruments & methods in physics research section a: accelerators spectrometers detectors and associated equipment, 726(1):113-115.

MAALØE S, MCBIRNEY A R, 1997. Liquid fractionation. Part IV: scale models for liquid fractionation of calc-alkaline magmas[J]. Journal of volcanology and geothermal research, 76(1/2): 111-125.

MCCALLUM I S, O'BRIEN H E, 1996. Stratigraphy of the lunar highland crust: depths of burial of lunar samples from cooling-rate studies[J]. American mineralogist, 81(9/10): 1166-1175.

MCCALLUM I S, SCHWARTZ J M, 2001. Lunar Mg-suite: thermobarometry and petrogenesis of parental magmas[J]. Journal of geophysical research, 106(E11): 27969-27983.

MCCALLUM I S, DOMENEGHETTI M C, SCHWARTZ J M, et al., 2006. Cooling history of lunar Mg-suite gabbronorite 76255, troctolite 76535 and Stillwater pyroxenite SC-936: the record in exsolution and ordering in pyroxenes[J]. Geochimica et cosmochimica acta, 70(24): 6068-6078.

NEMCHIN A A, PIDGEON R T, WHITEHOUSE M J, et al., 2008. SIMS U-Pb study of zircon from Apollo 14 and 17 breccias: implications for the evolution of lunar KREEP[J]. Geochimica et cosmochimica acta, 72(2): 668-689.

NEUMANN G A, ZUBER M T, SMITH D E, et al., 1996. The lunar crust: global structure and signature of major basins[J]. Journal of geophysical research planets, 101(E7): 16841-16863.

OHTAKE M, UEMOTO K, YOKOTA Y, et al., 2014. Geologic structure generated by large-impact basin formation observed at the South Pole-Aitken basin on the moon[J]. Geophysical research letters, 41(8): 2738-2745.

PAIGE D A, SIEGLER M A, ZHANG J A, 2010. Diviner lunar radiometer observations of cold traps in the moon’s south polar region[J]. Science, 330: 479-482.

PIETERS C M, HEAD III J W, GADDIS L, et al., 2001. Rock types of South Pole-Aitken basin and extent of basaltic volcanism[J]. Journal of geophysical research planets, 106(E11): 28001-28022.

PRETTYMAN T H, 2012. Lunar prospector Gamma ray spectrometer elemental abundance. LP-L-GRS-5-ELEM-ABUNDANCE-V1.0[DS/OL]. (2012-10-24) [2019-08-16]. http://pds-geosciences.wustl.edu/missions/lunarp/.

PRETTYMAN T H, HAGERTY J J, ELPHIC R C, et al., 2006. Elemental composition of the lunar surface: analysis of gamma ray spectroscopy data from Lunar Prospector[J/OL]. Journal of geophysical research planets, 111(E12):1-41. https: //doi. org/10.1029/2005JE002656.

REEDY R C, 1978. Planetary gamma-ray spectroscopy[C]// Lunar and Planetary Science Conference, Proceedings.Lunar and Planetary Science Conference Proceedings, 9(1575):2961-2984.

REEDY R C, ARNOLD J R, TROMBKA J I, 1973. Expected gamma ray emission spectra from the lunar surface as a function of chemical composition[J]. Journal of geophysical research, 78(26): 5847-5866.

ROBINSON M S, BRYLOW S M, TSCHIMMEL M, et al., 2010. Lunar Reconnaissance Orbiter Camera (LROC) instrument overview[J]. Space science reviews, 150: 81-124.

SHEARER C K, HESS P C, WIECZOREK M A, et al., 2006.Thermal and magmatic evolution of the moon[J]. Reviews in mineralogy and geochemistry, 60(1): 365-518.

SHEARER C K, BURGER P V, GUAN Y, et al., 2012. Origin of sulfide replacement textures in lunar breccias. Implications for vapor element transport in the lunar crust[J]. Geochimica et cosmochimica acta, 83(1): 138-158.

SHEARER C K, ELARDO S M, PETRO N E, et al., 2015. Origin of the lunar highlands Mg-suite: An integrated petrology, geochemistry, chronology, and remote sensing perspective[J]. American mineralogist, 100: 294-325.

SHIRLEY K A, ZANETTI M, JOLLIFF B, et al., 2016. Crater size-frequency distribution measurements and age of the Compton–Belkovich volcanic complex[J]. Icarus, 273: 214-223.

SMITH D E, ZUBER M T, NEUMANN G A, et al., 2010. Initial observations from the lunar orbiter laser altimeter (LOLA)[J/OL]. Geophysical research letters, 37(18):1-6. https: //doi. org/10.1029/ 2010GL043751.

SNAPE J F, JOY K H, CRAWFORD I A, 2011. Characterization of multiple lithologies within the lunar feldspathic regolith breccia meteorite Northeast Africa 001[J]. Meteoritics and planetary science, 46(9): 1288-1312.

SNYDER G A, TAYLOR L A, HALLIDAY A, 1995. Chronology and petrogenesis of the lunar highlands alkali suite: cumulates from KREEP basalt crystallization[J]. Geochimica et cosmochimica acta, 59(6): 1185-1203.

SRUTHI U, KUMAR P S, 2014.Volcanism on farside of the moon: new evidence from Antoniadi in South Pole Aitken basin[J]. Icarus, 242: 249-268.

STUART-ALEXANDER D E, 1978. Geologic Map of the Central Far Side of the Moon, I–1047, 1:5,000,000 Series[R]. Reston:U.S. Geological Survey.

TAGUCHI M, MOROTA T, KATO S, 2017. Lateral heterogeneity of lunar volcanic activity according to volumes of mare basalts in the farside basins[J]. Journal of geophysical research planets, 122(7): 1505-1521.

TAYLOR G J, WARREN P, RYDER G, et al., 1991. Lunar rocks[M]// HEIKEN G H, VANIMAN D T, FRENCH B M. Lunar sourcebook: a user's guide to the moon. Cambridge: Cambridge University Press:183-284.

TAYLOR G J, MARTEL L M V, SPUDIS P D, 2012. The Hadley - Apennine KREEP basalt igneous province[J]. Meteoritics & planetary science, 47(5): 861-879.

TRAN T, ROBINSON M S, LAWRENCE S J, et al., 2011. Morphometry of Lunar Volcanic Domes from LROC[C]//42nd Lunar and Planetary Science Conference, held March 7-11, 2011 at The Woodlands, Texas.

TROMBKA J I, ARNOLD J R, REEDY R C, et al., 1973. Some correlations between measurements by the Apollo gamma-ray spectrometer and other lunar observations[C]// 4th Lunar Science Conference;　March 05, 1973-March 08, 1973, Houston, TX.

UEMOTO K, OHTAKE M, HARUYAMA J, et al., 2017. Evidence of impact melt sheet differentiation of the lunar South Pole - Aitken basin[J]. Journal of geophysical research planets, 122(8): 1672-1686.

WANG X, PEDRYCZ W, 2015. Petrologic characteristics of the lunar surface[J]. Scientific reports, 5(5): 17075.

WANG X, ZHAO S, 2017. New insights into lithology distribution across the moon[J]. Journal of geophysical research planets, 122(10): 2034-2052.

WANG X, ZHANG X, WU K, 2016. Thorium distribution on the lunar surface observed by Chang'E-2 Gamma-ray spectrometer[J]. Astrophysics and space science, 361(7): 234.

WARREN P H, 1993. A concise compilation of petrologic information on possibly pristine nonmare moon rocks[J]. American mineralogist, 78: 360-376.

WARREN P H, 2000. Bulk composition of the moon as constrained by Lunar Prospector Th data, I. application of ground truth for calibration[C]// 31st Annual Lunar and Planetary Science Conference, March 13-17, 2000, Houston, Texas.

WARREN P H, 2001. Compositional structure within the lunar crust as constrained by Lunar Prospector thorium data[J]. Geophysical research letters, 28(13): 2565-2568.

WARREN P H, WASSON J T, 1979. The origin of KREEP[J]. Reviews of geophysics, 17: 73-88.

WARREN P H, KALLEMEYN G W, 1993. Geochemical investigation of two lunar mare meteorites: Yamato-793169 and Asuka-881757[J]. Proceedings of the nipr symposium on antarctic meteorites, 6: 35-57.

WHITAKER E A, 1972. Lunar color boundaries and their relationship to topographic features: a preliminary survey[J]. Moon, 4(3/4): 348-355.

WIECZOREK M A, JOLLIFF B L, KHAN A, et al., 2006a. The constitution and structure of the lunar interior[J]. Reviews in mineralogy and geochemistry, 60(1): 221-364.

WIECZOREK M A, JOLLIFF B L, SHEARER C K, et al., 2006b. Supplemental data for new views of the moon, Volume 60: new views of the moon [DS/OL]. Washington D.C: Mineralogical Society of America.http://www.minsocam.org/msa/rim/Rim60.html.

WIECZOREK M A, NEUMANN G A, NIMMO F, et al., 2013.The crust of the moon as seen by GRAIL[J]. Science, 339(6120): 671-675.

WILSON J T, EKE V R, MASSEY R J, et al., 2015.Evidence for explosive silicic volcanism on the moon from the extended distribution of thorium near the Compton-Belkovich volcanic complex[J]. Journal of geophysical research planets, 120(1): 92-108.

WILSON L, HEAD J W, 2003. Lunar Gruithuisen and Mairan domes: rheology and mode of emplacement[J/OL]. Journal of geophysical research planets, 108(E2):1-7. https: //doi. org/10.1029/2002JE001909.

WOOD J A, 1972. Thermal history and early magmatism in the Moon[J]. Icarus, 16(2): 229-240.

YAMAMOTO S, NAKAMURA R, MATSUNAGA T, et al., 2010. Possible mantle origin of olivine around lunar impact basins detected by SELENE[J]. Nature geoscience, 3(8): 533-536.

YAMASHITA N, HASEBE N, REEDY R C, et al., 2010. Uranium on the moon: global distribution and U/Th ratio[J/OL]. Geophysical research letters, 37(10):1-5. https://doi.org/10.1029/2010GL043061.

ZEIGLER R A, KOROTEV R L, JOLLIFF B L, et al., 2005. Petrography and geochemistry of the LaPaz Icefield basaltic lunar meteorite and source crater pairing with Northwest Africa 032[J]. Meteoritics and planetary science, 40(7): 1073-1102.

ZEIGLER R A, KOROTEV R L, HASKIN L A, et al., 2006. Petrography and geochemistry of five new Apollo 16 mare basalts and evidence for post-basin deposition of basaltic material at the site[J]. Meteoritics and planetary science, 41(2): 263-284.

ZHU M H, CHANG J, MA T, et al., 2013. Potassium map from Chang'E-2 constraints the impact of Crisium and Orientale Basin on the moon[J]. Scientific reports, 3: 1611.

ZHU M H, CHANG J, FA W, et al., 2014. Thorium on the Lunar Highlands Surface: insights from Chang'E-2 gamma-ray spectrometer[C]// 45th Lunar and Planetary Science Conference, held 17-21 March, 2014 at The Woodlands, Texas.

ZOU Y, ZHANG L, LIU J, et al., 2011. Data analysis of Chang'E-1 Gamma-ray spectrometer and global distribution of U,K and Th elemental abundances[J]. Acta geologica sinica (english edition), 85(6): 1299-1309.

第 2 章　月表氧化物含量反演

月表氧化物含量是揭示月表岩性特征的重要指标，是岩性分类的重要划分依据，反映了月表和壳幔内（由于月表物质来源于壳幔）的化学成分特征。本章介绍采用 CE-1 干涉成像光谱仪（interference imaging spectrometer，IIM）数据反演月表主要氧化物含量；揭示氧化物含量在月表的分布特征，并与其他探测器获取的月表氧化物含量的结果进行对比分析；探讨 FHT 月表的岩性特征。

2.1 基于决策树和支持向量机的月表 TiO_2 含量反演

二氧化钛（TiO_2）含量是月海玄武岩分类的重要依据（Giguere et al., 2000），是构成月球矿物钛铁矿的主要成分之一（Lucey et al., 2006）。目前一些探测器较成功地获取了月表 TiO_2 的分布特征，包括 LP GRNS（Prettyman, 2012;Prettyman et al., 2006）、Clementine 紫外-可见光多光谱探测器（Korokhin et al., 2008；Gillis et al., 2003；Lucey et al., 2000a）、LRO 的 WAC（Sato et al., 2017）、CE-1 IIM（Wu, 2012；Wu et al., 2012；Yan et al., 2012；凌宗成等，2011）和 SELENE 多波段成像仪（Multiband Imager，MI）（Otake et al., 2012）。本节建立决策树-支持向量机（decision tree-support vector machine，DT-SVM）钛含量反演模型和支持向量机-支持向量机（SVM-SVM）钛含量反演模型，基于 CE-1 IIM 数据反演月表 TiO_2 含量。本节主要来源于作者发表于 *Science China: Physics, Mechanics and Astronomy*［《中国科学：物理学 力学 天文学》（英文版）］的论文“Lunar titanium abundance characterization using Chang’E-1 IIM data”（基于 CE-1 IIM 的月球钛含量特征研究）（Wang and Niu，2012）和发表于 *Astrophysics and space science*（《天体物理学与空间科学》）的论文“Refinement of lunar TiO_2 analysis with multispectral features of Chang’E-1 IIM data”（基于 CE-1 IIM 数据多光谱特征的月球钛含量提取优化研究）（Wang and Zhu, 2013）。

2.1.1 CE-1 IIM 主要性能参数

CE-1 IIM 数据由我国“探月工程数据发布与信息服务系统”（http://moon.bao.ac.cn［2019-08-16］）发布，本节采用的 2C 级数据已经过暗电流校正、平场校正、辐射亮度转换和光学归一化（i=30°，e=0°）等预处理（刘福江等，2010；吴昀昭等，2009；Zhang et al., 2005）。CE-1 IIM 首次将干涉成像光谱技术用于深空探测，其主要性能指标见表 2.1。

表 2.1 CE-1 IIM 的主要性能指标（吴昀昭等，2009）

成像宽度/km	像元分辨率/（星下点，m）	成像区域（太阳高度角大于 15°时）	光谱范围/nm	光谱波段数	光谱分辨率
25.6	200	75°N～75°S	480～946	32	9.6 nm @ 543.5 nm，13.1 nm @ 632.8 nm，20 nm @ 783.8 nm，22.5 nm @ 831.2 nm

2.1.2　CE-1 IIM 数据处理

CE-1 IIM 的 2C 级数据在用于月表 TiO_2 含量反演前，需要进行 3 步处理：①2C 级数据是辐射亮度，需要转换成反射率（吴昀昭等，2009）；②影像光谱存在行向畸变，需要进行光谱行向畸变校正（吴昀昭等，2009）；③影像上存在明显的噪声，可通过最小噪声分离（minimum noise fraction，MNF）变换和逆变换去除噪声（刘福江等，2010）。

1. 反射率转换

采用吴昀昭等（2009）提出的 IIM 影像反射率转换方法进行反射率定标。采用 Apollo 16 的高度成熟的月壤样本 62231 进行反射率转换，62231 样本较好地代表了其周围的斜长岩质物质（吴昀昭等，2009）。IIM 影像没有覆盖国际上常用的定标点，即 South Ray 和 North Ray 两个撞击坑构成的等边三角形的第 3 个顶点（Pieters et al., 2008；Blewett et al., 1997），因此采用靠近国际定标点，与国际定标点具有相近光谱特征，且物质组分均一、未被溅染的地区作为定标区域（吴昀昭等，2009）。具体反射率转换包括以下 4 个步骤（吴昀昭等，2009）。

（1）采用高斯函数模拟光谱响应函数，将 62231 样本的双向反射率（Pieters, 1999）转换为 IIM 的 32 个波段的反射率$\{R_0^{(i)}, i=1, 2, \cdots, 32\}$，$R_0^{(i)}$ 表示 62231 样本在 IIM 波段 i 的反射率；其中 62231 样本的双向反射率数据来源于网址：http://www.planetary.brown.edu/relabdocs/Apollo16_62231.html［2019-08-16］。

（2）选取 IIM 影像 2225 轨第 11151～11167 行和第 69～73 列的区域作为定标区域，计算其辐射亮度均值$\{D_0^{(i)}, i=1, 2, \cdots, 32\}$，$D_0^{(i)}$ 表示定标区在 IIM 波段 i 的辐射亮度均值。

（3）对于 IIM 影像的每个波段，计算定标因子 $S^{(i)} = R_0^{(i)} / D_0^{(i)}$，$i$=1, 2,⋯, 32。

（4）对于 IIM 波段 i 影像上的任意像素，其反射率 $R^{(i)}$ 的计算公式为：$R^{(i)}=D^{(i)}\times S^{(i)}$，其中 $D^{(i)}$ 为该像素的辐射亮度。

2. 光谱行向畸变校正

IIM 每轨数据的光谱特征均存在沿行向变化，而这种变化是由光谱畸变，即传感器的行向响应不均一导致，与物质组分无关，因此对每轨数据均需进行光谱行向畸变校正（Wu et al., 2010；吴昀昭等，2009）。采用吴昀昭等（2009）提出的反射率规范化校正方法，进行光谱畸变校正，具体步骤如下。

（1）计算 62231 样本的相对反射率 $RR^{(i)}=R^{(i)}/R^{(757\,nm)}$，其中 $RR^{(i)}$ 和 $R^{(i)}$

分别表示 62231 样本在波段 i 的相对反射率和反射率，$R^{(757\,\mathrm{nm})}$ 表示 62231 样本在 757nm 波段的反射率。

（2）标准行 SL 选取，在反射率定标区附近选取 3 条行向线段 L_1、L_2 和 L_3，这 3 条线段具有一致的物质组分，则这 3 条线段的并集构成 IIM 单轨影像中的标准行 SL；需要说明的是可以选择多条不同行的行向线段，组成标准行，只要这多条线段具有一致的物质组分；这样标准行光谱的变化与物质组分变化无关，是由光谱行向畸变引起的。

（3）校正因子计算，首先计算标准行的 757nm 波段的 69～73 列的反射率均值 m_0，则第 i 列第 j 个波段的校正因子 $\mathrm{CF}^{(i,j)}=m_0\times\mathrm{RR}^{(j)}/\mathrm{SL}^{(i,j)}$。

（4）校正因子平滑，用二次多项式拟合第（3）步计算得到的校正因子，得到平滑后的校正因子 $\mathrm{CF_0}^{(i,j)}$。

（5）光谱行向畸变校正，对于 IIM 影像上的第 k 行第 i 列第 j 波段的像素，光谱校正后的反射率 $\mathrm{AR}^{(k,i,j)}=\mathrm{BR}^{(k,i,j)}\times\mathrm{CF_0}^{(i,j)}$，其中 $\mathrm{BR}^{(k,i,j)}$ 表示光谱校正前的反射率。

3. MNF 变换与逆变换

IIM 影像上存在明显的噪声，采用 MNF 变换和逆变换去除散点噪声和条带噪声（刘福江等，2010）。MNF 变换可用于高光谱数据的降维和去噪，其原理是 2 次叠置的主成分变换，第一次变换用于分离和重新量化数据中的噪声，第二次变换用于生成信噪比（signal noise ratio, SNR）从大到小排列的分量，前面几个分量往往集中了大部分有用信息，后面几个分量往往主要是噪声（Green et al., 1988）。对于 IIM 影像的每个波段，均进行 MNF 变换，然后采用 MNF 变换后的前 8 个分量进行 MNF 逆变换，从而得到去噪后的 IIM 影像（刘福江等，2010）。

图 2.1～图 2.3 分别为 Apollo 16 登陆点、Apollo 17 登陆点和 Luna 20 登陆点所在地区的 IIM 合成影像（红色：918nm，绿色：757nm，蓝色：618nm），其中图（a）为 2C 级的 IIM 原始影像，图（b）为经过光谱行向畸变校正后的反射率影像，图（c）为经过光谱行向畸变校正和 MNF 变换去噪后的反射率影像。其中 Apollo 16 地区影像大致经纬度范围为 15.22°E～16.22°E 和 8.05°S～10.61°S，Apollo 17 地区影像大致经纬度范围为 30.07°E～31.01°E 和 19.67°N～21.01°N，Luna 20 地区影像大致经纬度范围为 56.14°E～57.03°E 和 2.76°N～4.14°N。由图 2.1～图 2.3（a）可见，IIM 影像光谱存在行向畸变，左侧偏绿色，右侧偏红色；由图 2.1～2.3（b）和（c）可见，在经过光谱行向畸变校正和 MNF 变换去噪后，光谱行向畸变和噪声问题得到改善。

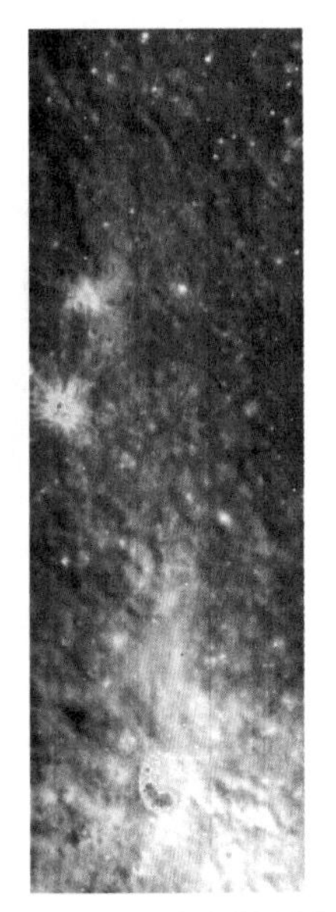

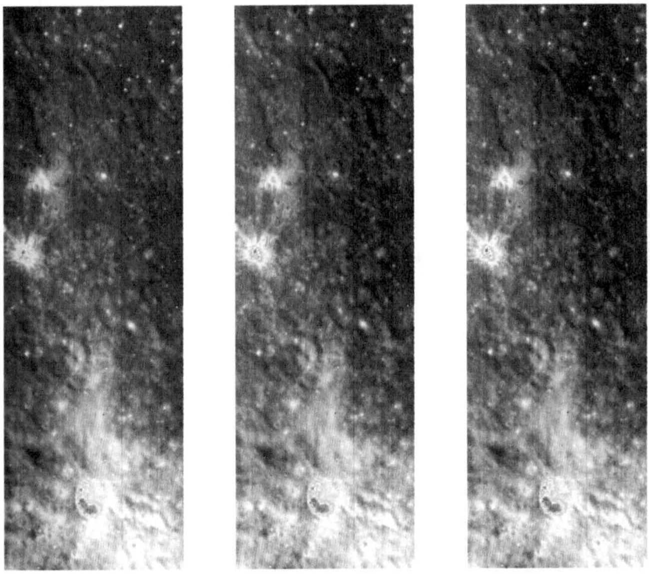

（a）IIM 2C级原始影像

（b）光谱行向畸变校正后的反射率影像

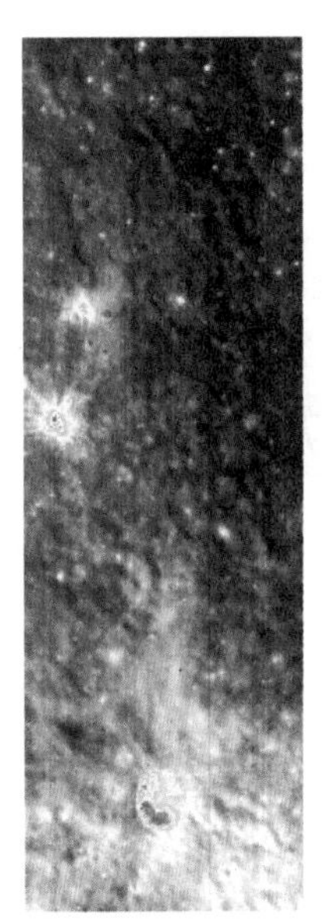

（c）光谱行向畸变校正和MNF变换去噪后的反射率影像

图2.1 Apollo 16登陆点地区的IIM合成影像（Wang and Niu, 2012）

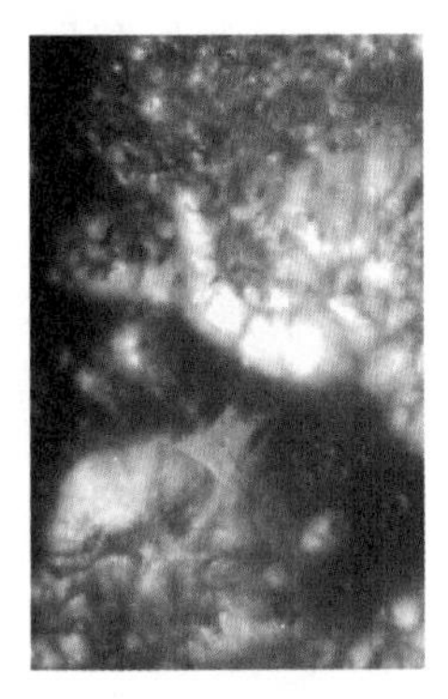

（a）IIM 2C级原始影像

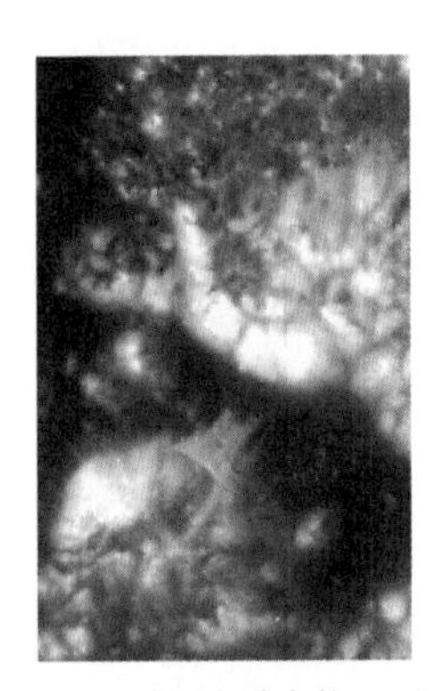

（b）光谱行向畸变校正后的反射率影像

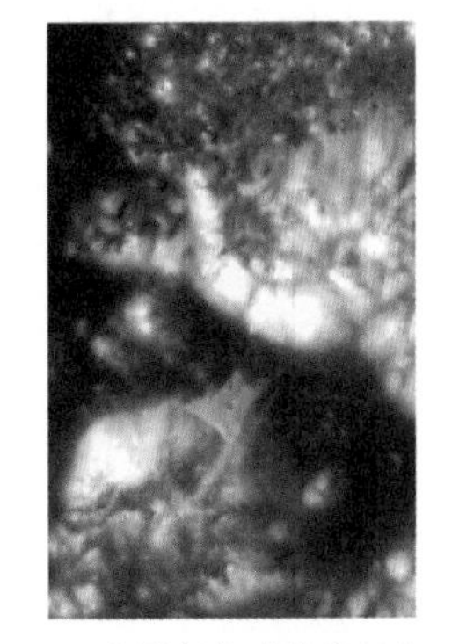

（c）光谱行向畸变校正和MNF变换去噪后的反射率影像

图2.2 Apollo 17登陆点地区的IIM合成影像（Wang and Niu, 2012）

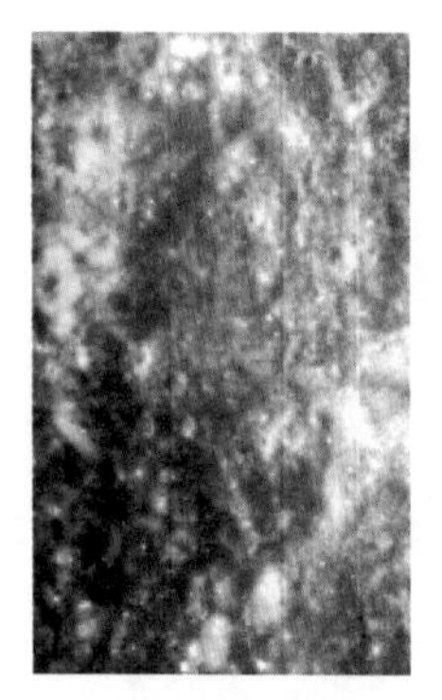

（a）IIM 2C 级原始影像

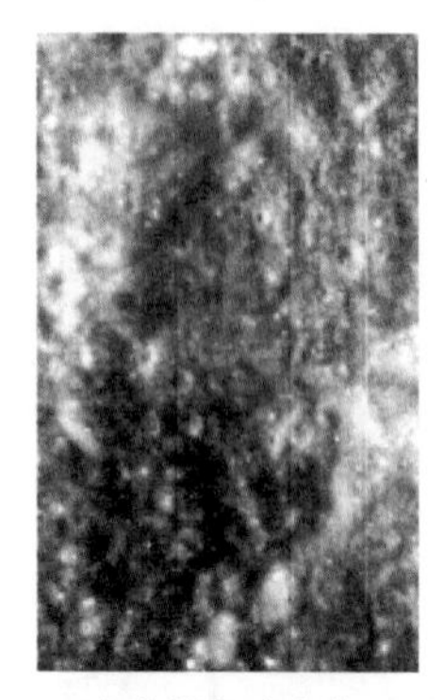

（b）光谱行向畸变校正后的反射率影像

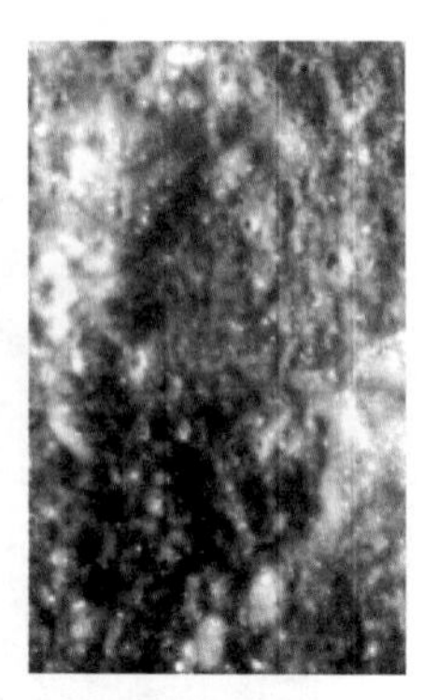

（c）光谱行向畸变校正和MNF变换去噪后的反射率影像

图 2.3　Luna 20 登陆点地区的 IIM 合成影像（Wang and Niu, 2012）

2.1.3　光谱参数建立

建立两类光谱参数：①每个波段的反射率$\{R^{(i)}, i=1, 2, \cdots, 32\}$；②每个波段的 Ti 角度参数$\{\theta^{(i)}, i=1, 2, \cdots, 32\}$，其中$\theta^{(i)}$的定义如式（2.1）所示：

$$\theta^{(i)} = \arctan\left\{R^{(i)} / [R^{(757)}]^2\right\}, \quad i=1,2,\cdots,32 \tag{2.1}$$

式中：$R^{(757)}$为 757 nm 波段的反射率。

以上两类光谱参数与月表 TiO_2 含量具有明显的非线性相关性。以 757 m 波段为例，图 2.4（a）显示了月表采样点样本的 TiO_2 含量和 757 m 波段反射率之间的非线性相关性，图 2.4（b）显示了月表采样点样本的 TiO_2 含量和 757 m 波段的

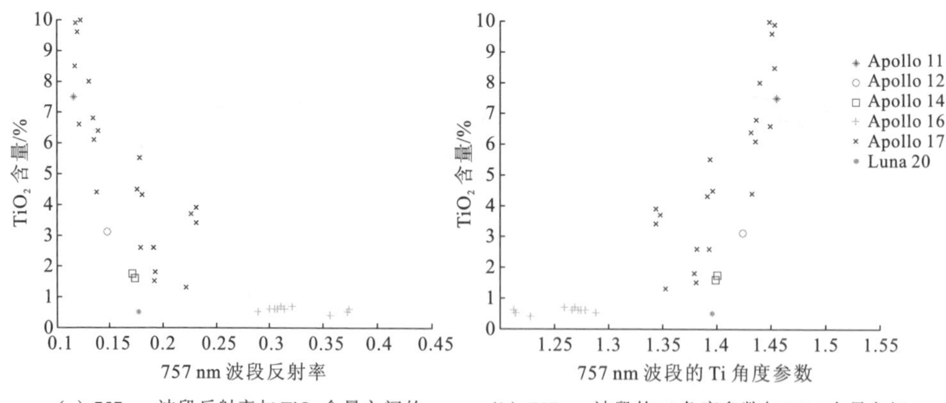

（a）757 nm 波段反射率与 TiO_2 含量之间的非线性相关性

（b）757 nm 波段的 Ti 角度参数与 TiO_2 含量之间的非线性相关性

图 2.4　两类光谱参数与月表 TiO_2 含量之间的非线性相关性

Ti角度参数之间的非线性相关性。由于两类光谱参数与TiO_2含量之间存在明显的非线性相关性，可采用以上两类光谱参数来反演月表TiO_2含量。

2.1.4　TiO_2含量反演DT-SVM模型

建立DT-SVM模型反演月表TiO_2含量，TiO_2含量反演过程如图2.5所示，主要包括两个步骤：①基于DT-SVM的TiO_2含量反演模型建立；②模型驱动下月表TiO_2含量反演。

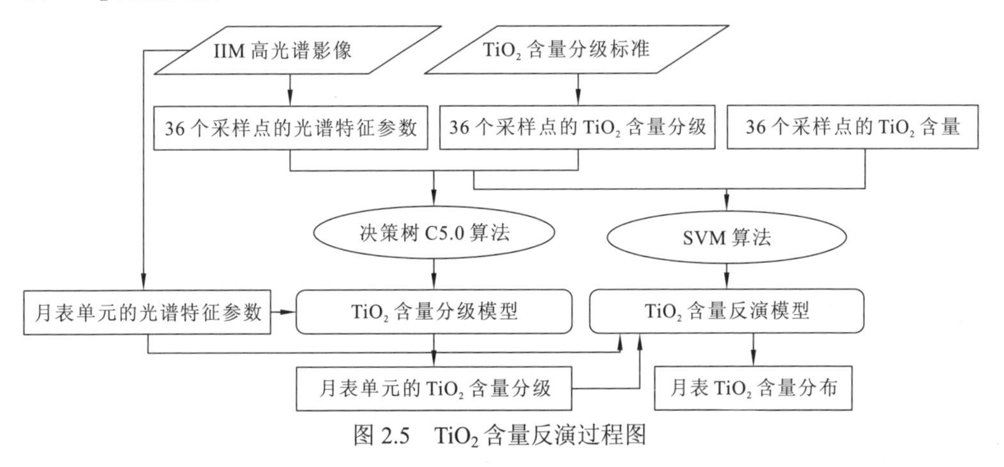

图2.5　TiO_2含量反演过程图

1. 月表TiO_2含量反演DT-SVM模型建立

月表TiO_2含量反演DT-SVM模型建立主要包括3个步骤。

（1）采用Apollo 11、Apollo 12、Apollo 14、Apollo 16、Apollo 17、Luna 20共36个月表采样点样本，根据Giguere等（2000）提出的TiO_2含量分级标准，获得36个采样点的TiO_2含量分级：<1.0%为极低钛含量，1.0%～4.5%为低钛含量，4.5%～7.5%为等中钛含量，>7.5%为高钛含量。

（2）根据36个月表采样点的IIM光谱特征参数（反射率和Ti角度参数）和TiO_2含量分级，采用决策树C5.0算法建立TiO_2含量分级模型。其中，模型的输入为光谱特征参数，输出为TiO_2含量分级。

（3）根据36个月表采样点的IIM光谱特征参数、TiO_2含量分级和TiO_2含量，采用SVM算法建立TiO_2含量反演模型。其中，模型的输入为光谱特征参数和TiO_2含量分级，模型的输出为TiO_2含量。

2. 模型驱动下月表TiO_2含量反演

（1）将月表每个像素的IIM光谱特征参数输入建立的TiO_2含量分级模型，获

得每个像素的 TiO_2 含量分级。

（2）将月表每个像素的 IIM 光谱特征参数和获得的 TiO_2 含量分级输入建立的 TiO_2 含量反演模型，计算每个像素的 TiO_2 含量，从而获得月表的 TiO_2 含量分布。

2.1.5　基于 DT-SVM 模型的月表 TiO_2 含量反演

1. 月表采样点的 TiO_2 含量反演结果

表 2.2 为 DT-SVM 模型、SVM 模型、Lucey 模型（Lucey et al., 2000a）和 Gillis 模型（Gillis et al., 2003）反演的月表采样点 TiO_2 含量比较。需要说明的是：①Lucey 模型的数据来源于 Xia 等（2019）的表 4，采用 Clementine 数字影像模型（Pigital Image model, DIM）数据（Hare et al., 2008；Eliason et al., 1999a），基于 Lucey 等（2000a）提出的回归预测模型反演得到；②Gillis 模型的数据来源于 Gillis 等（2003）的表 1，采用 Clementine 数据（Eliason et al., 1999a, 1999b），基于双回归模型反演得到；③实测 TiO_2 含量数据来源于 Blewett 等（1997）的表 1 和 Jolliff（1999）的表 4；④SVM 模型是不利用 TiO_2 含量分级信息，即根据 36 个月表采样点样本的 TiO_2 含量和两类 IIM 光谱特征参数，采用 SVM 算法建立月表 TiO_2 含量反演模型，然后将月表每个像素的 IIM 光谱特征参数输入建立的 TiO_2 含量反演模型，获得月表 TiO_2 含量分布。以上不同模型反演的 TiO_2 含量具有不同的空间分辨率，DT-SVM、SVM、Lucey、Gillis 模型反演的 TiO_2 含量的空间分辨率分别为 200 m/pixel、200 m/pixel、200 m/pixel 和 100 m/pixel，因此表 2.2 的比较仅供参考。

表 2.2　不同模型反演的月表采样点 TiO_2 含量

月表采样点	实测 TiO_2 含量 / %	DT-SVM 模型 TiO_2 含量 / %	SVM 模型 TiO_2 含量 / %	Lucey 模型 TiO_2 含量 / %	Gillis 模型 TiO_2 含量 / %
Apollo 11	7.5	7.4	8.5	11.4	7.1
Apollo 12	3.1	3.7	5.4	3.9	3.5
Apollo 14-LM	1.73	2.7	3.5	1.7	—
Apollo 14-Cone	1.6	2.7	3.4	2.2	—
Apollo 16-LM	0.6	0.5	0.5	1.1	—
Apollo 16-S1	0.6	0.6	0.7	1.0	—
Apollo 16-S2	0.6	0.7	0.7	1.0	—
Apollo 16-S4	0.5	0.6	0.9	0.9	—
Apollo 16-S5	0.7	0.6	0.6	1.1	—
Apollo 16-S6	0.7	0.6	0.6	0.9	—

续表

月表采样点	实测 TiO_2 含量 / %	DT-SVM 模型 TiO_2 含量 / %	SVM 模型 TiO_2 含量 / %	Lucey 模型 TiO_2 含量 / %	Gillis 模型 TiO_2 含量 / %
Apollo 16-S8	0.6	0.6	0.7	1.1	—
Apollo 16-S9	0.6	0.6	0.5	1.2	—
Apollo 16-S11	0.4	0.4	0.3	0.8	—
Apollo 16-S13	0.5	0.6	0.6	1.0	—
Apollo 17-LM	8.5	9.0	8.4	7.4	9.0
Apollo 17-S1	9.6	9.0	8.2	8.8	11.5
Apollo 17-S2	1.5	2.5	2.5	2.1	—
Apollo 17-S3	1.8	2.5	2.5	2.0	—
Apollo 17-S5	9.9	9.0	8.3	7.2	8.4
Apollo 17-S6	3.4	3.3	2.1	3.2	—
Apollo 17-S7	3.9	3.3	2.0	3.0	—
Apollo 17-S8	4.3	2.5	2.9	3.3	—
Apollo 17-S9	6.4	6.3	6.2	6.9	—
Apollo 17-LRV1	8.0	8.1	7.1	7.1	8.2
Apollo 17-LRV2	4.4	4.3	6.3	4.7	—
Apollo 17-LRV3	5.5	4.8	3.1	6.4	—
Apollo 17-LRV4/S2a	1.3	3.0	2.0	2.0	—
Apollo 17-LRV5	2.6	2.6	3.0	2.5	—
Apollo 17-LRV6	2.6	2.5	2.5	3.0	—
Apollo 17-LRV7	6.8	6.5	6.7	6.6	7.4
Apollo 17-LRV8	6.6	7.1	8.0	6.5	7.2
Apollo 17-LRV9	6.1	6.5	6.6	6.2	—
Apollo 17-LRV10	3.7	3.3	2.1	3.0	—
Apollo 17-LRV11	4.5	2.7	3.2	3.6	—
Apollo 17-LRV12	10.0	8.7	7.9	8.3	10.6
Luna 20	0.5	1.2	3.2	1.4	—

图 2.6 为 DT-SVM 模型和 SVM 模型在 36 个月表采样点反演的 TiO_2 含量与实测的 TiO_2 含量的相关性分析图，根据月表 36 个采样点样本数据，DT-SVM 模型和 SVM 模型的反演值与实测值的相关系数分别为 0.97 和 0.91，均方根误差分别为 0.72 和 1.24，因此引入 TiO_2 含量分级信息有助于提高 TiO_2 含量反演精度。

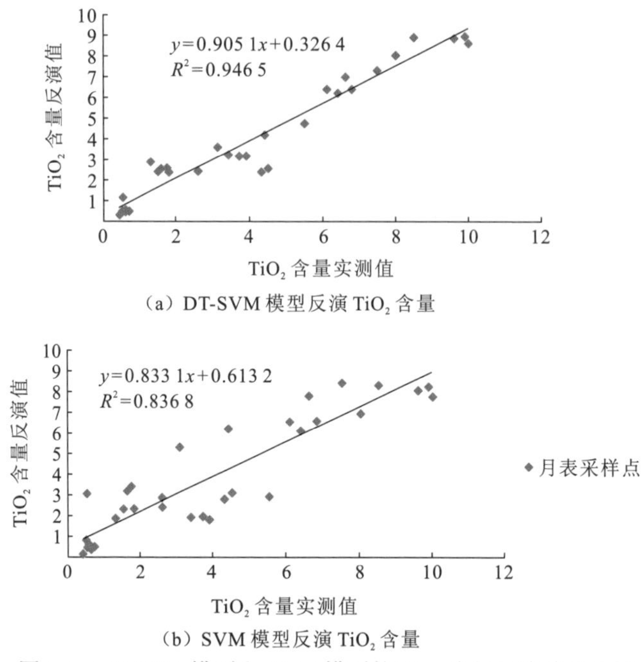

图 2.6　DT-SVM 模型和 SVM 模型的 TiO_2 含量反演结果比较

2. 月表采样点地区的 TiO_2 含量反演

采用基于 DT-SVM 的 TiO_2 含量反演模型，反演 Apollo 16 地区（经度：15.22°E～16.22°E，纬度：8.05°S～10.61°S）和 Apollo 17 地区（30.07°E～31.01°E，纬度：19.67°N～21.01°N）的 TiO_2 含量。

图 2.7 为 Apollo 16 地区的 TiO_2 含量分布图，该地区 TiO_2 含量为 0.29%～4.15%，极低钛（<1.0%）和低钛（1.0%～4.5%）物质分布在该地区月表，该地区大部分表面被极低钛物质覆盖，月表下的物质似乎比月表物质富钛，因此一些钛含量提升的物质（低钛物质）在撞击作用下被挖掘出来，出露于月表。

图 2.8 为 Apollo 17 地区的 TiO_2 含量分布图、岩性分布图（Wang and Zhao，2017）和 WAC 形貌图，大致经纬度范围为 30.07°E～31.01°E 和 19.67°N～21.01°N，其中图 2.8（c）橙色箭头所示为月溪。该地区位于澄海边缘，TiO_2 含量为 0.34%～9.09%，有月溪发育，形成月海玄武岩熔岩平原，部分溢流的月海玄武岩可能被后续的撞击成坑作用挖掘出的溅射物（镁质岩套物质和碱性岩套物质）掩埋，月海玄武岩地区相较周围撞击溅射物具有明显提升的 TiO_2 含量和更低的光学成熟度值（Lucey et al., 2000b）。需要说明的是用于生成岩性分布图[图 2.8（b）]所采用的氧化物之一——TiO_2 含量采用的是 Wu（2012）基于偏最小二乘回归（partial

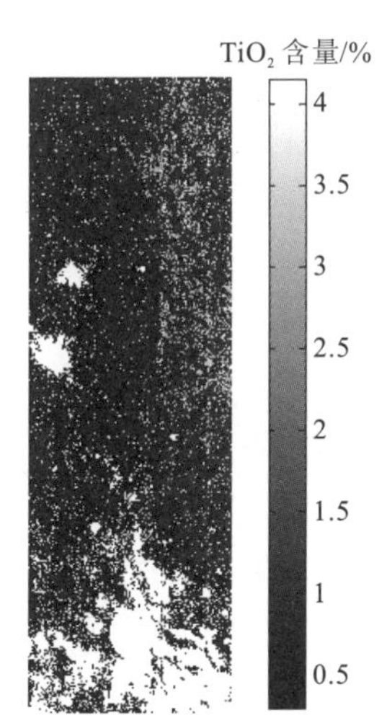

图 2.7　Apollo 16 采样点地区 TiO_2 含量分布图

least squares regression,PLSR）模型反演的含量值，所以岩性分布图[图 2.8（b）]中月海玄武岩分布区域与本小节采用 DT-SVM 模型反演的 TiO_2 含量提升区域[图 2.8（a）]存在一些差异。其中，WAC 形貌图[图 2.8（c）]来源于 LROC 团队提供的数据产品网址：http://wms.lroc.asu.edu/lroc/rdr_product_select#_ui-id-1 [2019-08-16]。

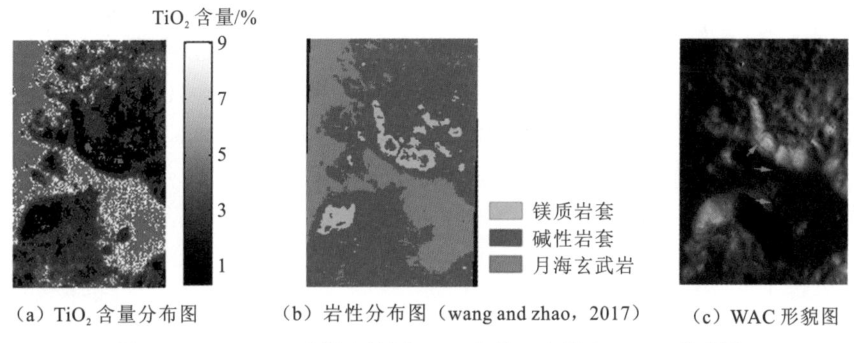

（a）TiO_2 含量分布图　（b）岩性分布图（wang and zhao，2017）　（c）WAC 形貌图

图 2.8　Apollo 17 采样点地区 TiO_2 含量、岩性和 WAC 形貌图

2.1.6　TiO_2 含量反演改进

对 2.1.2 节、2.1.4 节建立的 IIM 影像处理方法和 TiO_2 含量反演 DT-SVM 模型进行改进。

（1）去除反射率异常的波段：通过比较地基望远镜光谱和 IIM 光谱，并分析 IIM 各波段数据的信噪比。IIM 数据的第 1～10 波段和最后三个波段存在反射率异常，含有较明显的噪声，故不用于反演 TiO_2 含量，而仅采用 11～29 波段，即

571～865 nm 反演 TiO_2 含量。

（2）建立两个层级的 SVM 模型用于反演月表 TiO_2 含量：采用 SVM 算法建立 TiO_2 含量分级模型，替代 2.1.4 节建立的基于决策树 C5.0 算法的 TiO_2 含量分级模型。

1. IIM 波段选择

IIM 数据存在反射率异常和噪声明显的波段，这些异常波段应去除，不用于反演月表 TiO_2 含量。Wu 等（2010）提出采用地基望远镜光谱数据和 IIM 反射率光谱数据进行比较并分析 SNR 值去除反射率异常或低 SNR 值的波段。本小节将经过光谱行向畸变校正和 MNF 变换后的 IIM 反射率光谱与地基望远镜光谱进行比较，发现异常的波段。采用地基望远镜光谱质量好的 Apollo 16 和 Apollo 17 登陆地区，将 IIM 光谱与地基望远镜光谱均规范化到 776 nm 波长的相对反射率（Wu et al., 2010），进行光谱比较，其中地基望远镜光谱来源网址：http://pds- geosciences. wustl. edu/missions/lunarspec/［2019-08-16］。图 2.9（a）为 Apollo 16 登陆点的 IIM 反射率光谱与地基望远镜光谱的比较，可见 IIM 光谱的前 10 个波段存在明显或一定程度的异常波动，最后两个波段偏离地基望远镜光谱。图 2.9（b）为 Apollo 17 登陆地区的 IIM 反射率光谱与地基望远镜光谱的比较，IIM 前 9 个波段异常波动明显，最后 3 个波段明显偏离地基望远镜光谱。此外，IIM 影像第 1～4、31 和 32 波段存在明显噪声，第 6～8 波段存在一些噪声。因此，第 1～10 和 30～32 波段被去除，第 11～29 波段共 19 个波段被用于反演月表 TiO_2 含量，这 19 个波段具有相对高的 SNR，且与地基望远镜光谱具有相对好的一致性。

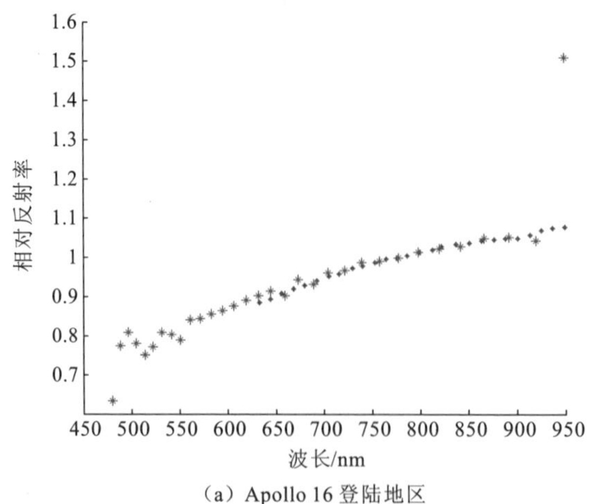

（a）Apollo 16 登陆地区

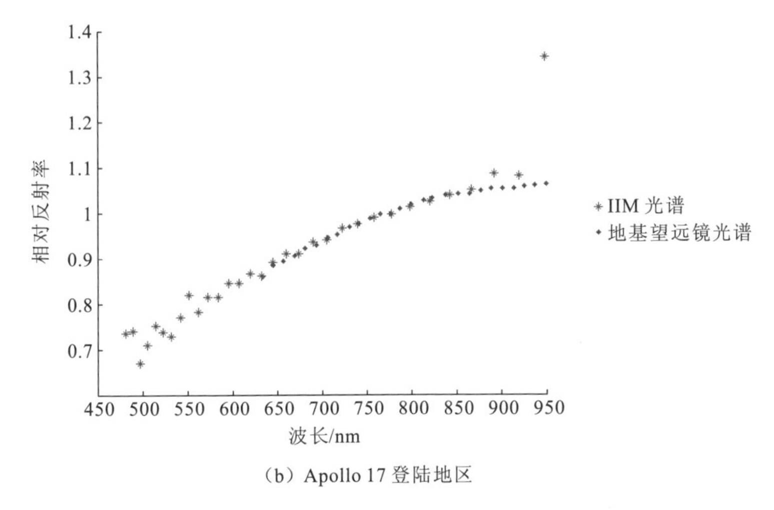

（b）Apollo 17 登陆地区

图 2.9　IIM 反射率光谱与地基望远镜光谱比较

2. 基于 SVM-SVM 的 TiO_2 含量反演模型

月表采样点数量少，而光谱特征参数个数较多，且光谱特征参数与 TiO_2 含量非线性相关，因此月表 TiO_2 含量反演是一个小样本、高维、非线性问题，SVM 算法对于这类问题有优势。采用两个级联的 SVM 模型，第 1 个 SVM 模型用于建立 TiO_2 含量分级模型，第 2 个 SVM 模型用于建立 TiO_2 含量反演模型。两个 SVM 模型均采用径向基函数（radial basis function，RBF）作为核函数，通过留一交叉验证（leave-one-out cross-validation, LOOCV）和实验分析。TiO_2 含量分级 SVM 模型的参数设置：惩罚系数 C=300，RBF 参数 γ=2.1。TiO_2 含量反演 SVM 模型的参数设置：C=8，γ=8。

3. 与 DT-SVM 模型反演结果比较

表 2.3 为 36 个月表采样点实测 TiO_2 含量和基于 DT-SVM 模型与 SVM-SVM 模型反演的 TiO_2 含量，图 2.10 为 SVM-SVM 模型和 DT-SVM 模型在 36 个月表采样点反演的 TiO_2 含量与实测的 TiO_2 含量相关性分析图。根据月表 36 个采样点样本数据，SVM-SVM 模型和 DT-SVM 模型的反演值与实测值的相关系数分别为 0.997 和 0.973，均方根误差分别为 0.24 和 0.72。

表 2.3　SVM-SVM 模型和 DT-SVM 模型反演的月表采样点 TiO_2 含量

月表采样点	实测 TiO_2 含量/%	DT-SVM 模型 TiO_2 含量/%	SVM-SVM 模型 TiO_2 含量/%
Apollo 11	7.5	7.4	7.4
Apollo 12	3.1	3.7	3.2
Apollo 14-LM	1.73	2.7	1.6
Apollo 14-Cone	1.6	2.7	1.7
Apollo 16-LM	0.6	0.5	0.6
Apollo 16-S1	0.6	0.6	0.7
Apollo 16-S2	0.6	0.7	0.7
Apollo 16-S4	0.5	0.6	0.6
Apollo 16-S5	0.7	0.6	0.6
Apollo 16-S6	0.7	0.6	0.8
Apollo 16-S8	0.6	0.6	0.5
Apollo 16-S9	0.6	0.6	0.7
Apollo 16-S11	0.4	0.4	0.5
Apollo 16-S13	0.5	0.6	0.6
Apollo 17-LM	8.5	9.0	8.6
Apollo 17-S1	9.6	9.0	9.7
Apollo 17-S2	1.5	2.5	1.9
Apollo 17-S3	1.8	2.5	1.9
Apollo 17-S5	9.9	9.0	9.2
Apollo 17-S6	3.4	3.3	3.5
Apollo 17-S7	3.9	3.3	3.8
Apollo 17-S8	4.3	2.5	4.1
Apollo 17-S9	6.4	6.3	6.3
Apollo 17-LRV1	8.0	8.1	7.9
Apollo 17-LRV2	4.4	4.3	4.3
Apollo 17-LRV3	5.5	4.8	5.4
Apollo 17-LRV4/S2a	1.3	3.0	1.4
Apollo 17-LRV5	2.6	2.6	3.0

续表

月表采样点	实测 TiO_2 含量/%	DT-SVM 模型 TiO_2 含量/%	SVM-SVM 模型 TiO_2 含量/%
Apollo 17-LRV6	2.6	2.5	2.4
Apollo 17-LRV7	6.8	6.5	6.7
Apollo 17-LRV8	6.6	7.1	6.7
Apollo 17-LRV9	6.1	6.5	6.4
Apollo 17-LRV10	3.7	3.3	3.6
Apollo 17-LRV11	4.5	2.7	3.6
Apollo 17-LRV12	10.0	8.7	9.9
Luna 20	0.5	1.2	0.6

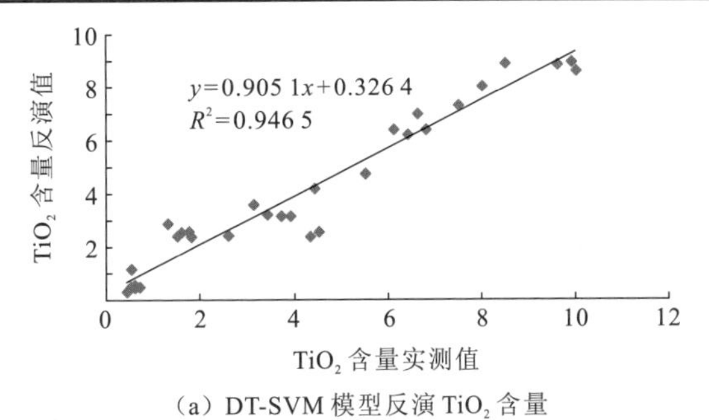

（a）DT-SVM 模型反演 TiO_2 含量

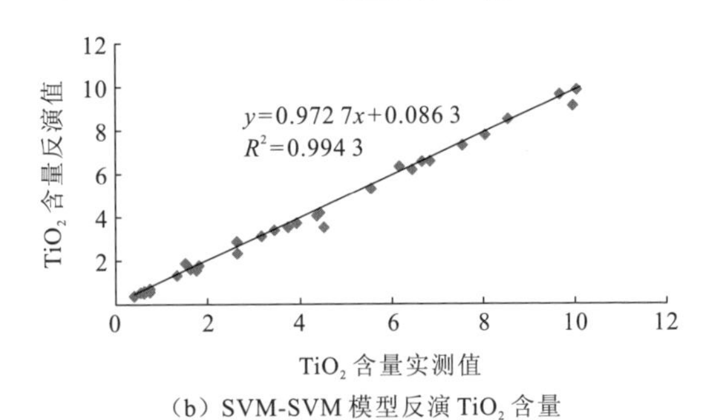

（b）SVM-SVM 模型反演 TiO_2 含量

◆月表采样点

图 2.10　DT-SVM 模型和 SVM-SVM 模型的 TiO_2 含量反演结果比较

4. SVM-SVM 模型反演月表局部地区 TiO_2 含量

将 SVM-SVM 模型应用于月表 3 个局部地区的 TiO_2 含量反演：①马利厄斯丘陵（Marius Hills）局部地区（14.68°N～12.57°N，55.65°W～56.62°W）；②史密斯

海局部地区（0.22°N～2.83°N，86.75°E～87.66°E）；④虹湾（Sinus Iridum）地区（39°N～48°N，25°W～37.5°W）。

马利厄斯丘陵（Marius Hills）是位于风暴洋的火山高原，分布着大量的穹丘、火山锥、火山活动形成的月谷（rille）等火山地貌特征（Lawrence et al., 2010; Greeley, 1971）。研究的局部地区的 WAC 形貌图（数据来源：http://wms.lroc.asu.edu/lroc/rdr_product_select#_ui-id-1［2019-08-16］）如图 2.11（a）所示，其中橙色箭头标出该地区的一些月脊（wrinkle ridge），蓝色箭头标出 2 条明显的月谷。图 2.11（b）为 IIM 彩色合成影像（红色：918 nm，绿色：757 nm，蓝色：618 nm），该影像是经过光谱行向畸变校正和 MNF 变换去噪后的反射率影像。图 2.11（c）和（d）分别是局部地区的 TiO_2 含量分级图和 TiO_2 含量分布图，其中，有些月脊具有明显的中等到高 TiO_2 含量，2 条月谷也具有提升的 TiO_2 含量。该局部地区的 TiO_2 含量为 0.71%～9.94%，大约 67%的地区分布着低钛物质，约 11%和 21%的地区分别有中钛和高铁物质出露，极低钛物质仅在极少数地区呈小面积出露。

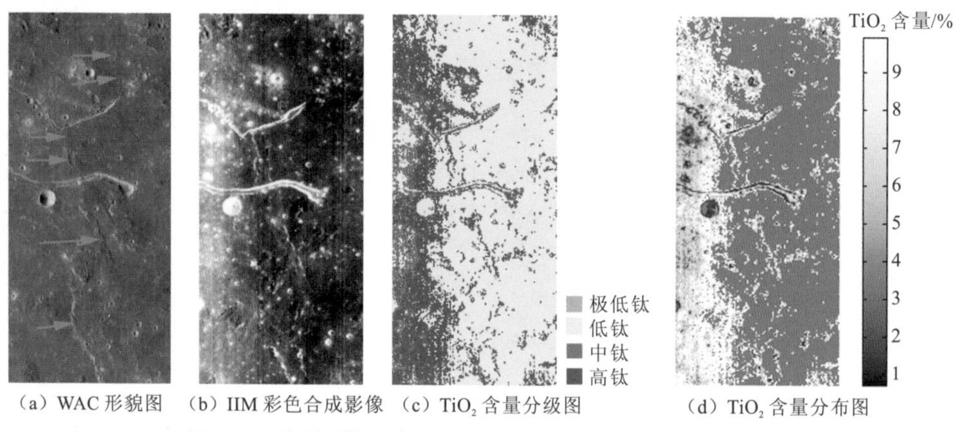

（a）WAC 形貌图　（b）IIM 彩色合成影像　（c）TiO_2 含量分级图　（d）TiO_2 含量分布图

图 2.11　马利厄斯丘陵局部地区的影像和 TiO_2 含量分布图

史密斯海是位于月球正面几乎最东部靠近赤道的月海，研究的局部地区为月海玄武岩熔岩平原。图 2.12（a）为 WAC 形貌图（WAC 数据来源网址：http://wms.lroc.asu.edu/lroc/rdr_product_select#_ui-id-1［2019-08-16］），空间分辨率为 100 m/pixel，可见该地区地势平坦，密集分布着大量的陨石坑，其中 Peek 坑是史密斯海中最大的撞击坑。图 2.12（b）为 IIM 彩色合成影像（红色：918 nm，绿色：757 nm，蓝色：618 nm），该影像是经过光谱行向畸变校正和 MNF 变换去噪后的反射率影像，其中橙色箭头标明了一些挖掘出极低钛和低钛物质的撞击坑。图 2.12（c）和（d）分别是局部地区的 TiO_2 含量分级图和 TiO_2 含量分布图。由于该地区月海玄武岩 TiO_2 含量的差异，推测该地区可能发生了多期的月海玄武岩火山活动。结合光学成熟度图（Lucey et al., 2000b），推测早期的月海玄武岩浆以极低钛和低钛物质为主，晚期的月海玄武岩浆以中高钛物质为主；部分早期的月海玄武岩浆为晚期岩浆所覆盖，而后在陨石撞击开掘作用下又被挖掘出来，因此位于中高钛背景地区的一些陨击坑及其溅射物呈现极低钛和低钛物质。研究的局部地区 TiO_2 含量为 0.58%～9.93%，低钛、中钛和高钛物质分别分布在该地区大约 42%、23%和 33%的月表区域，极低钛物质出露较少，仅在约 2%的区域出露。

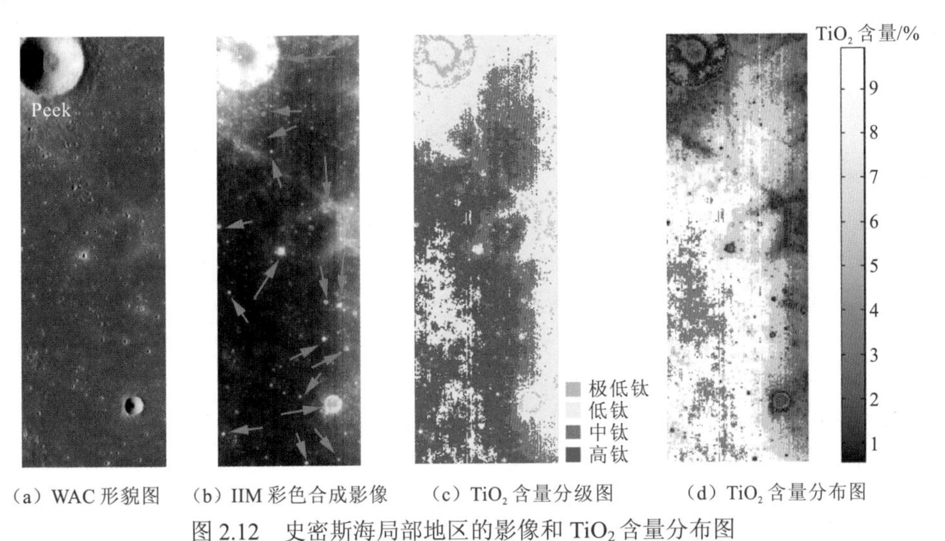

（a）WAC 形貌图　（b）IIM 彩色合成影像　（c）TiO_2 含量分级图　（d）TiO_2 含量分布图

图 2.12　史密斯海局部地区的影像和 TiO_2 含量分布图

虹湾位于雨海的西北方向，是一个直径约 240 km 的撞击坑，后来被多期次的玄武岩浆充填（Qiao et al., 2014；Hiesinger et al., 2011），形成平坦的熔岩平原，虹湾的西部和北部为侏罗山脉环绕。图 2.13（a）和（b）为虹湾地区 IIM 彩色合成影像（红色：918nm，绿色：757nm，蓝色：618nm），其中图（a）为 2C 级 IIM 辐射亮度影像，行向光谱存在明显的畸变，图（b）为经过光谱行向畸变校正和 MNF 变换去噪后的反射率影像；图（c）为虹湾 TiO_2 含量分布图；以上 3 幅影像或含量图的空间分辨率均为 800m/pixel。需要说明的是，由于 IIM 不同轨影像的镶嵌接边处存在光谱异常，接边处的值不代表 TiO_2 含量。侏罗山脉和虹湾的大部分地区均分布着低钛物质，仅在虹湾南部和东南部的小部分地区，以及毗邻的雨海西北地区分布着中高钛物质。低钛物质与中高钛物质在虹湾地区存在明显的边界，表明是被不同期次不同物质组分的岩浆充填。研究地区的 TiO_2 含量为 0.5%～9.85%，极低钛、低钛、中钛和高钛物质分别分布在研究区约 3%、84%、7%和 6%的月表区域。

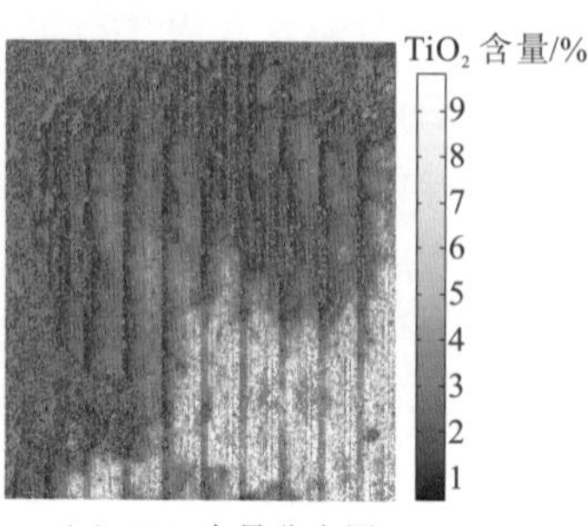

（a）虹湾 IIM 2C 级辐射亮度影像　（b）IIM 彩色合成反射率影像

（c）TiO_2 含量分布图

图 2.13　虹湾地区的影像和 TiO_2 含量分布图

2.1 节探讨了基于 CE-1 IIM 的 2C 级数据，采用机器学习方法反演月表 TiO_2 含量，主要存在以下两点局限。

（1）采用的学习样本为月表采样点样本，而目前月球探测的月表采样点均位于月球正面的 PKT 内或 PKT 以东或东南的地区，且数量很少，不能较全面地反映整个月表的 TiO_2 含量分布特征。若能结合“嫦娥三号”（Chang'e-3, CE-3）和“嫦娥四号”（Chang'e-4, CE-4）的就位探测数据，作为月表化学成分学习样本的补充，则有望得到更准确的月表 TiO_2 含量分布特征。特别是 CE-4 在月球背面南极艾特肯盆地的化学成分探测数据，有望为月表化学成分分布特征提供有力的支持和证据。

（2）IIM 影像的不同轨数据接边处存在光谱异常，影响了这些地区 TiO_2 含量的反演，需要进行进一步的光谱校正。一些研究（例如：Wu et al., 2013；刘建忠等，2009）提出的一些新的 IIM 影像光度校正模型能够较好地改进 IIM 光谱异常问题，采用新光度校正模型校正后的 IIM 影像，有望得到更准确的 TiO_2 含量分布特征。

2.2　基于神经网络模型的月表主要氧化物含量反演

目前，月表主要氧化物含量主要是通过 GRNS 数据（例如：Prettyman et al., 2006；Lawrence et al., 2002；Elphic et al., 2002, 2000）、X 射线光谱数据（例如：Swinyard et al., 2009）和光学数据（例如：Sato et al., 2017；凌宗成等，2016；Otake et al., 2012；Wu, 2012；Yan et al., 2012；Korokhin et al., 2008；Lucey et al., 2000a, 1998）反演得到。

从 GRNS 数据及 X 射线光谱数据反演的月表氧化物含量通常具有较低的空间

分辨率。例如，LP GRNS 探测获得的月表氧化物含量分辨率约为 60 km/pixel（Prettyman, 2012；Prettyman et al., 2006），Chandrayaan-1 携带的 X 射线谱仪（C1XS）探测获得的 Mg、Al、Si、Ca 和 Fe 元素含量分辨率约为 50 km/pixel（Narendranath et al., 2011）。

从光学光谱数据反演的月表氧化物含量通常具有较高的空间分辨率。例如，Clementine 紫外-可见光反演的月表 FeO 和 TiO_2 含量的空间分辨率可达 100 m/pixel（Lucey et al., 2000a），IIM 高光谱数据反演月表主要氧化物（SiO_2、Al_2O_3、CaO、MgO、FeO、TiO_2）含量的空间分辨率为 200 m/pixel（凌宗成等，2016；Sun et al., 2016；Yan et al., 2012；Wu, 2012），WAC 紫外—可见光反演的月表 TiO_2 含量的空间分辨率为 400 m/pixel（Sato et al., 2017），SELENE 携带的 MI 反演的 FeO 和 TiO_2 含量的空间分辨率为 20 m/pixel（Otake et al., 2012）。目前采用光学数据反演月表氧化物含量一般具有特点：①采用两个波段反演氧化物含量，如采用 415nm 和 750nm（例如：Otake et al., 2012；Gillis et al., 2003；Lucey et al., 2000a）、522nm 和 757nm（例如：凌宗成等，2016）、561nm 和 757nm（例如：Wu et al., 2012）、531nm 和 757nm（例如：Yan et al., 2012）、321nm 和 415nm（例如：Sato et al., 2017）反演 TiO_2 含量；如采用 950nm 和 750nm（例如：Otake et al., 2012；Lucey et al., 2000a）、918nm 和 757nm（Wu et al., 2012；Yan et al., 2012）、891nm 和 757nm（凌宗成等，2016）反演 FeO 含量；②采用传统的线性或非线性回归模型（例如：Sato et al., 2017；凌宗成等，2016；Otake et al., 2012；Yan et al., 2012；Wu et al., 2012；Wilcox et al., 2005；Gillis et al., 2003；Lucey et al., 2000a）或者采用偏最小二乘回归（例如：Sun et al., 2016；Wu, 2012）反演月表 FeO 或 TiO_2 含量或者主要氧化物（SiO_2、Al_2O_3、CaO、MgO、FeO、TiO_2）含量。机器学习方法有望较准确地反演月表氧化物含量，Korokhin 等（2008）提出采用两个级联的神经网络模型，基于 Clementine 紫外—可见光数据反演月表 TiO_2 含量。

本节基于 CE-1 IIM 数据，采用神经网络模型反演月表主要氧化物（SiO_2、Al_2O_3、CaO、MgO、FeO、TiO_2）含量和 Mg#。本节主要来源于作者发表于 *Icarus*（《伊卡鲁斯》）的论文“New maps of lunar surface chemistry”（月表化学成分的新分布图）（Xia et al., 2019）。

2.2.1　光学光谱反演月表氧化物含量的依据

光学光谱数据可用于反演月表主要氧化物含量，主要有以下三条依据。

（1）对于 Ti 和 Fe 元素，金属离子与周围配位体之间的电子跃迁产生了电荷迁移光谱，产生了 Ti^{3+} 和 Fe^{2+} 离子在可见光或近红外的吸收特征，从而确定了 TiO_2 和 FeO 含量与光学光谱反射率之间的相关性（Wu, 2012；Burns, 1993）。

（2）对于 Al、Mg 和 Ca 非发射团元素，大量含有这些元素的矿物具有独特的光谱反射率特征（Wu, 2012）。例如，钙长石通常含有大量的 Al 和 Ca，具有较高的反射率，而辉石一般含有大量的 Mg，具有较低的反射率，因此富铝和钙的物质一般具有较高的反射率，而镁铁质物质一般具有较低的反射率（Wu, 2012）；此外，有的发色团元素与非发色团元素含量也具有一定的相关性，如月壤中 FeO 含量与 Al_2O_3 含量具有反相关性（Wu, 2012；Heiken et al., 1991），因此 Al_2O_3、CaO、MgO 含量与光学光谱反射率之间存在相关性（Wu, 2012）。

（3）月壤特征集（lunar soil characterization consortium，LSCC）月壤样本的实验室测量光谱和 IIM 光谱数据支持月表主要氧化物（SiO_2、Al_2O_3、CaO、MgO、FeO、TiO_2）含量与光学光谱反射率之间存在相关性。Wu（2012）采用 76 个 4 种颗粒大小（>45 μm, 20～45 μm, 10～20 μm 和<10 μm）的 LSCC 样本，分析这些样本的实验室测量光谱与氧化物含量的相关性[图 2.14（a）]。此外，根据 39 个月表采样站点，其中 38 个为 Apollo 和 Luna 任务的样本返回站点，1 个为 CE-3 的就位测量点，分析这些站点的氧化物含量和 IIM 光谱反射率（25 个波段：522.4～550.9 nm 和 571.7～918.1 nm）之间的相关性[图 2.14（b）]，其中 $\bar{r}$ 表示各波段相关性的均值。可见，基于 LSCC 样本分析得到的光谱反射率与氧化物含量的相关性和基于月表采样站点分析得到的相关性是基本相似的。Al_2O_3、CaO 和 FeO 含量与光谱反射率具有较强的相关性，MgO 含量与反射率也具有较明显的相关性，TiO_2 和 SiO_2 含量与光谱反射率之间的相关性较弱。

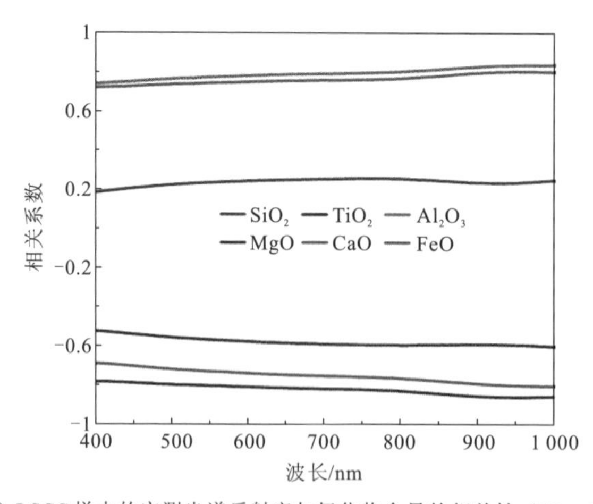

（a）LSCC 样本的实测光谱反射率与氧化物含量的相关性（Wu，2012）

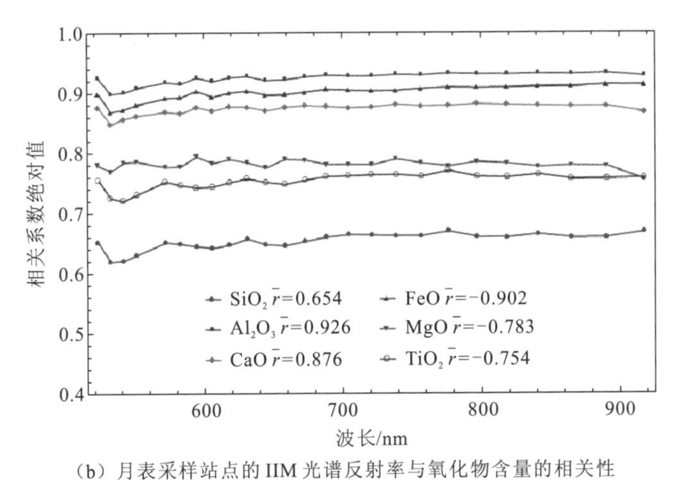

（b）月表采样站点的 IIM 光谱反射率与氧化物含量的相关性

图 2.14　LSCC 样本和月表采样站点的光谱反射率与氧化物含量的相关性

综合以上 3 点，光学光谱数据可用于反演月表主要氧化物含量，IIM 数据有望较好地反演月表主要氧化物含量，包括 Al_2O_3、CaO、FeO、MgO 和 TiO_2 含量。

2.2.2　月表采样站点数据和 IIM 遥感数据

1. 月表采样站点

月表采样站点作为学习样本，用于分析 IIM 光谱反射率与月表主要氧化物（Al_2O_3、CaO、FeO、MgO、TiO_2 和 SiO_2）含量之间的线性或非线性相关性。39 个月表采样站点被采用，其中包括 38 个 Apollo 和 Luna 任务采样返回站点和 1 个 CE-3 就位测量点，它们的实测氧化物含量见表 2.4，IIM 没有覆盖 Apollo 15 登陆点和采样位置。图 2.15 为 39 个月表采样站点的实测氧化物含量与 IIM 光谱反射率之间的相关性，可见 Al_2O_3 和 CaO 含量与 IIM 光谱反射率呈线性正相关，SiO_2 含量与 IIM 光谱反射率之间基本呈非线性正相关，FeO、TiO_2 和 MgO 含量与 IIM 光谱反射率之间呈非线性负相关。

表 2.4　39 个月表采样站点及实测氧化物含量

月表采样点	像素数	SiO_2 含量/%	Al_2O_3 含量/%	CaO 含量/%	FeO 含量/%	MgO 含量/%	TiO_2 含量/%	月表样本	参考文献
Apollo 11	3×3	40.3	11.0	9.8	18.6	9.8	8.4	10084（S），10010（S），10086（S）	Agrell 等（1970）；Compston 等（1970）；Essene 等（1970）；Keil 等（1970）；Maxwell 等（1970）；Reid 等（1970）Rhodes 和 Blanchard（1981）
Apollo 12	3×3	46.2	13.8	10.6	15.4	9.7	3.1	12029（S），12001（S），12032（S），12037（S），12041（S），12042（S），12044（S），12030（S），12057（S），12070（S），12033（S），12060（S）	Compston 等（1971）；Cuttitta 等（1971）；Dwornik 等（1974）；Frondel 等（1971）；Wakita 和 Schmitt（1971）；Wänke 等（1971）；Willis 等（1971）
Apollo 14	4×4	47.7	16.9	10.6	10.7	10.1	1.66	14003（S），14163（S），14240（S），14260（S），14259（S），14425（S）	Glass（1986）；McKay 等（1979）；Philpotts 等（1972）；Rhodes 等（1976）；Rose 等（1972）；Strasheim 等（1972）；Taylor 等（1972）；Willis 等（1972）
Apollo 16-LM	2×2	45.3	27.6	15.7	4.5	5.7	0.6	60500（S），60515（S），60525（S），60526（S），60527（S），60600（S），60616（S），60629（S），60657（S），60659（S），60677（S）	Compston 等（1973）；Duncan 等（1975）；LSPET（1972）；Morris 等（1986）；Rose 等（1975）；See 等（1986）；Wänke 等（1973）；Warner 等（1976）；Warren 等（1983）

续表

月表采样点	像素数	SiO_2含量/%	Al_2O_3含量/%	CaO含量/%	FeO含量/%	MgO含量/%	TiO_2含量/%	月表样本	参考文献
Apollo 16-S1	2×2	44.9	27.55	15.88	4.95	5.54	0.52	61141（S），61161（S），61181（S），61221（S），61241（S），61281（S），61500（S），61576（S）	Gibson和Moore（1973）；LSPET（1973a，1973b，1973c，1972）；Morris等（1986）；Rose等（1973）；Scoon（1974）；Taylor等（1973）；Wänke等（1973）
Apollo 16-S2	1×1	44.65	27.0	15.95	5.49	5.84	0.56	62241（S）	Rose等（1973）
Apollo 16-S4	1×1	45.2	27.6	16.9	4.2	4.6	0.4	64501（S），64801（S），64811（S），64421（S），64548（S），64569（S）	Compston等（1973）；Floran等（1976）；Haskin等（1973）；Hubbard等（1973）；Laul和Papike（1980）；Rhodes等（1975）；Simkin等（1973）；Wänke等（1973）；Wasson等（1977）
Apollo 16-S5	1×1	45.2	25.94	15.0	5.83	6.39	0.7	65500（S），65701（S），	Compston等（1973）；Duncan等（1975）；LSPET（1972）；Nava（1974）
Apollo 16-S6	1×1	45.0	26.1	15.28	5.9	6.26	0.66	66041（S），66081（S）	Compston等（1973）；LSPET（1972）；Rose等（1973）
Apollo 16-S8	2×2	44.9	26.4	15.3	5.5	6.2	0.6	68121（S），68821（S），68501（S），68841（S）	Compston等（1973）；Rose等（1975）；LSPET（1972）；Taylor等（1973）；Simkin等（1973）；Bansal等（1972）
Apollo 16-S9	1×1	44.88	26.3	15.49	5.69	6.34	0.6	69921（S），69941（S），69961（S）	Rose等（1973）

续表

月表采样点	像素数	SiO_2含量/%	Al_2O_3含量/%	CaO含量/%	FeO含量/%	MgO含量/%	TiO_2含量/%	月表样本	参考文献
Apollo 16-S11	1×1	45.0	28.6	16.4	4.1	4.7	0.4	67601（S），67701（S），67711（S），67481（S），67941（S），67461（S）	Compston 等（1973）；Duncan 等（1975）；Haskin 等（1973）；Laul 和 Papike（1980）；LSPET（1972）；Rose 等（1975）；Simkin 等（1973）；Taylor 等（1973）
Apollo 16-S13	1×1	45.12	27.7	15.8	4.66	5.32	0.52	63501（S），63321（S）	Rose 等（1975）；Wänke 等（1975）
Apollo 17-LM	1×1	41.12	12.8	11.17	15.82	9.94	7.7	70011（S），70051（S），70161（S），70181（S）	Laul 等（1981）；LSPET（1973a，1973b，1973c）；Rhodes 等（1974）；Rose 等（1974）
Apollo 17-S1	1×1	39.88	10.9	10.72	17.66	9.72	9.47	71041（S），71061（S），71501（S）	LSPET（1973a，1973b，1973c）；Rhodes 等（1974）；
Apollo 17-S2	1×1	45.1	20.6	12.76	8.82	10.0	1.5	72320（S），72441（S），72461（S），72501（S），2701（S）	Duncan 等（1974）；Laul 等（1981）；LSPET（1973a，1973b，1973c）；Mason 等（1974）；Rhodes 等（1974）；Rose 等（1974）；Scoon（1974）；Wiesmann 和 Hubbard（1975）
Apollo 17-S3	1×1	45.1	20.4	12.8	8.71	9.95	1.8	73221（S），73241（S），73261（S），73281（S）	Rose 等（1974）；Wänke 等（1974）
Apollo 17-S4	1×1	41.9	13.5	11.3	15.02	9.45	7.24	74241（S），74261（S）	Masuda 等（1974）；Nava（1974）；Rhodes 等（1974）；Wänke 等（1973）

续表

月表采样点	像素数	SiO_2 含量/%	Al_2O_3 含量/%	CaO 含量/%	FeO 含量/%	MgO 含量/%	TiO_2 含量/%	月表样本	参考文献
Apollo 17-S5	1×1	39.86	10.97	10.85	17.7	9.51	9.9	75061（S），75081（S）	Rhodes 等（1974）
Apollo 17-S6	1×1	43.6	18.4	12.2	10.6	10.9	3.3	76001（C），76501（S），76321（S），76240（S）	Duncan 等（1974）；Korotev 和 Bishop（1993）；LSPET（1973a，1973b，1973c）；Mason 等（1974）；Rhodes 等（1974）；Rose 等（1974）；Wiesmann 和 Hubbard（1975）
Apollo 17-S7	1×1	43.07	17.16	11.93	11.7	10.19	3.91	77531（S）	Rhodes 等（1974）
Apollo 17-S8	1×1	43.01	16.0	11.7	12.9	10.2	5.1	78501（S），78221（S）	Duncan 等（1974）；Laul 等（1979）；LSPET（1973a，1973b，1973c）；Rhodes 等（1974）；Scoon（1974）
Apollo 17-S9	1×1	41.97	13.98	11.26	15.1	10.0	6.43	79221（S）	LSPET（1973a，1973b，1973c）；Rose 等（1974）
Apollo 17-LRV1	1×1	41.3	12.6	11.15	16.3	9.41	7.95	72131（S）	Korotev 和 Kremser（1992）
Apollo 17-LRV2	1×1	43.11	16.1	11.83	13.45	10.25	4.37	72141（S）	Rhodes 等（1974）
Apollo 17-LRV3	1×1	42.8	14.4	10.8	15.7	11.4	4.67	72161（S）	Miller 等（1974）
Apollo 17-LRV4	1×1	45.4	21.3	13.0	8.2	10.0	1.29	73121（S），73141（S）	LSPET（1973a，1973b，1973c）；Rhodes 等（1974）；Rose 等（1974）；Wänke 等（1974）
Apollo 17-LRV5	1×1	44.8	19.9	12.75	9.75	8.91	2.56	74111（S）	Korotev 和 Kremser（1992）

续表

月表采样点	像素数	SiO_2 含量/%	Al_2O_3 含量/%	CaO 含量/%	FeO 含量/%	MgO 含量/%	TiO_2 含量/%	月表样本	参考文献
Apollo 17-LRV6	1×1	44.5	19.35	12.45	10.29	9.93	2.56	74121（S）	Korotev 和 Kremser（1992）
Apollo 17-LRV7	1×1	41.8	12.8	10.7	16.1	10.25	6.83	75111（S）	Korotev 和 Kremser（1992）
Apollo 17-LRV8	1×1	41.9	13.45	11.25	15.7	9.86	6.58	75121（S）	Korotev 和 Kremser（1992）
Apollo 17-LRV9	1×1	42.2	14.25	11.3	14.6	9.83	6.14	76121（S）	Korotev 和 Kremser（1992）
Apollo 17-LRV10	1×1	43.5	17.5	12.1	11.18	10.51	3.74	76131（S）	Korotev 和 Kremser（1992）
Apollo 17-LRV11	1×1	43.2	16.25	11.85	12.69	10.02	4.5	78121（S）	Korotev 和 Kremser（1992）
Apollo 17-LRV12	1×1	39.9	11.15	10.7	17.4	9.36	10.0	70311（S），70321（S）	Korotev 和 Kremser（1992）
Luna16	3×3	41.7	15.3	12.5	16.6	8.8	3.4	luna16（S）	Vinogradov（1971）
Luna 20	3×3	44.6	22.8	14.8	7.0	9.5	0.50	luna20（S）	Cimbalnikova 等（1977）；Korotev 等（1980）；Vinogradov（1973）
Luna 24	3×3	43.5	15.5	13.1	16.2	8.8	1.1	luna24（S）	Barsukov（1977）；Blanchard 等（1978）
CE-3	3×3	43.0	11.0	10.65	21.7	9.4	4.15	LS1，LS2	Zhang 等（2015）

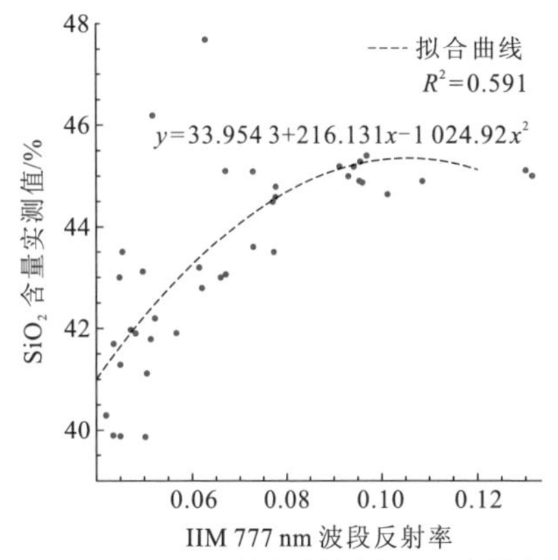

（a）IIM 777 nm 波段反射率与 SiO_2 含量实测值的相关性

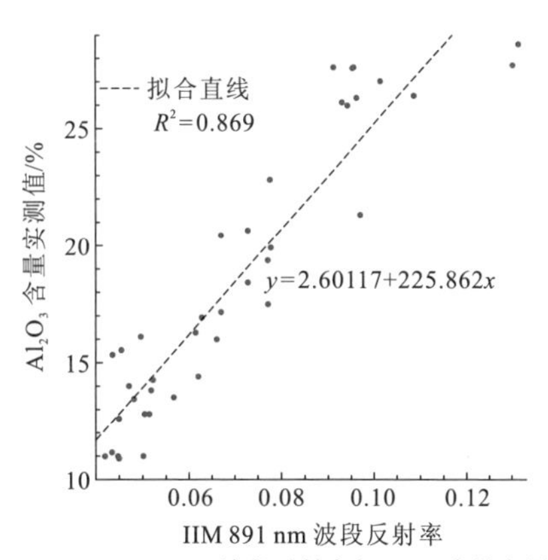

（b）IIM 891 nm 波段反射率与 Al_2O_3 含量实测值的相关性

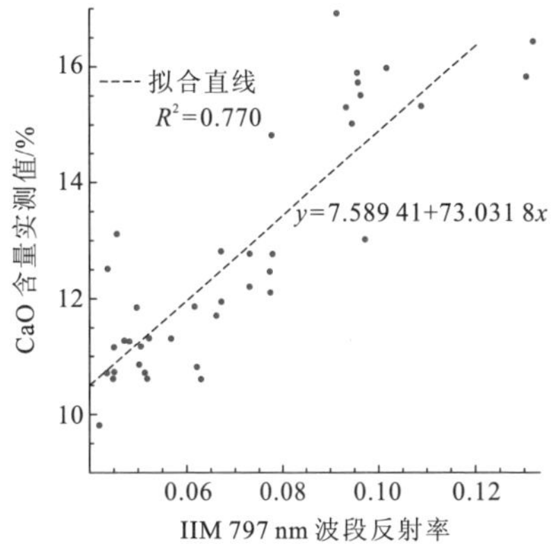

（c）IIM 797 nm 波段反射率与 CaO 含量实测值的相关性

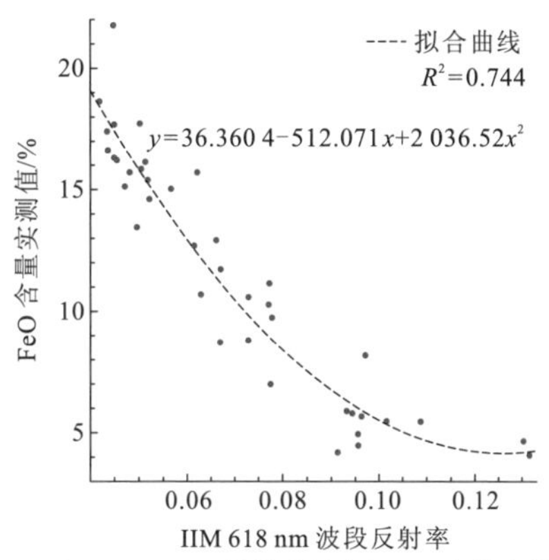

（d）IIM 618 nm 波段反射率与 FeO 含量实测值的相关性

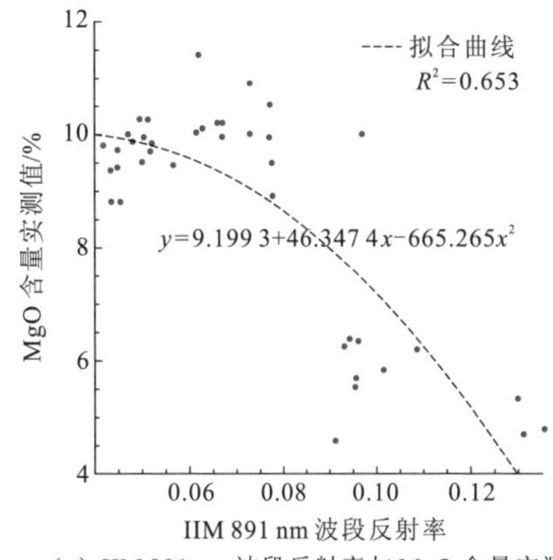

（e）IIM 891 nm 波段反射率与 MgO 含量实测值的相关性

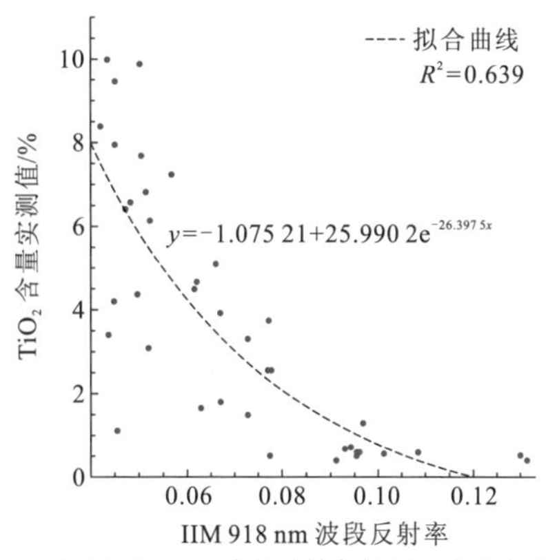

（f）IIM 918 nm 波段反射率与 TiO_2 含量实测值的相关性

图 2.15　39 个月表采样站点的 IIM 光谱反射率与实测氧化物含量的相关性

2. IIM 数据

本小节采用的 IIM 数据是中国科学院紫金山天文台吴昀昭研究员采用新的光度校正模型校正后的影像（Wu et al., 2013），在光度校正后，2.1 节提到的不同轨 IIM 影像接边处的光谱异常被有效消除，同一种物质成分的反射率趋向一致性。因此本节采用的 IIM 数据经过了暗电流校正、平场校正、辐射亮度转换和光学归一化（$i=30°$，$e=0°$）、几何校正和光度校正等处理（Wu et al., 2013；Zhang et al., 2005）。在新光度校正模型校正后的 IIM 影像中，选取信噪比较高的 25 个波段（Wu et al., 2013），即 522.4～550.9nm 和 571.7～918.1nm，用于月表氧化物含量反演。需要说明的是，在分析 IIM 各波段反射率与月表主要氧化物含量相关性时，发现 561.1nm 波段出现异常相关性值，因此认为该波段为异常波段，不用于反演氧化物含量。

2.2.3 月表主要氧化物含量反演方法

各氧化物含量与 IIM 光谱反射率之间，有的是线性相关，如 Al_2O_3 和 CaO，有的是非线性相关，如 SiO_2、FeO、TiO_2 和 MgO（图 2.15），因此需要建立合理的模型来刻画氧化物含量与光谱反射率之间的线性或非线性相关性。神经网络模型（UFLDL Tutorial, 2013;Werbos, 1975）作为一个优秀的机器学习算法，能够较好地刻画变量之间的线性和非线性相关性，具有较好的预测性能，因此建立 3 层神经网络模型来反演月表氧化物含量，其中输入层为 IIM 25 个波段的光谱反射率，输出层为月表氧化物含量值，中间层为隐藏层，采用双曲正切函数 tanh 作为隐藏层每个节点的激活函数，采用反向传播算法（Rumelhart et al., 1986）和 Adam 优化算法（Kingma and Ba, 2014）计算和更新神经网络中的参数值。具体包括两个步骤：①将 39 个月表采样站点的 IIM 光谱反射率值和各氧化物含量输入神经网络模型，建立各氧化物含量反演模型；②将月表 IIM 光谱反射率输入建立的各氧化物含量反演模型，计算得到月表各氧化物含量分布。

采用 LOOCV 方法来测试建立的氧化物含量反演模型的泛化性能。LOOCV 运行 39 次，每次都采用 38 个采样站点作为训练样本，来训练神经网络，建立氧化物含量反演模型；然后将剩下的 1 个采样站点作为测试样本，输入建立的反演模型中，比较该采样点氧化物含量的实测值和反演值，从而测试反演精度。LOOCV 运行 39 次，因此每个采样站点都会被用作 1 次测试样本。图 2.16 为 39 个月表采样站点的各氧化物含量的实测值与反演值的拟合优度 R^2 值和均方根误差。红色点表示根据建立的神经网络模型，39 个月表采样站点反演和实测的氧化物含量的拟合度分析，反映了各氧化物含量的反演精度；蓝色点表示 LOOCV 验证中，39 个月表采样站点分别作为测试样本，计算得到的反演值与实测值的拟合度分析，可见建立的基于神经网络模型的氧化物含量反演模型具有较好的泛化性能，较好地避免了过拟合问题。表 2.5 为 39 个月表采样站点的 6 个氧化物含量反演值和 Mg#

计算值，其中不确定性值是根据 95%置信区间计算得到的。

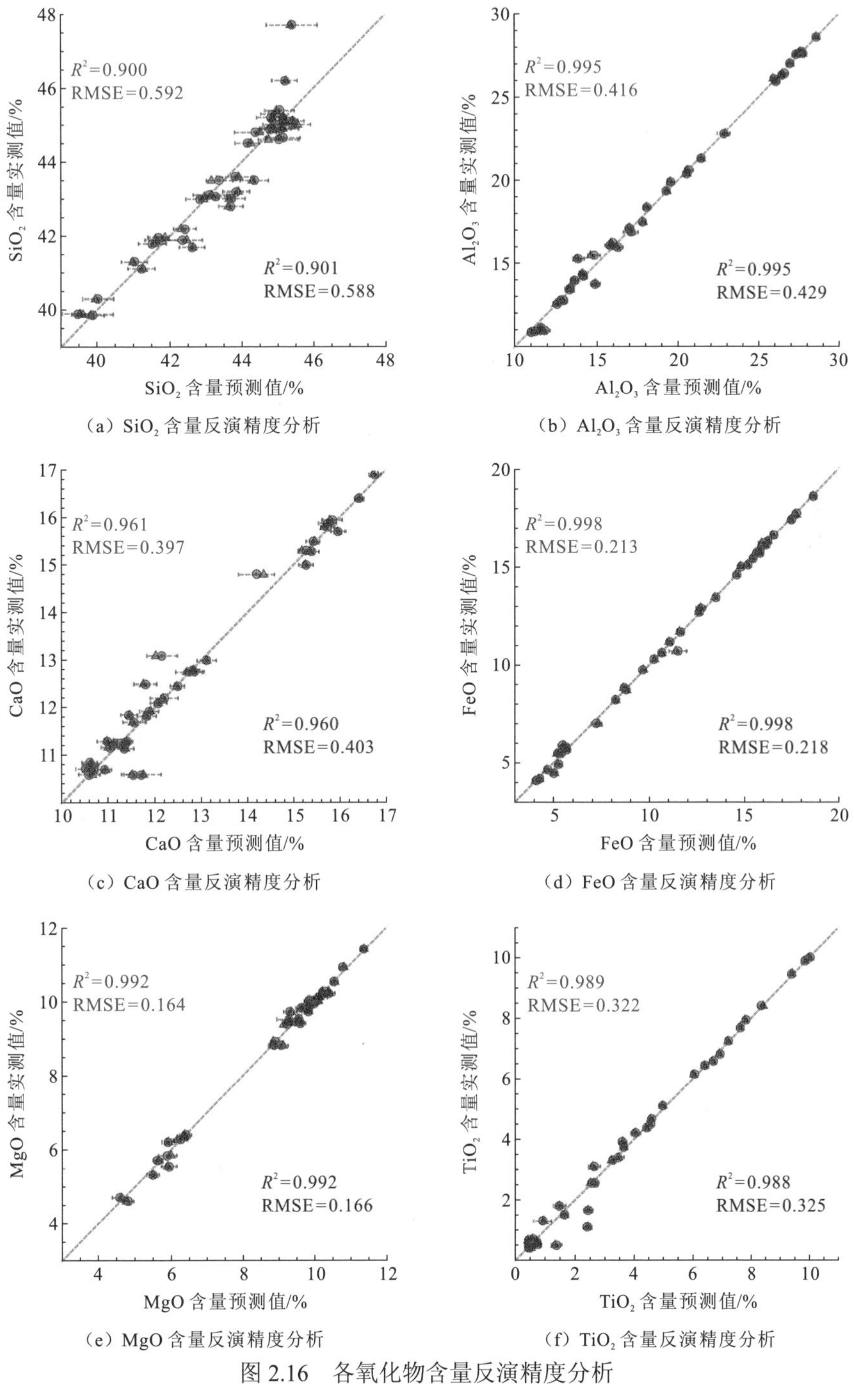

图 2.16　各氧化物含量反演精度分析

表 2.5　39 个月表采样站点的主要氧化物含量反演值和 Mg#计算值

月表采样站点	SiO_2 含量 /%	Al_2O_3 含量 /%	CaO 含量 /%	FeO 含量 /%	MgO 含量 /%	TiO_2 含量 /%	Mg # / 10^{-2}
Apollo 11	40.0 ± 0.4	11.6 ± 0.4	10.9 ± 0.2	18.7 ± 0.2	9.6 ± 0.2	8.3 ± 0.1	33 ± 1
Apollo 12	45.2 ± 0.4	14.9 ± 0.3	11.5 ± 0.2	15.5 ± 0.2	9.3 ± 0.2	2.6 ± 0.2	37 ± 1
Apollo 14	45.4 ± 0.7	17.1 ± 0.5	11.7 ± 0.4	11.5 ± 0.5	10.1 ± 0.3	2.4 ± 0.2	46 ± 2
Apollo16-LM	44.8 ± 0.3	27.5 ± 0.3	16.0 ± 0.2	5.0 ± 0.1	5.6 ± 0.1	0.6 ± 0.1	52 ± 2
Apollo 16-S1	45.1 ± 0.5	27.3 ± 0.2	15.7 ± 0.2	5.3 ± 0.2	5.9 ± 0.2	0.7 ± 0.1	52 ± 2
Apollo 16-S2	45.1 ± 0.5	27.0 ± 0.2	15.8 ± 0.2	5.3 ± 0.2	5.9 ± 0.3	0.4 ± 0.1	52 ± 2
Apollo 16-S4	44.8 ± 0.4	27.8 ± 0.1	16.8 ± 0.1	4.3 ± 0.2	4.8 ± 0.2	0.4 ± 0.1	52 ± 2
Apollo 16-S5	45.1 ± 0.3	26.1 ± 0.2	15.3 ± 0.2	5.7 ± 0.1	6.4 ± 0.2	0.6 ± 0.1	52 ± 2
Apollo 16-S6	45.4 ± 0.5	26.0 ± 0.2	15.4 ± 0.2	5.5 ± 0.3	6.2 ± 0.2	0.5 ± 0.2	53 ± 2
Apollo 16-S8	45.0 ± 0.4	26.6 ± 0.2	15.3 ± 0.2	5.4 ± 0.2	5.9 ± 0.2	0.5 ± 0.1	52 ± 2
Apollo 16-S9	44.8 ± 0.3	26.4 ± 0.1	15.4 ± 0.2	5.7 ± 0.1	6.4 ± 0.2	0.7 ± 0.1	52 ± 2
Apollo 16-S11	44.9 ± 0.3	28.6 ± 0.1	16.4 ± 0.1	4.1 ± 0.2	4.6 ± 0.2	0.5 ± 0.2	52 ± 2
Apollo 16-S13	45.2 ± 0.4	27.6 ± 0.2	15.7 ± 0.2	4.7 ± 0.1	5.5 ± 0.2	0.5 ± 0.1	53 ± 2
Apollo 17-LM	41.2 ± 0.4	13.0 ± 0.2	11.0 ± 0.2	15.8 ± 0.1	9.9 ± 0.1	7.63 ± 0.04	38 ± 1
Apollo 17-S1	39.9 ± 0.6	11.0 ± 0.2	10.5 ± 0.2	17.7 ± 0.1	9.8 ± 0.1	9.39 ± 0.05	35 ± 1
Apollo 17-S2	45.4 ± 0.3	20.7 ± 0.3	12.8 ± 0.2	8.7 ± 0.1	10.1 ± 0.1	1.6 ± 0.1	53 ± 2
Apollo 17-S3	45.2 ± 0.3	20.6 ± 0.1	12.8 ± 0.2	8.8 ± 0.1	10.0 ± 0.1	1.5 ± 0.2	53 ± 2
Apollo 17-S4	42.3 ± 0.6	13.4 ± 0.3	11.0 ± 0.2	14.8 ± 0.1	9.6 ± 0.1	7.2 ± 0.1	39 ± 1
Apollo 17-S5	39.9 ± 0.3	11.2 ± 0.2	10.6 ± 0.2	17.7 ± 0.1	9.6 ± 0.1	9.87 ± 0.04	35 ± 1
Apollo 17-S6	43.8 ± 0.5	18.1 ± 0.2	12.2 ± 0.3	10.6 ± 0.1	10.8 ± 0.1	3.3 ± 0.1	50 ± 2
Apollo 17-S7	43.3 ± 0.5	17.0 ± 0.3	11.9 ± 0.2	11.6 ± 0.2	10.2 ± 0.1	3.6 ± 0.1	46 ± 2
Apollo 17-S8	43.7 ± 0.4	16.3 ± 0.3	11.6 ± 0.3	12.7 ± 0.2	10.4 ± 0.2	5.0 ± 0.1	45 ± 2
Apollo 17-S9	41.7 ± 0.3	13.6 ± 0.2	11.2 ± 0.2	15.2 ± 0.1	10.0 ± 0.1	6.40 ± 0.05	39 ± 1
Apollo 17-LRV1	41.0 ± 0.4	12.6 ± 0.2	11.3 ± 0.2	16.2 ± 0.1	9.3 ± 0.1	7.8 ± 0.1	36 ± 1
Apollo 17-LRV2	43.1 ± 0.5	15.8 ± 0.3	11.8 ± 0.2	13.5 ± 0.1	10.2 ± 0.1	4.4 ± 0.1	43 ± 2
Apollo 17-LRV3	43.7 ± 0.4	14.1 ± 0.2	10.6 ± 0.2	15.6 ± 0.1	11.4 ± 0.1	4.6 ± 0.1	42 ± 2
Apollo 17-LRV4	45.1 ± 0.4	21.4 ± 0.2	13.1 ± 0.2	8.2 ± 0.1	9.8 ± 0.1	0.9 ± 0.3	54 ± 2
Apollo 17-LRV5	44.4 ± 0.6	19.5 ± 0.2	12.7 ± 0.3	9.7 ± 0.1	8.9 ± 0.1	2.6 ± 0.1	47 ± 2
Apollo 17-LRV6	44.1 ± 0.3	19.3 ± 0.1	12.5 ± 0.2	10.3 ± 0.1	10.0 ± 0.1	2.5 ± 0.1	49 ± 2
Apollo 17-LRV7	41.5 ± 0.4	12.8 ± 0.2	10.7 ± 0.2	16.1 ± 0.1	10.3 ± 0.1	6.92 ± 0.05	39 ± 1
Apollo 17-LRV8	41.8 ± 0.5	13.4 ± 0.2	11.3 ± 0.2	15.8 ± 0.1	9.8 ± 0.1	6.68 ± 0.05	38 ± 1
Apollo 17-LRV9	42.4 ± 0.3	14.2 ± 0.2	11.4 ± 0.1	14.6 ± 0.1	9.8 ± 0.1	6.0 ± 0.1	40 ± 2

续表

月表采样站点	SiO_2含量/%	Al_2O_3含量/%	CaO含量/%	FeO含量/%	MgO含量/%	TiO_2含量/%	Mg#/10^{-2}
Apollo 17-LRV10	43.4±0.4	17.8±0.2	12.1±0.2	11.1±0.1	10.5±0.1	3.6±0.1	48±2
Apollo 17-LRV11	43.8±0.4	16.0±0.3	11.4±0.2	12.6±0.1	10.1±0.1	4.6±0.1	44±2
Apollo 17-LRV12	39.5±0.5	11.6±0.2	10.9±0.1	17.5±0.1	9.2±0.1	10.02±0.04	34±1
Luna 16	42.6±0.4	13.9±0.4	11.8±0.3	16.6±0.2	8.9±0.2	3.4±0.2	34±1
Luna 20	45.0±0.6	22.8±0.4	14.2±0.4	7.2±0.3	9.3±0.3	1.4±0.2	56±2
Luna 24	44.3±0.4	14.8±0.4	12.2±0.3	16.0±0.3	9.1±0.2	2.4±0.1	36±1
CE-3	42.8±0.4	11.9±0.4	10.6±0.2	21.6±0.1	9.6±0.2	4.1±0.2	30±1

2.2.4　月表氧化物含量分布

反演得到的月表氧化物含量分布图如图2.17所示，含量数据分辨率约为200 m/pixel，底图是LOLA DEM数据（Smith et al., 2010；来源网址：http://pds-geosciences.wustl.edu/missions/lro/lola.htm［2019-08-16］）生成的地形阴影图。其中图2.17（h）是光谱欧氏距离图，用于衡量每个像素与其最邻近的月表采样点的光谱差异，反映了氧化物含量反演的不确定性。其中，光谱欧氏距离最大的地区，说明这些地区反演的氧化物含量具有最大的不确定性。图2.18是反演的6个氧化物含量和Mg#的分布直方图曲线，其中Mean表示均值，SD表示标准偏差。

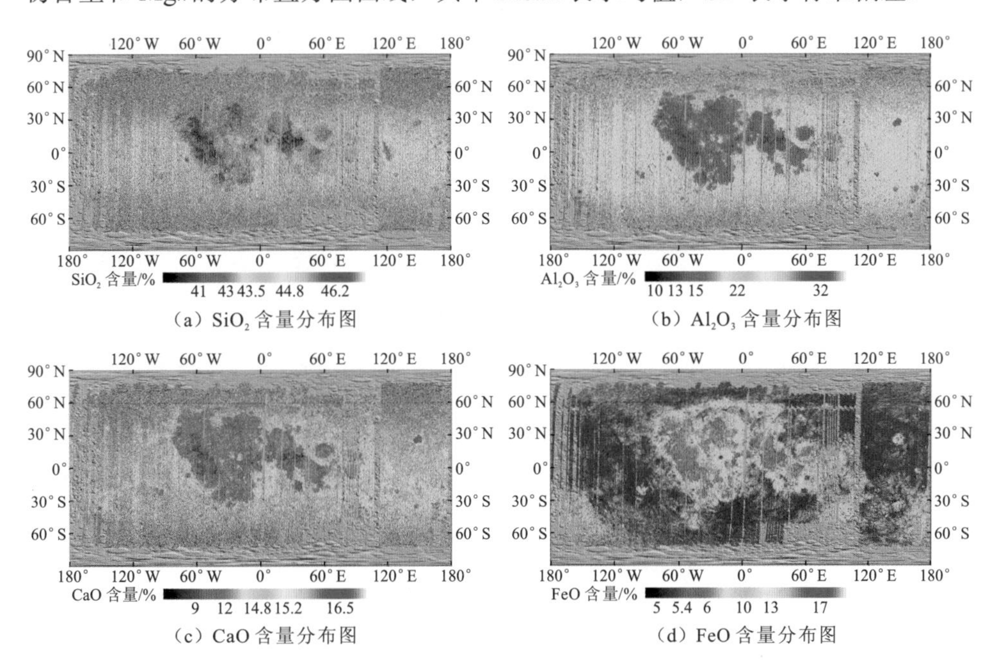

（a）SiO_2含量分布图

（b）Al_2O_3含量分布图

（c）CaO含量分布图

（d）FeO含量分布图

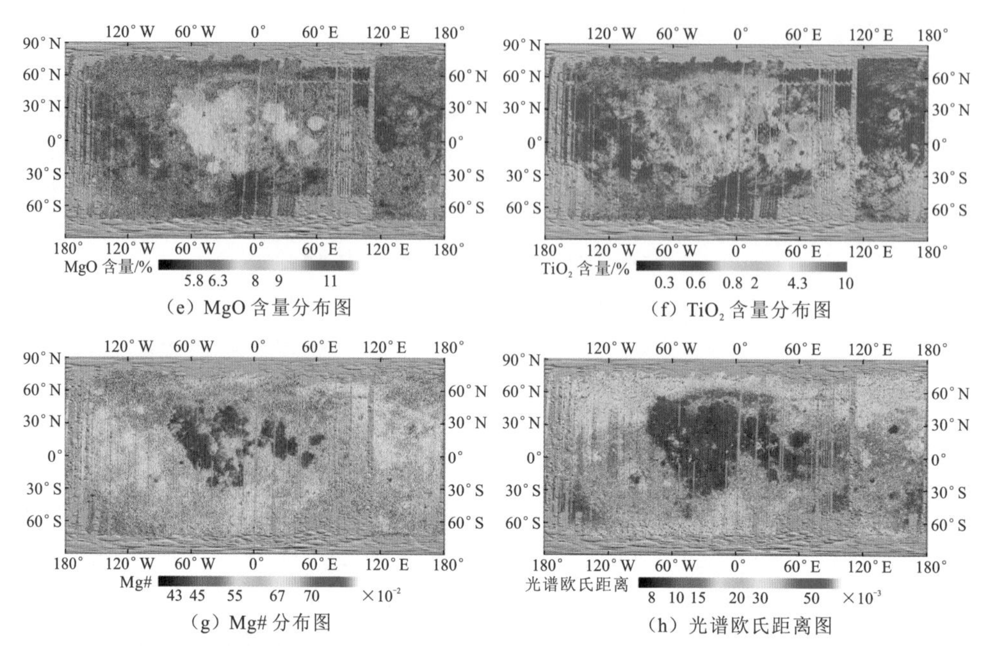

（e）MgO 含量分布图　（f）TiO_2 含量分布图

（g）Mg# 分布图　（h）光谱欧氏距离图

图 2.17　基于 IIM 数据反演的月表各氧化物含量分布图和光谱欧氏距离图

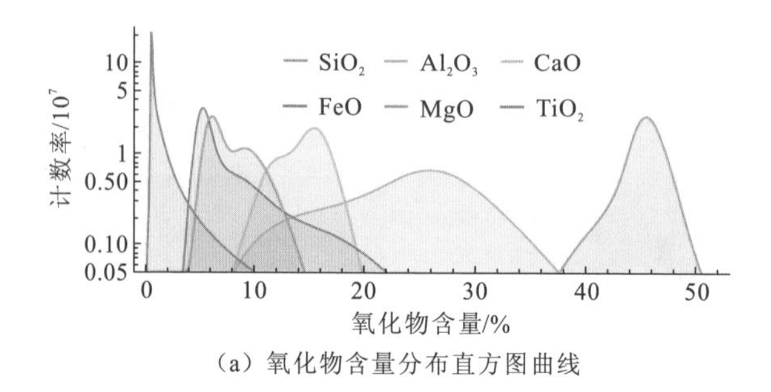

（a）氧化物含量分布直方图曲线

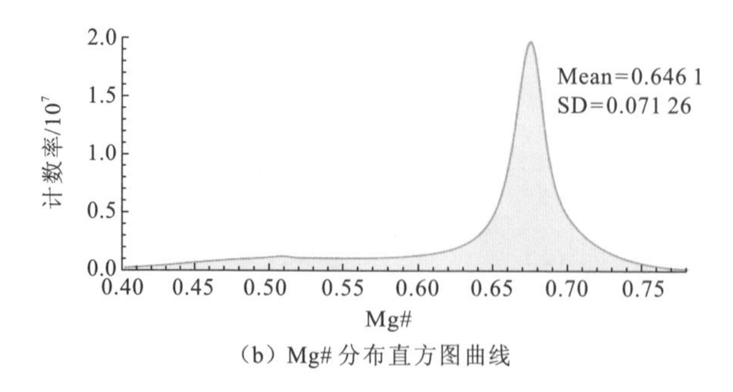

（b）Mg# 分布直方图曲线

图 2.18　基于 IIM 数据反演的月表各氧化物含量和 Mg#分布直方图曲线

1. 与 Clementine 的 FeO 含量比较

Clementine的 FeO含量是采用Lucey等（2000a）提出的FeO含量模型[式(2.2)和式（2.3）]反演得到的，空间分辨率为 200 m/pixel。

$$\theta_{(\mathrm{Fe})} = -\arctan\{[R_{(950)} / R_{(750)} - 1.19] / [R_{(750)} - 0.08]\} \tag{2.2}$$

$$w(\mathrm{FeO}) = 17.427 \times \theta_{(\mathrm{Fe})} - 7.565 \tag{2.3}$$

式中：$R_{(950)}$和$R_{(750)}$分别为 950 nm 和 750 nm 的 Clementine 光谱反射率。

将 IIM FeO 含量和 Clementine FeO 含量均采样到 0.5 °/pixel 进行比较。图 2.19（a）和（c）分别显示了 IIM FeO 与 Clementine FeO 含量的二维概率密度函数（probability density function, PDF）散点图和含量分布差异图，可见 IIM FeO 与 Clementine FeO 含量分布主要存在 5 点差异：①在 70° S 和 70°N 之间的 IIM 观测月表区域，IIM 反演的 FeO 平均含量比 Clementine 的 FeO 平均含量高 0.25%；②在雨海西南和西北地区、风暴洋和危海的东南地区，IIM 与 Clementine 具有相近的 FeO 含量；③在 PKT 中部地区和 SPAT，IIM FeO 比 Clementine FeO 含量低 1%～7%；④在南海和大部分高地地区，如位于风暴洋以西的高地、云海和酒海之间的高地及丰富海以东的高地，IIM FeO 比 Clementine FeO 含量高 1%～4%；⑤在西北、东北和东部高地地区，IIM FeO 比 Clementine FeO 含量高 4%～11%。IIM FeO 与 Clementine FeO 含量的差异可能主要有两个原因。一个原因是二者在地形阴影影响方面的差异。在月表的同一位置，IIM 影像与 Clementine 影像拍摄时间的差异、拍摄时太阳高度角的差异及后期影像处理校正的差异会产生不同的地形阴影效果，而由光学影像反演的氧化物含量会受到地形阴影的影响。另一个原因是氧化物含量反演算法的差异。本小节方法与 Lucey 模型（Lucey et al., 2000a）在建立的光谱参数和采用的反演模型方面均存在差异，从而导致反演的氧化物含量也会存在差异。

2. 与 LP GRS 的 FeO 含量比较

伽马射线数据相较光学光谱数据，不受地形阴影和太空风化的影响（Shkuratov et al., 2005；Chevrel et al., 2002），且是从伽马谱线计数率直接计算氧化物的含量（Prettyman et al., 2006），因此有望比光学光谱数据更准确地获取月表氧化物含量的分布特征。LP GRS 探测获得的各氧化物含量中，FeO 具有较高的精度（Prettyman et al., 2006），因此将 IIM 反演的 FeO 含量与 LP GRS 反演的 FeO 含量（Prettyman et al., 2006）进行比较。但需要说明的是，LP GRS 与 IIM 的探测深度不一样，LP GRS 探测深度可达月表以下 20～30 cm（Prettyman et al., 2006；

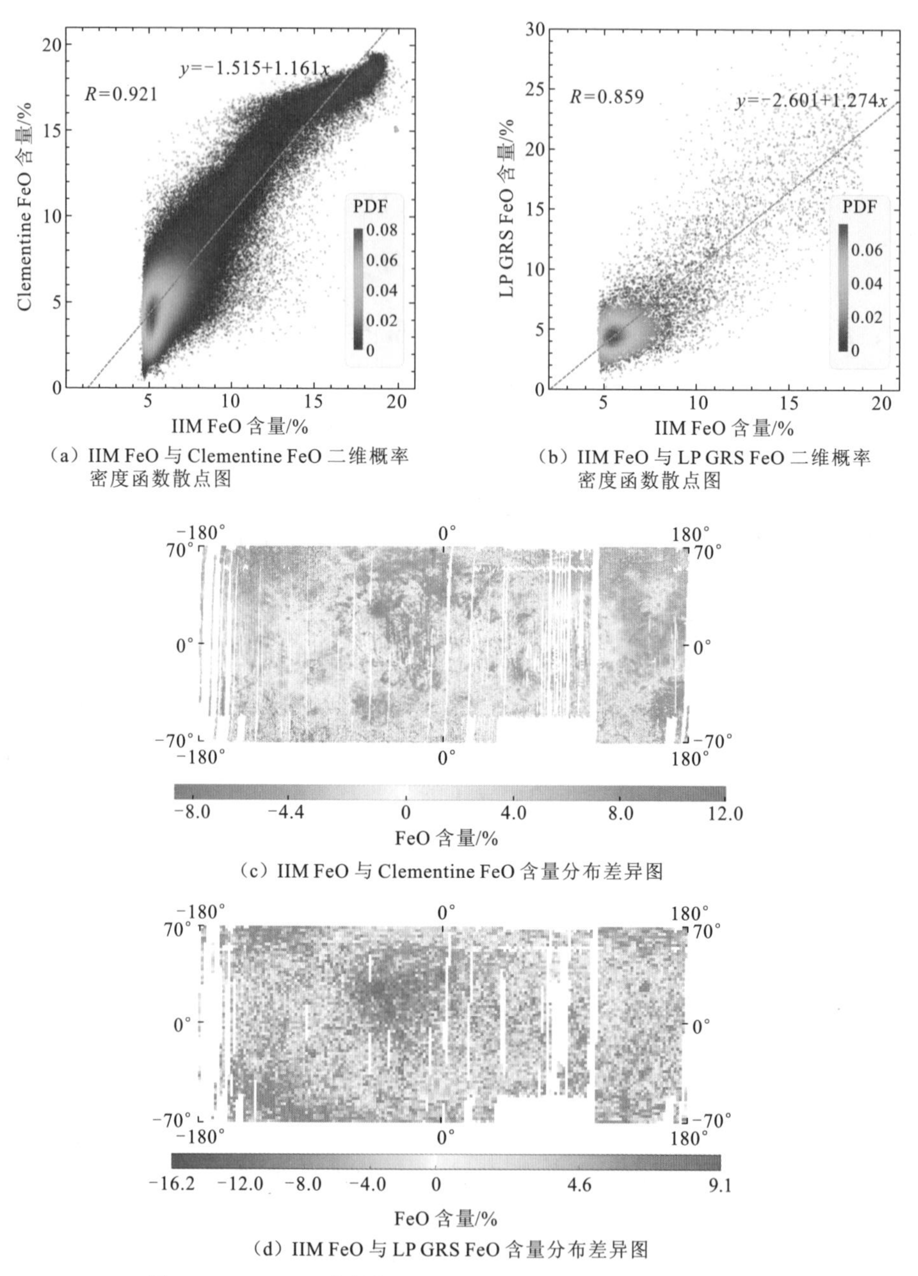

(a) IIM FeO 与 Clementine FeO 二维概率密度函数散点图

(b) IIM FeO 与 LP GRS FeO 二维概率密度函数散点图

(c) IIM FeO 与 Clementine FeO 含量分布差异图

(d) IIM FeO 与 LP GRS FeO 含量分布差异图

图 2.19　IIM FeO 含量与 Clementine 和 LP GRS FeO 含量比较

Lucey et al., 2006)，IIM 仅能探测月表的物质组分（Ouyang et al., 2008）。将由 IIM 数据反演的月表 FeO 含量重采样到 LP GRS FeO 含量（Prettyman, 2012; Prettyman et al，2006）的分辨率，即 2 °/pixel。图 2.19（b）和（d）分别为 IIM FeO 与 LP GRS FeO 含量的二维概率密度函数散点图和含量分布差异图，可见 IIM FeO 与 LP GRS FeO 含量分布主要存在 4 点差异：①在 70° S 和 70° N 之间的 IIM 观测月表区域，IIM 反演的平均 FeO 含量比 LP GRS 反演的平均 FeO 含量高 0.44%；②在低纬度高地地区，IIM FeO 和 LP GRS FeO 分布特征较相似，然而在南部高纬度高地，以及东北与西北高纬度高地地区，IIM FeO 比 LP GRS FeO 含量高 1%～7%；③在 PKT，IIM FeO 比 LP GRS FeO 含量低 1～12%；④在 SPAT，一些中部地区 IIM FeO 比 LP GRS FeO 含量低 0.5%～5%，而靠近地体边界地区，IIM FeO 比 LP GRS FeO 含量高 1%～7%。

IIM FeO 与 LP GRS FeO 含量的差异主要因为两个原因：①IIM 影像受到地形阴影的影响，尤其在南部和北部高纬度地区，地形阴影的影响尤为明显，而 GRS 数据不受地形阴影的影响（Chevrel et al., 2002）；②IIM 和 LP 的探测深度存在差异，IIM 只能探测到月表的组分特征（Ouyang et al., 2008），然而 LP GRS 能够探测到月表以下 20～30 cm 深度的组分特征（Prettyman et al., 2006；Lucey et al., 2006）。

3. 与 Clementine 的 TiO_2 含量比较

采用 Lucey 等（2000a）提出的 TiO_2 含量模型[式（2.4）和式（2.5）]反演月表 TiO_2 含量，空间分辨率为 200 m/pixel。

$$\theta_{(Ti)} = \arctan\{[R_{(415)} / R_{(750)} - 0.42] / R_{(750)}\} \tag{2.4}$$

$$w(TiO_2) = 3.708 \times \theta_{(Ti)}{}^{5.979} \tag{2.5}$$

式中：$R_{(415)}$ 和 $R_{(750)}$ 分别为 415 nm 和 750 nm 的 Clementine 光谱反射率。

将 IIM TiO_2 与 Clementine TiO_2 均采样到 0.5 °/pixel 进行比较。图 2.20（a）和（d）分别显示了 IIM TiO_2 与 Clementine TiO_2 含量的二维概率密度函数散点图和含量分布差异图，其中图 2.20（a）中黑色和灰色拟合直线分别表示月海和非月海地区的拟合情况，可见 IIM TiO_2 与 Clementine TiO_2 含量分布主要存在 4 点差异：①在大部分高地地区，IIM TiO_2 与 Clementine TiO_2 具有相近的含量，在东北和西北高纬度高地，以及大部分南部高纬度高地，IIM TiO_2 比 Clementine TiO_2 含量高 0.5%～5%；②在大部分月海地区，IIM TiO_2 比 Clementine TiO_2 含量低 0.5%～7%；③在一些月海，如冷海、南海、莫斯科海内外环之间的月海地区、雨海东北部、虹湾、风暴洋西北部，IIM TiO_2 比 Clementine TiO_2 含量高 1%～4%；④在 SPAT，IIM TiO_2 比 Clementine TiO_2 含量高 1%～5%。IIM TiO_2 与 Clementine TiO_2 含量的差异主要是因为 IIM 与 Clementine 影像不同的地形阴影影响效果，以及反演算法的差异。

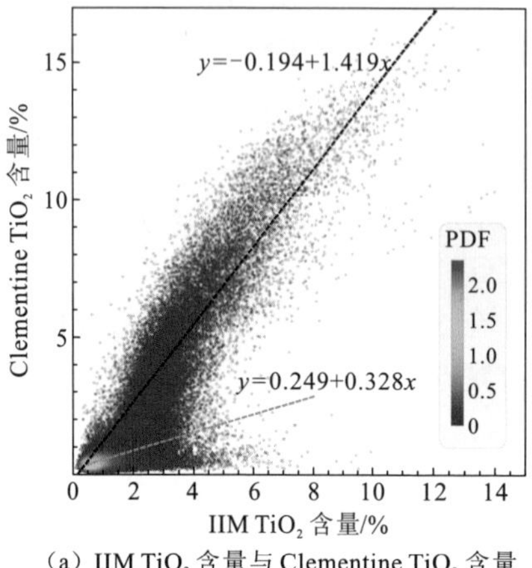

（a）IIM TiO_2 含量与 Clementine TiO_2 含量二维概率密度函数散点图

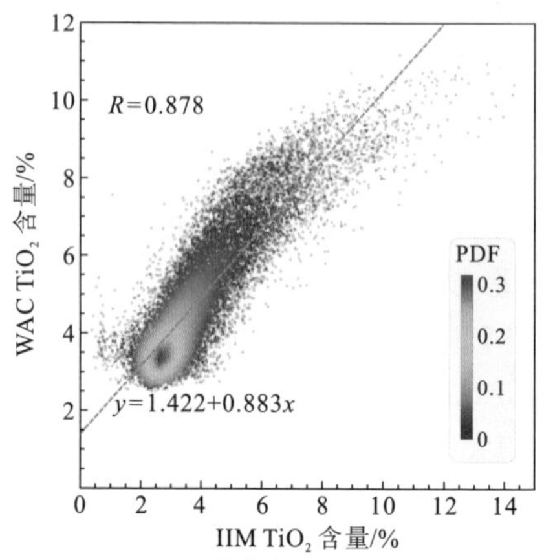

（b）IIM TiO_2 含量与 WAC TiO_2 含量二维概率密度函数散点图

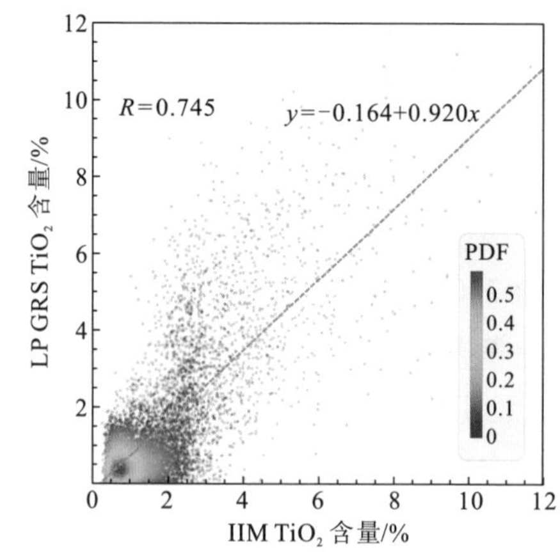

（c）IIM TiO_2 含量与 LP GRS TiO_2 含量二维概率密度函数散点图

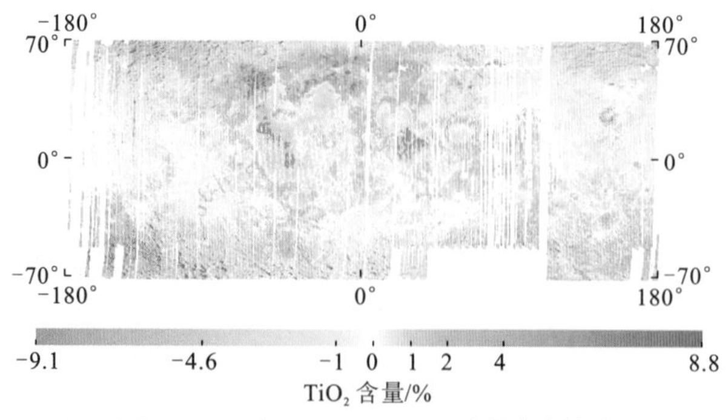

（d）IIM TiO_2 与 Clementine TiO_2 含量分布差异图

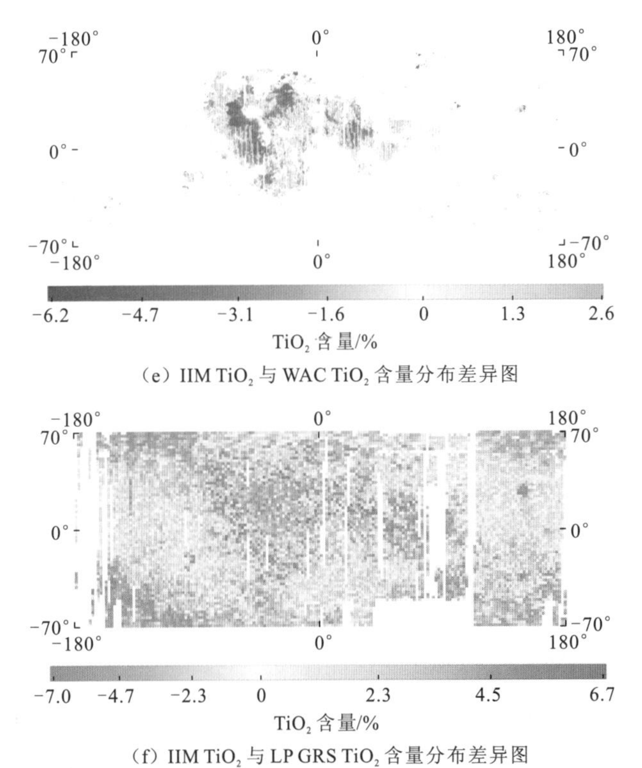

(e) IIM TiO_2 与 WAC TiO_2 含量分布差异图

(f) IIM TiO_2 与 LP GRS TiO_2 含量分布差异图

图 2.20　IIM TiO2 含量与 Clementine、WAC 和 LP GRS TiO_2 含量比较

4. 与 WAC 的 TiO_2 含量比较

WAC TiO_2 含量采用 Sato 等（2017）提出的月海 TiO_2 含量模型[式（2.6）]反演得到，空间分辨率为 400 m/pixel。

$$w(TiO_2)=[R_{(321)}/R_{(415)}-0.689]/0.01 \tag{2.6}$$

式中：$R_{(321)}$ 和 $R_{(415)}$ 分别为 321 nm 和 415 nm 的 WAC 光谱反射率。

WAC TiO_2 含量数据来源于网址：http://wms.lroc.asu.edu/lroc/view_rdr/WAC_TIO2 [2019-08-16]。将 IIM TiO_2 与 WAC TiO_2 均采样到 0.5°/pixel，仅对月海地区 TiO_2 含量进行比较。图 2.20（b）和（e）分别显示了月海地区 IIM TiO_2 与 WAC TiO_2 含量的二维概率密度函数散点图和含量分布差异图，可见月海地区 IIM TiO_2 与 WAC TiO_2 含量分布主要存在 3 点差异：①在月海地区，IIM 反演的 TiO_2 平均含量比 WAC TiO_2 平均含量低 0.05%；②在一些月海地区，如风暴洋西北部、云海东部、史密斯海、危海和丰富海，IIM TiO_2 比 WAC TiO_2 含量高 0.5%～2.6%；③在一些月海地区，如静海、湿海、雨海西部和风暴洋中部和南部，IIM TiO_2 比

WAC TiO_2 含量低 0.5%～4.5%。IIM TiO_2 与 WAC TiO_2 含量差异的原因主要来源于不同的含量反演算法，以及不同探测仪器和后期影像处理与校正方法造成的 IIM 与 WAC 数据在光谱反射率及地形阴影影响方面的差异。

5. 与 LP GRS 的 TiO_2 含量比较

将由 IIM 数据反演的月表 TiO_2 含量采样到 LP GRS TiO_2 含量（Prettyman, 2012；Prettyman et al.,2006）的分辨率，即 2°/pixel。图 2.20（c）和（f）分别显示了 IIM TiO_2 与 LP GRS TiO_2 含量的二维概率密度函数散点图和含量分布差异图，可见 IIM TiO_2 与 LP GRS TiO_2 含量分布主要存在两点差异。①在大部分高地地区，IIM TiO_2 与 LP GRS TiO_2 具有相近的含量；在东北和西北高纬度高地地区，以及大部分南部高纬度高地地区，IIM TiO_2 比 LP GRS TiO_2 含量高 0.5%～2.5%。②在风暴洋西北部、危海、丰富海、莫斯科海、南海和南极艾特肯盆地，总体而言，IIM TiO_2 比 LP GRS TiO_2 含量高 1%～3.5%；在其他的一些月海地区，IIM TiO_2 比 LP GRS TiO_2 含量低 1%～5%；在冷海，IIM TiO_2 与 LP GRS TiO_2 含量的差异较小。

IIM TiO_2 与 LP GRS TiO_2 含量的差异主要因为 2 个原因：①IIM 影像受到地形阴影的影响；②IIM 与 LP GRS 的探测深度不同。在一些高地地区和冷海地区，IIM TiO_2 与 LP GRS TiO_2 含量差异较小，可能是因为从月表到月表下约 30 cm 深度，这些地区的化学成分随深度变化较小。

2.2.5　对于高地地区岩性特征的启示

由 IIM 数据计算的月表 Mg#值主要为 0.4～0.8。图 2.21 显示了月表 Mg#的分布特征，其中黑色边界斜线纹路斑块标明了高 Mg#（Mg#>0.7）集中分布的地区，黑色箭头标明了具有高 Mg#（Mg#>0.7）的一些小区域，白色线标明了 3 个地体 PKT、FHT、SPAT（Jolliff et al., 2000）的大致边界，其中 3 个地体边界是在 Jolliff 等（2000）提出的地体划分依据上，根据 Mg#的特征进行了一些修改，背景图是由 LOLA DEM 数据（Smith et al., 2010；来源网址：http://pds-geosciences.wustl.edu/missions/lro/lola.htm ［2019-08-16］）生成的地形阴影图。月表 Mg#主要有 4 个分布特征：①在 PKT 内，Mg#值总体而言较低，大部分值小于 0.65；②高 Mg#（Mg#>0.7）集中分布的区域主要分布在 FHT；③Mg#>0.67 区域的边界与 PKT 和 FHT 的边界具有较好的一致性；④总体而言，SPAT 中心地区的 Mg#值低于 FHT，但高于 PKT。

目前镁质岩套在月表的分布特征，以及早期镁质岩浆活动是否存在全球性侵入尚未较好地确定（Shearer et al., 2015）。此外，克里普物质的存在对于镁质岩套的生成是否是必需的仍未有定论（Shearer et al., 2015）。一些早期的研究

（Wieczorek et al., 2006a；Korotev, 2000；Snyder et al., 1995a, 1995b）支持在雨海和风暴洋地区，镁质岩套可能产生于富克里普的母岩浆；而近期的一些研究（Shearer et al., 2015；Cahill et al., 2009）提出克里普物质并非镁质岩套生成的驱动力因素，而只是 PKT 内的一些镁质岩套含有克里普物质。Gross 等（2014）根据月球斜长岩质陨石的物质组分分析，指出与亚铁钙长岩相比，镁质钙长岩更能代表月球高地月壳的岩性特征，高地大部分地区主要分布着镁质钙长岩，而小部分地区分布着亚铁钙长岩。基于 IIM 数据反演得到的 Mg#分布图可能为 Gross 等（2014）的观点提供一些支持证据。月球高地地区具有较高的 Mg#值，而较高的 Mg#值是镁质岩套的重要标志（Wieczorek et al., 2006b），因此镁质岩套可能广泛分布于高地地区；而较低的 FeO 含量和较高的 Al_2O_3 和 CaO 含量表明高地地区具有斜长岩质特征，因此镁质钙长岩可能在高地地区广泛分布。由于克里普物质仅出露于（仅富集于）PKT（Wang and Zhao, 2017；Jolliff et al., 2000），正如 Cahill 等（2009）指出的，克里普物质对于镁质岩套的生成并非必需的，一些具有低 Th 含量的镁质岩石，如广泛分布于高地地区的镁质钙长岩，分布于 Theophilus 撞击坑（Wang and Zhao, 2017；Dhingra et al., 2011）、莫斯科海（Wang and Zhao, 2017；Pieters et al., 2011）、德赖登（Dryden）撞击坑（Wang and Zhao, 2017；Klima et al., 2011）和 Chaffee S 撞击坑（Wang and Zhao, 2017；Klima et al., 2011）的镁质岩石不含克里普物质，它们的生成无须克里普物质的参与。

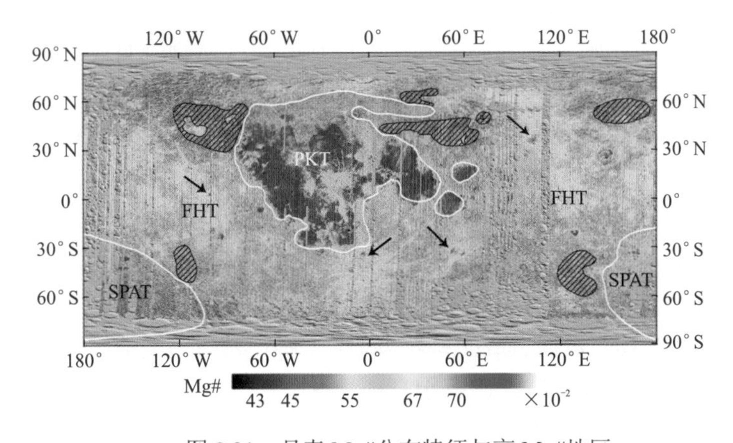

图 2.21　月表 Mg#分布特征与高 Mg#地区

2.2 节介绍了基于 CE-1 IIM 数据反演月表主要的 6 个氧化物含量，分析了高地地区可能的岩性特征，探讨了克里普物质与镁质岩套成因的关系。本节工作主要存在以下 3 点局限。

（1）采用的 39 个月表采样站点在数量和地域方面均存在局限性，不能较全面地反映全月表的化学成分特征，CE-4 对南极艾特肯盆地中 Von Kármán 撞击坑的探测，以及“嫦娥五号”（Chang'e-5, CE-5）对吕姆克山（Mons Rümker）地区的采样返回，有望改进目前月表样本在数量和地域方面的不足。

（2）IIM 遥感影像与月表采样点的空间尺度不一样，IIM 影像的空间分辨率约为 200 m/pixel，而每个月表样本采样的位置，以及 CE-3 的就位测量范围小于 IIM 影像的 1 个像素范围，因此采样点与遥感影像的空间尺度的差异会给基于 IIM 影像的月表氧化物含量反演带来不确定性和误差。

（3）IIM 影像阴影较明显，尤其在南北高纬度地区，虽然本节去除了一部分阴影，但仍存在大量阴影，这些阴影会改变光谱特征，从而影响氧化物含量的反演。若能获得太阳入射角为 0°时拍摄的无阴影高光谱影像，则有望改进地形阴影给氧化物含量反演带来的不确定性和误差问题。

2.3 本章小结

本章基于 CE-1 IIM 高光谱数据，采用机器学习算法，如决策树 C5.0、支持向量机、神经网络等算法反演月表 SiO_2、Al_2O_3、CaO、MgO、TiO_2 和 FeO 含量，计算月表 Mg#值，主要结论如下。

（1）采用光学遥感数据反演月表化学成分含量的优势在于：能够获得具有较高分辨率的月表氧化物含量分布图，从而能够较详尽地刻画月表及局部地区的氧化物含量分布特征。

（2）相较于传统的回归模型反演月表氧化物含量，机器学习算法有望较好地刻画氧化物含量与光谱参数之间的线性和非线性关系；此外，机器学习算法，如支持向量机和神经网络算法在解决小样本、高维、非线性问题方面具有优势，且能够自动构建具有较强泛化性能和较高反演精度的氧化物含量反演模型，因此机器学习算法有望更准确地反演月表化学成分含量。

（3）根据基于 IIM 数据生成的月表 Mg#图，斜长岩质高地地区具有较高的 Mg#值，因此可能镁质钙长岩广泛出露于高地地区，而克里普物质对于镁质岩套，如镁质钙长岩的生成并非必需的。

参考文献

凌宗成, 张江, 刘建忠,等，2011. 嫦娥一号干涉成像光谱仪数据 TiO_2 反演初步结果[J]. 科学通报, 56(16): 1257-1263.

凌宗成, 张江, 刘建忠,等，2016. 嫦娥一号干涉成像光谱仪数据再校正与全月铁钛元素反演[J]. 岩石学报, 32(1): 87-98.

刘福江, 乔乐, 刘征,等，2010. 基于嫦娥一号干涉成像光谱仪吸收特征的月表钛含量评估[J]. 中国科学: 物理学 力学 天文学, 40(11): 1316-1325.

刘建忠, 张文喜, 凌宗成,等，2009. 嫦娥一号干涉成像光谱数据光度校正与反射率换算[C]//绕月探测工程探测数据应用研究进展论文集. 北京: 中国科学院探月工程总体部: 200-204.

吴昀昭, 徐夕生, 谢志东,等，2009. 嫦娥一号 IIM 数据绝对定标与初步应用[J]. 中国科学: 物理学 力学 天文学, 39(10): 1387-1392.

AGRELL S O, SCOON J H, MUIR I D, et al., 1970. Observations on the chemistry, mineralogy and petrology of some Apollo 11 lunar samples[J]. Geochimica et cosmochimica acta supplement, 1: 93.

BANSAL B M, CHURCH S E, GAST P W, et al., 1972. The chemical composition of soil from the Apollo 16 and Luna 20 sites[J]. Earth and planetary science letters, 171: 29-35.

BARSUKOV V L, 1977. Preliminary data for the regolith core brought to earth by the automatic lunar station Luna 24[C]// Lunar Science Conference, 8th, Houston, Tex., March 14-18, 1977.

BLANCHARD D P, BRANNON J C, Aaboe E, et al., 1978. Major and trace element chemistry of Luna 24 samples from Mare Crisium[J].Geochmica et Cosmochimica acta, 613B:613-630.

BLEWETT D T, LUCEY P G, HAWKE B R, et al., 1997. Clementine images of the lunar sample-return stations: refinement of FeO and TiO_2 map-ping techniques[J]. Journal of geophysical research, 102(E7):16319-16325.

BURNS R G, 1993. Mineralogical applications of crystal field theory[M]. Cambridge: Cambridge University Press.

CAHILL J T S, LUCEY P G, WIECZOREK M A, 2009. Compositional variations of the lunar crust: results from radiative transfer modeling of central peak spectra[J/OL]. Journal of geophysical research planets, 114(E9): 1-17. https:// doi. org / 10.1029 / 2008JE003282.

CHEVREL S D, PINET P C, DAYDOU Y, et al., 2002. Integration of the clementine UV-VIS spectral reflectance data and the Lunar Prospector gamma-ray spectrometer data: a global-scale multielement analysis of the lunar surface using iron, titanium, and thorium abundances[J/OL]. Journal of geophysical research, 107(E12): 1-18. https:// doi. org / 10.1029 / 2008JE001419.

CIMBALNIKOVA A, PALIVCOVA M, FRANA J, et al., 1977.Chemical composition of crystalline rock fragments from Luna 16 and Luna 20 fines[J]. Cosmochem of the moon and planets, 370: 263-275.

COMPSTON W, CHAPPELL B W, ARRIENS P A, et al., 1970. The chemistry and age of Apollo 11 lunar material[J]. Geochimica et cosmochimica acta Supplement, 1:1007.

COMPSTON W, BERRY H, VERNON M J, et al., 1971. Rubidium-strontium chronology and chemistry of lunar material from the Ocean of Storms[J]. Proceedings of the lunar science conference, 2: 1471.

COMPSTON W, VERNON M J, CHAPPELL B W, et al., 1973. RB-SR Model Ages & Chemical Composition of Nine Apollo 16 Soils[J]. Proceedings of the lunar science conference, 4: 158.

CUTTITTA F, ROSE JR H J, ANNELL C S, et al., 1971. Elemental composition of some Apollo 12 lunar rocks and soils[J]. Proceedings of the lunar science conference, 2: 1217.

DHINGRA D, PIETERS C M, BOARDMAN J W, et al., 2011. Compositional diversity at Theophilus Crater: understanding the geological context of Mg-spinel bearing central peaks[J]. Geophysical research letters, 3811: 467-475.

DUNCAN A R, ERLANK A J, WILLIS J P, et al., 1973. Composition and inter-relationships of some Apollo 16 samples[J]. Proceedings of the lunar science conference, 4: 1097.

DUNCAN A R, ERLANK A J, WILLIS J P, et al., 1974. Trace element evidence for a two-stage origin of some titaniferous mare basalts[J]. Proceedings of the lunar science conference, 5: 1147-1157.

DUNCAN A R, SHER M K, ABRAHAM Y C, et al., 1975. Interpretation of the compositional variability of Apollo 15 soils[J]. Proceedings of the lunar science conference, 6: 2309-2320.

DWORNIK E J, ANNELL C S, CHRISTIAN R P, et al., 1974. Chemical and mineralogical composition of Surveyor 3 scoop sample 12029, 9[J]. Proceedings of the lunar science conference, 5: 1009-1014.

ELIASON E M, ISBELL C, LEE E, et al., 1999a. Mission to the Moon: The Clementine UVVIS Global Mosaic [DB]. PDS Volumes USA NASA PDS CL 4001 4078.United States Geological Survey, Flagstaff Ariz.

ELIASON E M, ISBELL C, LEE E, et al., 1999b. Mission to the Moon: The Clementine UVVIS Global Images[DB]. PDS Volumes USA NASA PDS CL 4049.United States Geological Survey, Flagstaff Ariz.

ELPHIC R C, LAWRENCE D J, FELDMAN W C, et al., 2000. Lunar rare earth element distribution and ramifications for FeO and TiO_2: Lunar Prospector neutron spectrometer observations[J]. Journal of geophysical research planets, 105(E8): 20333-20345.

ELPHIC R C, LAWRENCE D J, FELDMAN W C, et al., 2002. Lunar Prospector neutron spectrometer constraints on TiO_2[J]. Journal of geophysical research planets, 107(E4): 81-89.

ESSENE E J, RINGWOOD A E, WARE N G, 1970. Petrology of the lunar rocks from Apollo 11 landing site[J]. Geochimica et cosmochimica acta supplement, 1: 385.

FLORAN R J, PHINNEY W C, BLANCHARD D P, et al., 1976. A comparison between the geochemistry and petrology of Apollo 16-terrestrial impact melt analogs[J]. Proceedings of the lunar science conference, 7: 263.

FOING B H, RACCA G D, JOSSET J L, et al., 2008. SMART-1 highlights and relevant studies on early bombardment and geological processes on rocky planets[J]. Physica scripta, T130: 014026.

FRONDEL C, KLEIN C JR, ITO J,1971. Mineralogical and chemical data on Apollo 12 lunar fines[J]. Proceedings of the lunar science conference, 2: 719-726.

GIBSON E K, MOORE G W, 1973. Volatile-rich lunar soil: evidence of possible cometary impact[J]. Science, 179(4068): 69-71.

GIGUERE T A, TAYLOR G J, HAWKE B R, et al., 2000. The titanium contents of lunar mare basalts[J]. Meteoritics and planetary science, 351: 193-200.

GILLIS J J, JOLLIFF B L, ELPHIC R C, 2003. A revised algorithm for calculating TiO_2 from Clementine UV/VIS data: a synthesis of rock, soil, and remotely sensed TiO_2 concentrations[J]. Journal of geophysical research planets, 108(E2): 1063-1078.

GLASS B P, 1986. Lunar sample 14425: not a lunar tektite[J]. Geochimica et cosmochimica acta, 50(1): 111-113.

GREELEY R, 1971. Lava tubes and channels in the lunar Marius Hills[J]. Earth moon planets, 33: 289-314.

GREEN A A, CRAIG M D, CHENG S, 1988. The application of the minimum noise fraction transform to the compression and cleaning of hyper-spectral remote sensing data[C]// Edinburgh, UK. International Geoscience and Remote Sensing Symposium, 30th.

GROSS J, TREIMAN A H, MERCER C N, 2014. Lunar feldspathic meteorites: constraints on the geology of the lunar highlands, and the origin of the lunar crust[J]. Earth and planetary science letters, 388(17): 318-328.

HARE T M, ARCHINAL B A,BECKER T L, et al., 2008. Clementine mosaics warped to ULCN 2005 network[C]//Lunar and Planetary Science Conference. Lunar and Planetary Science Conference, 39th: 1092.

HASKIN L A, HELMKE P A, BLANCHARD D P, et al., 1973. Major and trace element abundances in samples from the lunar highlands[J]. Proceedings of lunar and planetary science, 4: 1275.

HEIKEN G, VANIMAN D T, FRENCH B M, 1991. Lunar sourcebook: a user's guide to the moon[M]. Cambridge: Cambridge University Press.

HIESINGER H, HEAD J W, WOLF U, et al., 2011. Ages and stratigraphy of lunar mare basalts: a synthesis[J]. Geological society of America special papers, 477: 1-51.

HUBBARD N J, RHODES J M, GAST P W, et al., 1973. Lunar rock types: the role of plagioclase in non-mare and highland rock types[J]. Proceedings of lunar and planetary science, 4: 1297.

JOLLIFF B L, 1999. Clementine UVVIS multispectral data and the Apollo 17 landing site: what can we tell and how well[J]. Journal of geophysical research planets, 104(E6): 14123-14148.

JOLLIFF B L, GILLIS J J, HASKIN L A, et al., 2000. Major lunar crustal terranes: surface expressions and crust-mantle origins[J]. Journal of geophysical research planets, 105(E2): 4197-4216.

KEIL K, BUNCH T E, PRINZ M, 1970. Mineralogy and composition of Apollo 11 lunar samples[J]. Geochimica et cosmochimica acta supplement, 1: 561.

KINGMA D P, BA J, 2014. Adam: a method for stochastic optimization[C]// International Conference for Learning Representations, San Diego, 3th.

KLIMA R L, PIETERS C M, BOARDMAN J W, et al., 2011. New insights into lunar petrology: distribution and composition of prominent low-Ca pyroxene exposures as observed by the Moon Mineralogy Mapper (M3)[J/OL]. Journal of geophysical research planets, 116: 1-17. https://doi.org/10.1029/2010JE003719.

KOROKHIN V V, KAYDASH V G, SHKURATOV Y G, et al., 2008. Prognosis of TiO_2 abundance in lunar soil using a non-linear analysis of Clementine and LSCC data[J]. Planetary and space science, 56(8): 1063-1078.

KOROTEV R L, 2000. The great lunar hot spot and the composition and origin of the Apollo mafic "LKFM" impact-melt breccias[J]. Journal of geophysical research, 105: 4317-4345

KOROTEV R L, KREMSER D T, 1992. Compositional variations in Apollo 17 soils and their relationship to the geology of the Taurus-Littrow site[J]. Proceedings of lunar and planetary science, 22: 275-301.

KOROTEV R L, BISHOP K M, 1993. Composition of Apollo 17 core 76001[J]. Proceedings of lunar and planetary science, 24: 819-820.

KOROTEV R L, HASKIN L A, LINDSTROM M M, 1980. A synthesis of lunar highlands compositional data[J]. Proceedings of lunar and planetary science, 11: 395-429.

LAUL J C, PAPIKE J J, 1980. The lunar regolith - Comparative chemistry of the Apollo sites[C]// Lunar and Planetary Science Conference, 11th, Houston, TX, March 17-21, 1980.

LAUL J C, LEPEL E A, VANIMAN D T, et al., 1979. The Apollo 17 drill core-Chemical systematics of grain size fractions[C]//Lunar and Planetary Science Conference Proceedings. Lunar and Planetary Science Conference Proceedings, 10th.[S.l.]:[s.n.]: 1269-1298.

LAUL J C, PAPIKE J J, SIMON S B, 1981. The lunar regolith - Comparative studies of the Apollo and Luna sites. Chemistry of soils from Apollo 17, Luna 16, 20, and 24[C]// Lunar and Planetary Science Conference, 12th, Houston, TX, March 16-20, 1981.

LAWRENCE D J, FELDMAN W C, ELPHIC R C, et al., 2002. Iron abundances on the lunar surface as measured by the Lunar Prospector gamma-ray and neutron spectrometers[J]. Journal of geophysical research: planets, 107(E12): 1-26. https://doi. org/10.1029/2001JE001530.

LAWRENCE S J, STOPAR J D, HAWKE B R, et al., 2010. LROC observations of the Marius Hills[C]// 41st Lunar and Planetary Science Conference, held March 1-5, 2010 in The Woodlands, Texas.

LSPET(Lunar Sample Preliminary Examination Team), 1972. Preliminary examination of lunar samples[R]. Apollo 16: Preliminary Science Report, Washington, D.C.

LSPET(Lunar Sample Preliminary Examination Team), 1973a. Preliminary examination of lunar samples[R]. Apollo 17: Preliminary Science Report, Washington, D.C.

LSPET(Lunar Sample Preliminary Examination Team), 1973b. The Apollo 16 lunar samples: petrographic and chemical description[J]. Science, 1794068: 23-34.

LSPET(Lunar Sample Preliminary Examination Team), 1973c. Apollo 17 lunar samples: chemical and petrographic description[J]. Science, 1824113: 659-672.

LUCEY P G, BLEWETT D T, HAWKE B R, 1998. Mapping the FeO and TiO_2 content of the lunar surface with multispectral imagery[J]. Journal of geophysical research, 103(E2): 3679-3699.

LUCEY P G, BLEWETT D T, JOLLIFF B L, et al., 2000a. Lunar iron and titanium abundance algorithms based on final processing of Clementine ultraviolet-visible images[J]. Journal of geophysical research, 105(E8): 20297-20305.

LUCEY P G, BLEWETT D T, TAYLOR G J, et al., 2000b. Imaging of lunar surface maturity[J]. Journal of geophysical research, 105(E8): 20377-20386.

LUCEY P G, KOROTEV R L, GILLIS J J, et al., 2006. Understanding the lunar surface and space-moon interactions[J]. Reviews in mineralogy and geochemistry, 60(1): 83-219.

MASON B, JACOBSON S, NELEN J A, et al., 1974. Regolith compositions from the Apollo 17 mission[J]. Proceedings of the lunar science conference, 5: 879-885.

MASUDA A, TANAKA T, NAKAMURA N, et al., 1974. Possible REE anomalies of Apollo 17 REE patterns[J]. Proceedings of the lunar science conference, 5: 1247-1253.

MAXWELL J A, PECK L C, WIIK H B, 1970. Chemical composition of Apollo 11 lunar samples 10017, 10020, 10072 and 10084[J]. Geochimica et cosmochimica acta Supplement, 1: 1369.

MCKAY G A, WIESMANN H, BANSAL B M, et al., 1979. Petrology, chemistry, and chronology of Apollo 14 KREEP basalts[J]. Proceedings of the lunar science conference, 10: 181-205.

MILLER M D, PACER R A, MA M S, et al., 1974. Compositional studies of the lunar regolith at the Apollo 17 site[J]. Proceedings of the lunar science conference, 5: 1079-1086.

MORGAN J W, HERTOGEN J, ANDERS E, 1978. The Moon: composition determined by nebular processes[J]. The moon and the planets, 184: 465-478.

MORRIS R V, SEE T H, HÖRZ F, 1986. Composition of the Cayley Formation at Apollo 16 as inferred from impact melt splashes[J]. Journal of geophysical research: solid earth, 91(B13): 21-42.

NARENDRANATH S, ATHIRAY P S, SREEKUMAR P, et al., 2011. Lunar X-ray fluorescence observations by the Chandrayaan-1 X-ray Spectrometer C1XS: results from the nearside southern highlands[J]. Icarus, 2141: 53-66.

NAVA D F, 1974. Chemical compositions of some soils and rock types from the Apollo 15, 16, and 17 lunar sites[J]. Proceedings of the lunar science conference, 5: 1087-1096.

O'NEILL H S C, 1991. The origin of the moon and the early history of the earth: a chemical model. Part 1: the moon[J]. Geochimica et cosmochimica acta, 554:1135-1157.

OTAKE H, OHTAKE M, HIRATA N, 2012. Lunar iron and titanium abundance algorithms based on SELENE Kaguya multiband imager data[J]. Proceedings of the lunar science conference, 43: 60-80.

OUYANG Z, JIANG J, LI C, et al., 2008. Preliminary Scientific Results of Chang E-1 Lunar Orbiter: based on Payloads Detection Data in the First Phase[J]. Chinese journal of space science, 285: 361-369.

PHILPOTTS J A, SCHNETZLER C C, NAVA D F, et al., 1972. Apollo 14: some geochemical aspects[J]. Proceedings of the lunar science conference, 3.

PIETERS C M, 1999. The moon as a calibration standard enabled by lunar samples[C]//Workshop on New Views of the Moon II: Understanding the Moon Through the Integration of Diverse Datasets, Flagstaff. Washington D. C.: Mineralogical Society of America.

PIETERS C M, HEAD Ⅲ J W, ISAACSON P, et al., 2008. Lunar international science coordination/calibration targets L-ISCT[J]. Advances in space research, 422: 248-258.

PIETERS C M, BESSE S, BOARDMAN J, et al., 2011. Mg-spinel lithology: a new rock type on the lunar farside[J]. Journal of geophysical research atmospheres, 116(4): 287-296.

PRETTYMAN T H, 2012. Lunar prospector gamma ray spectrometer elemental abundance. LP-L-GRS-5-ELEM-ABUNDANCE-V1.0[DS/OL], (2012-10-24)[2019-08-16]. http://pds-geosciences.wustl.edu/missions/lunarp/grs_elem_abundance.html.

PRETTYMAN T H, HAGERTY J J, ELPHIC R C, et al., 2006. Elemental composition of the lunar surface: analysis of gamma ray spectroscopy data from Lunar Prospector[J/OL]. Journal of geophysical research planets, 111(E12): 1-19. https://doi.org/10.1029/2005JE002656.

QIAO L, XIAO L, ZHAO J, et al., 2014. Geological features and evolution history of Sinus Iridum, the moon[J]. Planetary and space science, 101: 37-52.

REID A M, FRAZER J Z, FUJITA H, et al., 1970. Apollo 11 samples: major mineral chemistry[J]. Geochimica et cosmochimica acta supplement, 1: 749.

RHODES J M, BLANCHARD D P, 1981. Apollo 11 breccias and soils-Aluminous mare basalts or multi-component mixtures[J]. Proceedings of the lunar science conference, 12: 607-620.

RHODES J M, RODGERS K V, SHIH C Y, et al., 1974. The relationships between geology and soil chemistry at the Apollo 17 landing site[J]. Proceedings of the lunar science conference, 5: 1097-1117.

RHODES J M, ADAMS J B, BLANCHARD D P, et al., 1975. Chemistry of agglutinate fractions in lunar soils[J]. Proceedings of the lunar science conference, 6: 2291-2307.

RHODES J M, BLANCHARD D P, ADAMS J B, et al., 1976. The Chemistry of Agglutinate Fractions in Lunar Soils Part II Apollo 14 Soil[J]. Proceedings of the lunar science conference, 7: 733.

ROSE JR H J, CUTTITTA F, ANNELL C S, et al., 1972. Compositional data for twenty-one Fra Mauro lunar materials[J]. Proceedings of the lunar science conference, 3: 1215.

ROSE JR H J, CUTTITTA F, BERMAN S, et al., 1973. Compositional data for twenty-two Apollo 16 samples[J]. Proceedings of the lunar science conference, 4: 1149.

ROSE JR H J, CUTTITTA F, BERMAN S, et al., 1974. Chemical composition of rocks and soils at Taurus-Littrow[J]. Proceedings of the lunar science conference, 5: 1119-1133.

ROSE JR H J, BAEDECKER P A, BERMAN S, et al., 1975. Chemical composition of rocks and soils returned by the Apollo 15, 16, and 17 missions[J]. Proceedings of the lunar science conference, 6: 1363-1373.

RUMELHART D E, HINTON G E, WILLIAMS R J, 1986. Learning representations by back-propagating errors[J]. Nature, 323(6088): 533-536.

SATO H, ROBINSON M S, LAWRENCE S J, et al., 2017. Lunar mare TiO_2 abundances estimated from UV/Vis reflectance[J]. Icarus, 296: 216-238.

SCOON J H, 1974. Chemical analysis of lunar samples from the Apollo 16 and 17 collections[J]. Proceedings of the lunar science conference, 5: 690.

SEE T H, HÖRZ F, MORRIS R V, 1986. Apollo 16 impact‐melt splashes: Petrography and major‐element composition[J]. Journal of geophysical research: solid earth, 91(B13): 3-20.

SHEARER C K, ELARDO S M, PETRO N E, et al., 2015. Origin of the lunar highlands mg-suite: an integrated petrology, geochemistry, chronology, and remote sensing perspective[J]. American mineralogist, 100(1): 294-325.

SHKURATOV Y G, KAYDASH V G, STANKEVICH D G, et al., 2005. Derivation of elemental abundance maps at intermediate resolution from optical interpolation of lunar prospector gammar-ray spectrometer data[J]. Planetary and space science, 53(12): 1287-1301.

SHOEMAKER E M, HAIT M H, SWANN G A, et al., 1970. Origin of the lunar regolith at Tranquillity Base[J]. Geochimica et cosmochimica acta , 1: 2399.

SIMKIN T, NOONAN A F, SWITZER G S, et al., 1973. Composition of Apollo 16 fines 60051, 60052, 64811, 64812, 67711 67712, 68821, and 68822[J]. Proceedings of the lunar science conference, 4: 279.

SMITH D E, ZUBER M T, NEUMANN G A, et al., 2010. Initial observations from the lunar orbiter laser altimeter LOLA[J/OL]. Geophysical research letters, 37:L18204.

SNYDER G A, NEAL C R, TAYLOR L A, 1995a. Processes involved in the formation of magnesian-suite plutonic rocks from the highlands of the Earth's Moon[J]. Journal of geophysical research, 100:9365-9388.

SNYDER G A, TAYLOR L A, HALLIDAY A, 1995b. Chronology and petrogenesis of the lunar highlands alkali suite: Cumulates from KREEP basalt crystallization[J]. Geochimica et cosmochimica acta, 59:1185-1203.

SPUDIS P, PIETERS C, 1991. Global and regional data about the moon[M]//HEIKEN G, VANIMAN D T, FRENCH B M. Lunar sourcebook: a user's guide to the moon. Cambridge: Cambridge University Press: 595-632.

STRASHEIM A, JACKSON P F S, COETZEE J H J, et al., 1972. Analysis of lunar samples 14163, 14259, and 14321 with isotopic data for $^{7}Li/^{6}Li$[J]. Proceedings of the lunar science conference, 3: 1337.

SUN L, LING Z, ZHANG J, et al., 2016. Lunar iron and optical maturity mapping: results from partial least squares modeling of Chang'E-1 IIM data[J]. Icarus, 280: 183-198.

SWINYARD B M, JOY K H, KELLETT B J, et al., 2009. X-ray fluorescence observations of the moon by SMART-1/D-CIXS and the first detection of Ti Kα from the lunar surface[J]. Planetary and space science, 577: 744-750.

TAYLOR G J, WARREN P, RYDER G, et al., 1991. Lunar rocks[M]// HEIKEN G H, VANIMAN D T, FRENCH B M. Lunar sourcebook: a user's guide to the moon. Cambridge: Cambridge University Press:183-284.

TAYLOR S R, KAYE M, MUIR P, et al., 1972. Composition of the lunar uplands: chemistry of Apollo 14 samples from Fra Mauro[J]. Proceedings of the lunar science conference, 3: 1231.

TAYLOR S R, GORTON M P, MUIR P, et al., 1973. Composition of the Descartes region, lunar highlands[J]. Geochimica et cosmochimica acta, 37(12): 2665-2683.

UFLDL Tutorial[OL].(2013-04-07)[2019-7-25]. http://ufldl.stanford.edu/tutorial.

VINOGRADOV A P, 1971. Preliminary data on lunar ground brought to Earth by automatic probe "Luna-16"[J]. Proceedings of the lunar science conference, 2: 1.

VINOGRADOV A P, 1973. Preliminary data on lunar soil collected by the Luna 20 unmanned spacecraft[J]. Geochimica et cosmochimica acta, 374: 721-729.

WAKITA H, SCHMITT R A, 1971. Bulk elemental composition of Apollo 12 samples: five igneous and one breccia rocks and four soils[J]. Proceedings of the lunar science conference, 2: 1231-1236.

WANG X, NIU R, 2012. Lunar titanium abundance characterization using Chang'E-1 IIM data[J]. Science China Physics, Mechanics & Astronomy, 551: 170-178.

WANG X, ZHU P, 2013. Refinement of lunar TiO_2 analysis with multispectral features of Chang'E-1 IIM data[J]. Astrophysics and space science, 34(31): 33-44.

WANG X, ZHAO S, 2017. New insights into lithology distribution across the moon[J]. Journal of geophysical research, 122(10): 2034-2052.

WÄNKE H, WLOTZKA F, BADDENHAUSEN H, et al., 1971. Apollo 12 samples: chemical composition and its relation to sample locations and exposure ages, the two-component origin of the various soil samples and studies on lunar metallic particles[J]. Proceedings of the lunar science conference, 2: 1187.

WÄNKE H, BADDENHAUSEN H, DREIBUS G, et al., 1973. Multielement analyses of Apollo 15, 16, and 17 samples and the bulk composition of the moon[J]. Proceedings of the lunar science conference, 4: 1461.

WÄNKE H, PALME H, BADDENHAUSEN H, et al., 1974. Chemistry of Apollo 16 and 17 samples-Bulk composition, late stage accumulation and early differentiation of the moon[J]. Proceedings of the lunar science conference, 5: 1307-1335.

WÄNKE H, PALME H, BADDENHAUSEN H, et al., 1975. New data on the chemistry of lunar samples-Primary matter in the lunar highlands and the bulk composition of the moon[J]. Proceedings of the lunar science conference, 6: 1313-1340.

WARNER R D, DOWTY E, PRINZ M, et al., 1976. Catalog of Apollo 16 rake samples from the LM area and station 5[M]. New Mexico: Special publication University of New Mexico.

WARREN P H, TAYLOR G J, KEIL K, et al., 1983. Seventh foray: whitlockite-rich lithologies, a diopside-bearing troctolitic anorthosite, ferroan anorthosites, and KREEP[J]. Journal of geophysical research solid earth, 88(S01): 151-164.

WASSON J T, WARREN P H, KALLEMEYN G W, et al., 1977. SCCRV, a major component of highlands rocks[C]// Lunar Science Conference, 8th, Houston, Tex., March 14-18, 1977.

WERBOS P J, 1975. Beyond regression: new tools for prediction and analysis in the behavioral sciences[D]. Cambridge: Harvard University.

WIECZOREK M A, JOLLIFF B L, KHAN A, et al.,2006a. The constitution and structure of the lunar interior[J]. Reviews in mineralogy and geochemistry, 60(1): 221-364.

WIECZOREK M A, JOLLIFF B L, SHEARER C K, et al., 2006b. Supplemental data for new views of the moon, Volume 60: new views of the moon [M/OL]. (2006-6) Washington, D. C:

Mineralogical Society of America. http://www.minsocam.org/msa/rim/Rim60.html.

WIESMANN , HUBBARD N J, 1975. A compilation of the lunar sample data generated by the Gast, Nyquist, and Hubbard lunar sample PI-ships[J]. Unpublished JSC document.

WILCOX B B, LUCEY P G, GILLIS J J, 2005.Mapping iron in the lunar mare: an improved approach[J]. Journal of geophysical research planets, 110(E11): 1-10.

WILLIS J P, AHRENS L H, DANCHIN R V, et al., 1971. Some interelement relationships between lunar rocks and fines, and stony meteorites[J]. Proceedings of the lunar science conference, 2: 1123.

WILLIS J P, ERLANK A J, GURNEY J J, et al., 1972. Major, minor, and trace element data for some Apollo 11, 12, 14 and 15 samples[J]. Proceedings of the lunar science conference, 3: 1269.

WU Y Z, ZHENG Y C, ZOU Y L, et al., 2010. A preliminary experience in the use of Chang'e-1 IIM data[J]. Planetary and space science, 58(14): 1922-1931.

WU Y, 2012. Major elements and Mg# of the Moon: results from Chang'E-1 Interference Imaging Spectrometer IIM data[J]. Geochimica et cosmochimica acta, 93: 214-234.

WU Y, XUE B, ZHAO B, et al., 2012. Global estimates of lunar iron and titanium contents from the Chang'e-1 IIM data[J/OL]. Journal of geophysical research planets, 117(E2): 1-23. https:// doi. org / 10.1029 / 2011JE003879.

WU Y, BESSE S, LI J Y, et al., 2013. Photometric correction and in-flight calibration of Chang' E-1 Interference Imaging Spectrometer IIM data[J]. Icarus, 2221: 283-295.

XIA W X, WANG X M, ZHAO S Y, et al., 2019. New maps of lunar surface chemistry[J]. Icarus, 321: 200-215.

YAN B, XIONG S Q, WU Y, et al., 2012. Mapping Lunar global chemical composition from Chang'E-1 IIM data[J]. Planetary and space science, 671: 119-129.

ZHANG J, YANG W, HU S, et al., 2015. Volcanic history of the Imbrium basin: a close-up view from the lunar rover Yutu[J]. Proceedings of the national academy of sciences, 112(17): 5342-5347.

ZHANG L Y, LI C L, LIU J J, 2005. Data processing plan of imaging interferometer of the Chang'E project[C]// Proceedings of the International Lunar Conference. Toronto, Canada: Proceedings of the International Lunar Conference: 1319.

第 3 章　月球岩石

月球岩石的形成与月球岩浆洋的演化、岩浆的冷凝及天体撞击密切相关，反映了月球的演化进程。目前，对月球岩石的研究主要通过两种方式，一种是通过对 Apollo 和 Luna 任务返回的月球岩石样本和对获得的月球陨石样本的分析，另一种是通过对月球探测数据的解译。月球岩石样本的分析有助于揭示月球岩石的类型、年龄、化学成分、矿物特征和同位素特征等。月球探测数据有助于发现月球岩石和矿物在月球表面或者一定探测深度内的分布特征。本章主要介绍月球岩石的类型、源区、形成年代、化学成分和矿物特征，而月表和浅月表岩性分布特征将在第 4 章介绍。

本章内容主要来源于作者发表于 *Encyclopedia of Lunar Science*（《月球科学百科全书》）中的章节“Lunar Rocks”（月球岩石）（Wang and Wu，2017）。

3.1 月球岩石类型

按照岩石成因分类，月球岩石和地球岩石相似，也包括岩浆岩、变质岩和沉积岩三大类，其中变质岩和沉积岩与撞击作用密切相关（Lucey et al., 2006；Warren and Wasson, 1977）。

根据源区，目前发现的月球岩浆岩主要包括两大类型：月壳岩石和月幔岩石（Wieczorek et al., 2006a）。根据主要矿物成分、微量元素和同位素特征，月壳原生岩浆岩主要包括 4 类岩套：亚铁斜长岩套、镁质岩套、碱性岩套和克里普玄武岩（Wieczorek et al., 2006a；Warren, 1993）。根据返回的 Apollo 和 Luna 样本，碱性岩套和克里普玄武岩的体积远少于亚铁斜长岩套和镁质岩套的体积（Lucey et al., 2006）。月幔岩石主要包括月海玄武岩和火山碎屑沉积两类（Wieczorek et al., 2006a；Lucey et al., 2006；Warren, 1993；Taylor et al., 1991）。

月壳原生岩浆岩几乎都富含钙长石，这些岩石中钙长石的含量（长石中的 An [%，Ca/（Ca + Na）]摩尔分数）通常远超过 50%，大部分甚至超过 90%（Wieczorek et al., 2006a）。月壳原生岩浆岩的主要镁铁质硅酸盐矿物是辉石和橄榄石（Wieczorek et al., 2006a）。这一大类岩石主要包括以下岩石类型：钙长岩、苏长岩、橄长岩和辉长岩，也包括一些稀少的类型，如尖晶石橄长岩、纯橄榄岩、长石质的二辉橄榄岩、二长辉长岩和花岗岩等（Wieczorek et al., 2006a）。

月幔岩浆岩形成于月幔的部分熔融，熔融的岩石在浮力作用下上升，然后通过玄武质火山活动喷发到月球表面（Lucey et al., 2006）。这些喷发到月表的月幔岩石主要以两种火山岩石类型存在，即月海玄武岩和火山碎屑沉积（Lucey et al., 2006）。

月球角砾岩是一种在月球表面广泛存在的岩石类型，产生于天体撞击下岩石或月壤物质的撞击熔融混合（Lucey et al., 2006；Taylor et al., 1991）。这些岩石或月壤物质包括矿物和岩石碎片、结晶的撞击熔融物质、撞击熔融玻璃、火山玻璃、火山碎屑等（Lucey et al., 2006；Stöffler et al., 1980）。

月球陨石被认为是来自月球的随机岩石样本，通常是各类岩石或月壤物质撞击生成的角砾岩（Korotev, 2017a, 2005）。其中，斜长岩质角砾岩来源于 FHT，它们中的一些可能来源于月球背面的北部高地地区（Wieczorek et al., 2006a）；低钛和极低钛的玄武质角砾岩（basalt-rich, mafic breccias）来源于月球的低钛玄武岩区域（Wieczorek et al., 2006a）；具有提升的不相容元素含量的月球陨石 Calcalong Creek（Hill and Boynton, 2003）和 Sayh al Uhaymir 169（Gnos et al, 2004）则可能来源于 PKT（Wieczorek et al., 2006a；Gnos et al, 2004；Hill and Boynton, 2003）。月球陨石来源区域更广，因此是 Apollo 和 Luna 采样样本的重要补充，为月球岩浆洋演化过程提供重要线索。

3.2 月壳原生岩浆岩

3.2.1 亚铁斜长岩套

亚铁斜长岩套主要包括以下岩石类型：钙长岩、苏长钙长岩、橄长钙长岩、钙长苏长岩等（Wieczorek et al., 2006a）。亚铁斜长岩套是月球最老的岩石类型之一，在岩浆洋模型中，这类岩石形成于岩浆洋中漂浮的斜长石，构成了斜长岩质月壳（Taylor et al., 1991；Warren, 1985），其结晶年龄可追溯到距今（4.46 ± 0.04） Ga（Norman et al., 2003）。

亚铁斜长岩套类岩石的斜长石体积分数通常大于 90%，斜长石的平均含量大约为 96%，且富含丰富的钙长石（An 体积分数通常大于 94%）（Wieczorek et al., 2006a）。这类岩石中的镁铁质硅酸盐矿物包括辉石和橄榄石，但以辉石为主，这些镁铁质硅酸盐矿物具有相对高的 Fe/Mg 值（Wieczorek et al., 2006a；Lucey et al., 2006）。这类岩石一般富含钙和铝（Taylor et al., 1991），但具有非常低的不相容元素含量，如具有非常低的 La 和 Th 含量（Taylor and Delano, 2009）。亚铁斜长岩套岩石通常具有较低的 Mg # [Mg # = Mg /（Mg + Fe）]值（Taylor and Delano, 2009），然而最近研究发现一些亚铁钙长岩具有较高的镁铁质矿物体积分数，可达 10%～20%（Shearer et al., 2015, 2013；Borg et al., 2011；Norman et al., 2003）。

Kaguya 探测器搭载的光谱廓线仪（spectral profiler, SP）观测到纯钙长岩在 FHT 和南北极区域广泛分布，这种岩石形成于月球演化的早期阶段（Yamamoto et al., 2012）。Donaldson 等（2014）采用 Chandrayaan-1 探测器的 M3 数据和 LRO 的预言家热红外（Diviner thermal infrared, Diviner TIR）数据揭示了月球表面约 450 个纯斜长石出露的位置，这些纯斜长石的成分相对一致，具有高钙含量，且主要出露于月壳厚度为 9～63 km 的地区；由于只有纯钙长岩出露（未与其他镁铁质物质混染）的位置集中在月壳厚度为 30～63 km 的地区，推测初始的斜长岩质月壳的厚度至少为 30 km。

图 3.1 是亚铁钙长岩样本 60025 的照片（Meyer, 2011a），这块岩石样本是具有低亲铁元素（Ni 和 Ir）含量的粗糙颗粒原生岩（Warren and Wasson, 1977），其年龄约为 43.6 亿年（Meyer, 2011a）。

图 3.1　亚铁钙长岩样本 60025 的照片（NASA 照片 #S72-41586）

该照片来源于 Meyer（2011a），下载网址：https://www.lpi.usra.edu/lunar/samples/atlas/compendium/60025.pdf ［2019-08-16］

3.2.2　镁质岩套

镁质岩套主要包括如下岩石类型：苏长岩、辉长苏长岩、橄长岩、尖晶石橄长岩和超镁铁质岩石（Wieczorek et al., 2006a）。镁质岩套被认为是侵入早期斜长岩质月壳的镁铁质岩浆结晶形成的（Elardo et al., 2011；Wieczorek et al., 2006a；Warren, 1986；James, 1980）。Prissel 等（2016）指出镁质岩套主要是岩浆侵入形成，如果有镁质岩套火山活动，则这种古老的火山可能发生在月球正面南部高地地区，然后镁质火山沉积被后续的撞击坑或盆地的撞击溅射物或者更年轻的玄武质熔岩流掩埋。镁质岩套的岩浆活动开始于月球正面，在距今 44.5～42.5 亿年，从月球正面的东北部扩展到西南部（Snyder et al., 1995）。一些最老的镁质岩套岩石和最老的亚铁斜长岩套岩石具有几乎相同的年龄，说明这些最老的镁质岩套岩石形成于岩浆洋月壳形成的时期，并非通过侵入固化的斜长岩质月壳形成（Wieczorek et al., 2006a）。一些镁质岩套岩石的年龄在大于 45 亿年到大约 41 亿年，说明镁质岩套的侵入活动经历了很长一段时间（Wieczorek et al., 2006a）。

不同的镁质岩石，其矿物成分存在一定差异。例如，辉长岩和苏长岩的矿物成分包含辉石和斜长石；橄长岩则主要由斜长石和橄榄石组成；纯橄榄岩的矿物成分只有橄榄石（Taylor et al., 1991）。镁质岩石通常具有高 Mg/Fe 值，然而镁质岩石并不都富含镁，有些镁质岩石相对该类岩套其他岩石更加长石质，而不具有富镁特征（Wieczorek et al., 2006a）。这类岩套一般含有极低的钛含量（TiO_2 含量很少超过 1%），虽然有些镁质岩石具有明显提升的不相容元素含量，但大部分镁质岩石含有低不相容元素含量（Wieczorek et al., 2006a）。

近年来，镁质岩套中的一类新成员，即粉红尖晶石钙长岩（pink spinel anorthosite）（Prissel et al., 2014），也称作镁尖晶石岩（Mg-spinel lithology）（Pieters et al., 2011）被 M3 仪器探测发现。这类镁质岩石的矿物成分主要包含钙长石（Prissel et al., 2014），并富含富镁尖晶石（Mg-rich spinel）（Prissel et al., 2014; Pieters et al., 2011）。Pieters 等（2014）在月球的正面和背面发现了 23 处这类新岩石的出露，所有的出露均位于高斜长岩质的地区，并且均为几百米的小范围出露。这些出露位置包括 4 个“质量瘤”盆地的沿内环区域、一些撞击坑中央峰内的凸起区域、一些大型撞击坑阶梯形坑壁位置和两个硅质火山地区（Hansteen Alpha 和 Compton-Belkovich），这些出露位置通常位于薄月壳处（Pieters et al., 2014）。这类新镁质岩石被认为主要起源于下月壳，在 4 个“质量瘤”盆地[莫斯科（Moscoviense）盆地、雨海盆地、酒海盆地和南极艾特肯盆地]出露的粉红尖晶石钙长岩，其形成时间早于这 4 个“质量瘤”盆地形成的年代（Pieters et al., 2014）。粉红尖晶石钙长岩的出露具有全球性分布的特征，因此早期的镁质岩套岩浆活动可能是全球性地侵入斜长岩质的月壳（Prissel et al., 2014），并且对于镁质岩套的形成，克里普组分并非必需的（Prissel et al., 2014；Cahill et al., 2009）。

镁质岩套不仅侵入下月壳（McCallum and Schwartz, 2001），而且侵入月壳内比较浅层的位置（Shearer et al., 2015, 2012a, 2012b；McCallum et al., 2006；McCallum and O’Brien, 1996），侵入浅层位置的镁质岩套在天体撞击作用下出露于月表。最近研究（Shearer et al., 2015；Pieters et al., 2011；Klima et al., 2011；Dhingra et al., 2011）推断了一些镁质岩套可能的出露位置，包括位于冷海以南的一些区域（Klima et al., 2011）、布利奥（Bullialdus）撞击坑（Klima et al., 2011）、Apollo 盆地（Klima et al., 2011）、Theophilus 撞击坑（Dhingra et al., 2011）和莫斯科海（Pieters et al., 2011）。此外，在 Apollo 任务返回的一些月岩样本和月球陨石中发现了镁质钙长岩（Shearer et al., 2015；Gross et al., 2014；Treiman et al., 2010；Takeda et al., 2008, 2007, 2006；Lindstrom and Lindstrom, 1986；Lindstrom et al., 1984）；来源于月球高地的陨石，它们含有的钙长岩中约 80%具有明显的镁质特征，因此月球高地月壳可能主要由镁质钙长岩构成，而亚铁斜长岩仅占月球高地月壳的小部分区域（Gross et al., 2014）。镁质钙长岩和原生镁质岩套之间的关系还没有定论（Shearer et al., 2015；Lucey et al., 2006），Treiman 等（2010）认为月球陨石中含有的镁质钙长岩可能代表不含克里普组分的镁质岩套。

图 3.2 是镁质岩套中的橄长岩样本 76535 的照片（Meyer, 2011b）。这块岩石样本是彩色的粗颗粒原生岩浆岩，经历了缓慢的冷却过程（Meyer, 2011b）。它的年龄很老，可能形成于 42.3～42.6 亿年，且没有受到撞击破坏（Meyer, 2011b；Premo and Tatsumoto, 1992）。

图 3.2　橄长岩样本 76535 的照片（NASA 照片 #S73-19425）

该照片来源于 Meyer（2011b），下载网址：https://www.lpi.usra.edu/lunar/samples/atlas/compendium/76535.pdf [2019-08-16]

3.2.3　碱性岩套

目前人们对碱性岩套的认知，如对它们在月表和月壳内的分布特征的认知，还比较有限。相对于亚铁斜长岩套和镁质岩套，收集到的碱性岩套的数量较少，且主要是在撞击角砾岩中以小块岩石碎片或碎屑的形式存在（Wieczorek et al., 2006a）。目前发现的斜长岩质月球陨石中几乎均未发现碱性岩石（Lucey et al., 2006）。碱性岩套既不是月海岩石也不是高地岩石（Lucey et al., 2006）。碱性岩套主要包括以下岩石类型：碱性钙长岩、碱性苏长岩、碱性辉长苏长岩、碱性橄长钙长岩、霏细岩（花岗岩）、二长辉长岩、石英二长闪长岩等（Wieczorek et al., 2006a）。碱性岩套的年龄可能从距今 43.7 亿年到约 38 亿年（Shearer et al., 2006; Stöffler et al., 2006；Taylor et al., 1991；Meyer et al., 1996；Shih et al., 1985）。

碱性岩套的矿物包括斜长石、低钙辉石、高钙辉石、钾长石、二氧化硅矿物、磷灰石、陨磷钙钠石、钛铁矿、铬尖晶石、铁橄榄石、锆石、斜锆石、陨硫铁、铁镍金属矿物等（Wieczorek et al., 2006a）。与亚铁钙长岩中的斜长石相比，碱性岩套岩石中的斜长石含有更高的钠含量，钠含量可达到约 4 倍或更多，此外，碱性岩套富含不相容元素（Lucey et al., 2006）。碱性岩石中镧含量是球粒状陨石中镧含量的 20 倍到甚至超过 1000 倍（Shearer et al., 2006；Papike et al., 1998）。碱性元素含量和独特的不相容元素模式是碱性岩套的重要特征，碱性岩套岩石富含钠和钾成分，并且富含铕、钡、铷和铯元素（Wieczorek et al., 2006a）。碱性岩套中不相容元素含量具有独特的模式，其含量特征与克里普玄武岩中不相容元素含量特征存在差异（Shearer et al., 2006；Papike et al., 1998）。

碱性钙长岩在月球表面广泛分布，但各分布区域是彼此孤立分散的（Difrancesco et al., 2015）。Compton 和 Belkovich 地区主要分布着碱性钙长岩（Lucey et al., 2006；Lawrence et al., 2003, 2000；Gillis et al., 2002；Elphic et al., 2000），且是较少见的硅质火山的发生地（Wilson et al., 2015；Jolliff et al., 2011a,2011b）。此外，硅质火山还发生在 Hansteen Alpha（Clegg-Watkins et al., 2017；Hagerty et al., 2006；Hawke et al., 2003），Mairan 穹丘（Glotch et al., 2011；Wilson and Head, 2003），Lassell 地块（Clegg-Watkins et al., 2017；Ashlcy et al., 2013；Glotch et al., 2010；Hagerty et al., 2006）和 Gruithuisen 穹丘（Glotch et al., 2010；Hagerty et al., 2006；Chevrel et al., 1999）等地区，这些地区的岩性可能与碱性岩套密切相关（Wang and Zhao, 2017）。碱性岩套中的一些成员可能侵入月壳内 1~2 km 深的浅层位置（Wieczorek et al., 2006a），而一些成员可能侵入月壳内较深的位置，如下月壳（Wang et al., 2016），然后在后续的天体撞击和硅质火山活动等作用下出露于月表（Wilson et al., 2015；Glotch et al., 2010）。

图 3.3 是碱性岩石样本石英二长闪长岩 15405,145（碎屑 B）的反散射电子图像，视场为 2 mm（Meyer, 2011c），该图像显示了钾长石和硅石的共生，明亮的颗粒是锆石（Meyer et al., 1996）。15405 是一块带有岩石碎屑的撞击熔融角砾岩，其中含有 3 块大的石英二长闪长岩（Meyer, 2011c；Takeda et al., 1981；Taylor et al., 1980；Ryder et al., 1976）。样本 15405 中的锆石年龄较老，然而形成角砾岩的年龄却较年轻（Meyer, 2011c）。

图 3.3 石英二长闪长岩 15405，145（碎屑 B）中花岗岩部分的反散射电子图像

该图像来源于 Meyer 等（2011c），下载网址：https://www.lpi.usra.edu/lunar/samples/atlas/compendium/15405.pdf ［2019-08-16］

3.2.4 克里普玄武岩

克里普，英文名 KREEP，是 K（钾）、REE（稀土元素）和 P（磷）的缩写（Hubbard and Gast, 1971），指一种富含不相容元素（Warren and Wasson, 1979）和产热元素，如铀、钍和钾的化学物质（Wieczorek and Phllips, 2000）。克里普玄武岩产生于内部熔融，而非撞击过程（Wieczorek et al., 2006a），其源区位于月壳和月幔之间的夹层（Warren, 1985），然后主要在深成侵入、天体撞击和克里普玄武质火山活动作用下出露于月表（Taylor et al., 2012；Nemchin et al., 2008；Shearer et al., 2006；Wieczorek and Phllips, 2000；Lawrence et al., 1999；Hawke and Head, 1978）。火山克里普玄武岩主要从 Apollo 15 任务中收集得到（Wieczorek et al., 2006a），Apollo 15 克里普玄武岩具有本土起源（Spudis, 1978；Ryder, 1994），其结晶年龄可能是 38.2 亿～38.6 亿年（Papike et al., 1998）。月球角砾岩样本 72275 中的克里普玄武岩碎片的结晶年龄为 39.3 亿～40.8 亿年（Wieczorek et al., 2006a）。克里普火山活动可能从距今 40.8 亿年延续到 38.4 亿年（Nyquist and Shih, 1992），因此克里普火山活动时期可能与一些早期的月海玄武岩火山活动时期重叠（Shearer et al., 2006）。例如，Apollo 11 的一些高钛月海玄武岩的年龄为 38.8 亿年（Shih et al., 1999；Snyder et al., 1996），玄武质月球陨石 Asuka 881757 的 Sm-Nd 年龄为（38.7±0.6）亿年（Misawa et al., 1993）。

克里普玄武岩富含不相容微量元素，其不相容微量元素含量是球状陨石的 100～150 倍（Wieczorek et al., 2006a），然而，一些火山克里普玄武岩含有的不相容元素含量比一些撞击熔融物质低（Wieczorek et al., 2006a）。克里普玄武岩含有的主要矿物包括辉石（如易变辉石、普通辉石和少量的斜方辉石）和斜长石（Wieczorek et al., 2006a）。与月海玄武岩相比，克里普玄武岩含有更高的斜长石和低钙辉石含量，但缺乏镁质橄榄石（Wieczorek et al., 2006a）。

克里普物质主要富集于 PKT，体现了月球的化学成分分布不均一性。克里普玄武岩在月表的出露主要围绕雨海分布（Wang and Zhao, 2017; Jolliff et al., 2000）。亚平宁山脉（Montes Apenninus）被认为是可能发生克里普玄武岩流的位置（Hawke and Head, 1978；Spudis, 1978）。位于 Apollo 15 登陆点以西的 Aristillus 撞击坑也有克里普玄武岩出露（Blewett and Hawke, 2001；Gillis and Jolliff, 1999）。

图 3.4 是克里普玄武岩样本 15382（Meyer, 2011d）。样本 15382 是原生的长石质玄武岩，具有高的稀土元素含量（Meyer, 2011d），整块岩石的 Sm-Nd 年龄大约为 44 亿年（Lugmair and Carlson, 1978）。

图 3.4 克里普玄武岩样本 15382 的照片（NASA 照片 #S71-49163）

该照片来源于 Meyer（2011d），下载网址：https://www.lpi.usra.edu/lunar/samples/atlas/compendium/15382.pdf [2019-08-16]

3.3 月幔岩石

3.3.1 月海玄武岩

月海玄武岩起源于月幔的部分熔融，在月海火山活动作用下喷发到月表，然后填充盆地形成月海（Wieczorek et al., 2006a；Warren, 1985）。月海玄武岩的大量喷发主要集中在距今 33 亿年之前，月表出露的月海玄武岩大部分喷发于雨海纪 38 亿～33 亿年（Hiesinger, 2014, Hiesinger et al.,2003；Wieczorek et al., 2006a；Nyquist and Shih, 1992）。图 3.5 是月球正面出露的一些月海玄武岩的年龄（Hiesinger, 2014）。作为月海玄武岩火山活动的产物，月海玄武岩的产生年龄是距今 43.5 亿年到 1 亿年（Braden et al., 2014；Terada et al., 2007）。Braden 等（2014）揭示了很年轻的月海玄武岩火山活动，生成的年轻月海玄武岩的年龄甚至晚于 1 亿年，如 Cauchy-5、Ina 和 Sosigenes 等不规则月海玄武岩斑块的年龄均小于 1 亿年。月球陨石 Kalahari 009 中的玄武质碎屑是至今获得的最古老的月海玄武岩样本之一，其代表的月海玄武质火山活动可能开始于距今 43.5 亿年，因此古老的月海玄武岩的年龄等于、甚至大于（43.5±1.5）亿年（Terada et al., 2007）。Apollo 14 角砾岩中的玄武岩碎屑的年龄也较老，大约 42 亿年（Dasch et al., 1987；Taylor et al., 1983）。

月海玄武岩主要出露于月球正面的大型盆地和风暴洋，少量出露于月球背面，如莫斯科海、智海、东方海和 Apollo 盆地等地区（Wieczorek et al., 2006a）。月海玄武岩在一些高地地区的分布，可能揭示了隐月海的位置、分布特征、被撞击坑或盆地溅射物掩埋的情况和埋藏深度等（Whitten and Head, 2015；Hawke et al., 2005；Antonenko et al., 1995；Head and Wilson, 1992；Schultz and Spudis, 1983, 1979）。

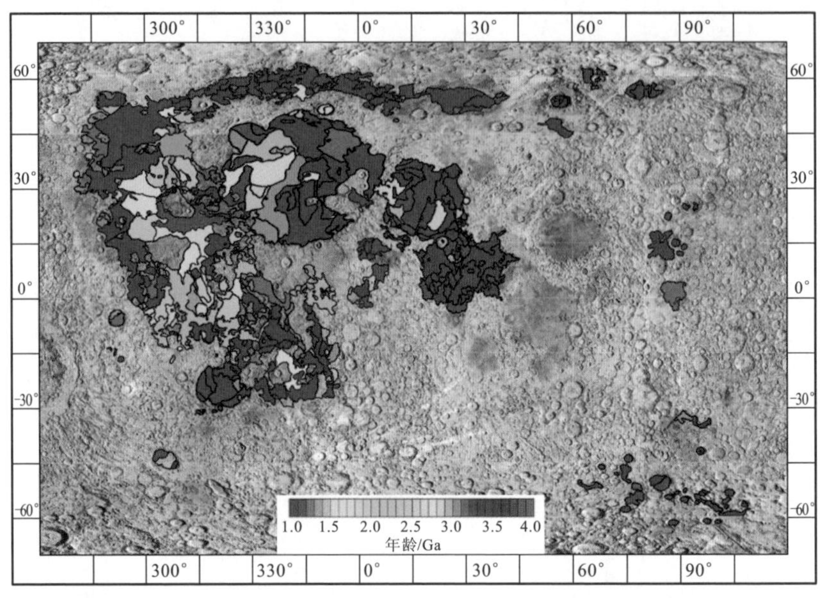

图 3.5　月球正面分布的一些月海玄武岩的年龄（Hiesinger, 2014）

辉石（特别是高钙辉石）、钛铁矿、橄榄石、石英等都是月海玄武岩包含的重要矿物类型（Hiesinger and Head, 2006；Wieczorek et al., 2006a,2006b）。月海玄武岩可以根据 TiO_2、Al_2O_3 或者 K_2O 的含量进行分类（Giguere et al., 2000；Neal and Taylor, 1992），其中非常低钛玄武岩、高铝玄武岩、高钾玄武岩等均是代表月球演化进程的重要类型（Kramer et al., 2015, 2008；Terada et al., 2007；Shearer et al., 2006；Wieczorek et al., 2006a；Hawke et al., 2005；Goodrich et al., 1986）。月海玄武岩富含铁，但贫碱性、挥发性和亲铁元素（Wieczorek et al., 2006a）。大部分月海玄武岩样本的 FeO 含量范围为 15.5%～22.7%，火山玻璃样本的 FeO 含量范围为 16.3%～24.47%（Wieczorek et al., 2006b）。一些月海玄武岩样本含有低不相容元素含量；然而一些样本却富含不相容元素，例如，Apollo 14 返回的非常高钾玄武岩，Apollo 14 和 Luna 16 返回的一些高铝玄武岩等（Wieczorek et al., 2006a）。Eu 负异常是月海玄武岩和火山玻璃的重要特征（Wieczorek et al., 2006a）。

CE-3 探测器发现了一种先前未采样的新类型月海玄武岩（Ling et al., 2015；Zhang et al., 2015）。CE-3 探测点 LS1 和 LS2 的月海玄武岩富含 FeO[(21.3 ± 1.7)% 和(22.1 ± 1.9)%]，具有中等的 TiO_2 含量[(4.0 ± 0.2)%和(4.3 ± 0.2)%]、较高的 Th

含量(4 μg/g)和较低的 Al_2O_3 含量[(11.5±0.9)%和(10.5±1.0%]（Zhang et al., 2015）。该新类型月海玄武岩富含橄榄石和高钙辉石（Ling et al., 2015）。

图 3.6 是月海玄武岩样本 75075 的照片，该样本大约 12 cm 宽（Meyer, 2008）。75075 样本是一个非常多孔的钛铁矿玄武岩，它出露于月表的年龄是 1.43 亿年，其结晶年龄是（3.74 ± 0.02）百万年（Meyer, 2008）。这块岩石的矿物以辉石、斜长石和钛铁矿为主，包含少量的橄榄石和硅石（Meyer, 2008; Jagodzinski et al., 1975）。

图 3.6 多孔月海玄武岩样本 75075 的照片（NASA 照片 #S73-15337）

该照片来源于 Meyer（2008），下载网址：https://www.lpi.usra.edu/lunar/samples/atlas/compendium/75075.pdf [2019-08-16]

3.3.2 月海玄武质火山碎屑沉积

月海玄武质火山碎屑沉积是月海玄武质火山活动的产物，分布在火山口周围，通常表现为球状玻璃珠或者暗色月幔沉积（dark mantling deposits）（Pasckert et al., 2018; Lucey et al., 2006; Head and Wilson, 1992; Wilhelms and McCauley, 1971）。根据产生机制，目前发现的月球玻璃主要有两种类型：一种是产生于天体撞击的撞击熔融玻璃，另一种是产生于火山喷发的火山玻璃（Lucey et al., 2006）。火山玻璃也称为火山碎屑玻璃，是火山碎屑沉积的重要组分（Lucey et al., 2006; Wieczorek et al., 2006a）。Trang 等（2017）研究了 34 个火山碎屑沉积，指出其中玻璃含量在 0～80%。在返回的月球样本中，Apollo 17 样本中的橙色沉积物和 Apollo 15 样本中的绿色玻璃是月球火山碎屑沉积的两个典型代表（Lucey et al., 2006）。

根据返回的月球样本，火山碎屑沉积具有较高的 FeO 含量，其 FeO 含量在 16%～24%，均值为 21%，其 TiO_2 含量变化范围较大，为 0.22%～17%（Wieczorek et al., 2006a, 2006b）。美国地质勘探局的月球火山碎屑火山活动项目研究了全月球大约 100 个火山碎屑沉积，这些火山碎屑沉积通常表现为低反射率和平坦的表面。其中最著名的火山碎屑沉积之一是在澄海东南面的陶拉斯—利特罗（Taurus-Littrow）区域存在的一个超过 35 亿年的沉积，这个沉积因为黑色火山珠组分的影响，显得非常暗（USGS Moon Pyroclastic Volcanism Project, https://astrogeology.usgs.gov/geology/moon-pyroclastic-volcanism-project）。这个项目揭示火山碎屑玻璃和火山珠的表层富含挥发性元素，来源于月球内部较深的气体丰富的源区（USGS Moon Pyroclastic Volcanism Project, https://astrogeology.usgs.gov/geology/moon-pyroclastic-volcanism-project）。这些物质是最玄武质的或者最原始的月球火山物质，有助于揭示月球内部的组分和玄武质岩浆活动的起源与演化（USGS Moon Pyroclastic Volcanism Project, https://astrogeology.usgs.gov/geology/moon-pyroclastic-volcanism-project）。

图 3.7 是 USGS 月球火山碎屑沉积火山活动项目发现的 102 个火山碎屑沉积，底图是 Clementine 750 nm 简单圆柱投影影像。可见，火山碎屑沉积在月球正面和背面均有分布，但主要分布在月球正面月海和风暴洋的边缘区域。图 3.8 是月球上一些典型的火山碎屑沉积的 Clementine 和 MI 影像，其中火山碎屑沉积所在地区名标注在每个子图的右上角，图中的英文字母，如 N、E、W 等用于代表对应位置的火山碎屑沉积（Trang et al., 2017）。

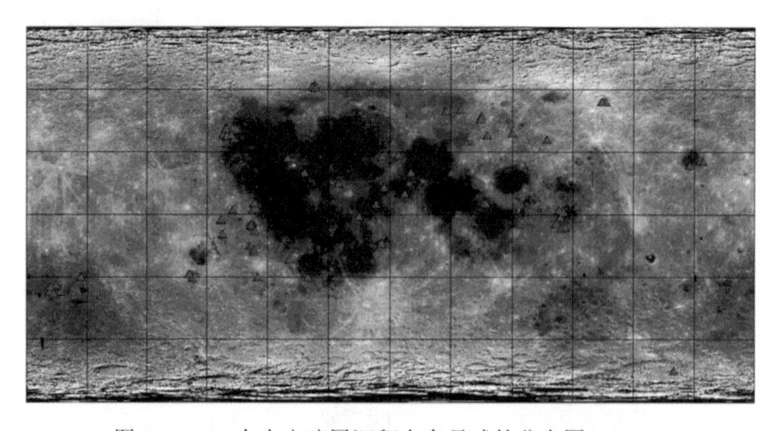

图 3.7　102 个火山碎屑沉积在全月球的分布图

图片来源于 USGS 月球火山碎屑火山活动项目，下载网 https://astropedia.astrogeology.usgs.gov/download/Moon/Research/PyroclasticVolcanism/lunpyrolocations.jpg.

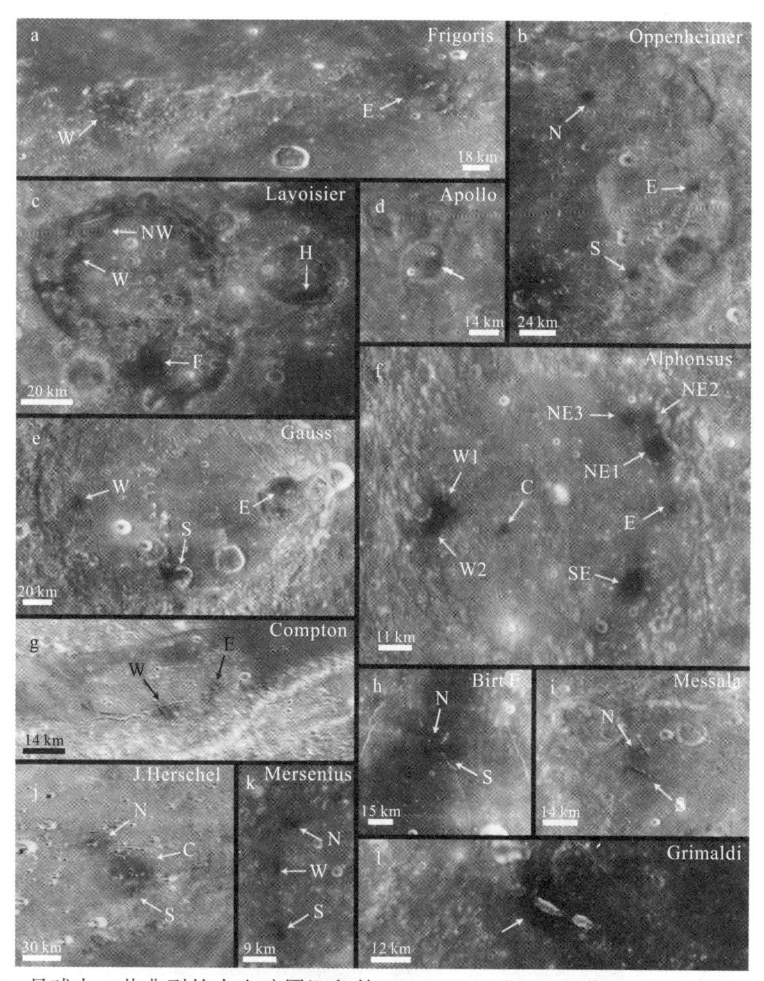

图 3.8 月球上一些典型的火山碎屑沉积的 Clementine 和 MI 影像（Trang et al., 2017）

图的右上角标明了火山碎屑沉积所在的地区，a～l 分别为冷海、奥本海默（Oppenheimer）撞击坑、拉瓦锡（Lavoisier）撞击坑、Apollo 撞击坑、高斯（Gauss）撞击坑、阿方索（Alphonsus）撞击坑、Compton 撞击坑、伯特 E（Birt E）撞击坑、默萨拉（Messala）撞击坑、约·赫歇尔（J. Herschel）撞击坑、梅森（Mersenius）撞击坑、Grimaldi 撞击坑

3.4 月球角砾岩和月球陨石

3.4.1 月球角砾岩

月球角砾岩是先前形成的岩石或月壤等物质在天体撞击产生的热量和冲击作用下，混合胶结形成的（Lucey et al., 2006）。主要有 3 种类型的月球角砾岩：复矿碎屑角砾岩（polymict breccias）、双矿碎屑角砾岩（dimict breccias）和单矿碎屑角砾岩（monomict breccias）（Lucey et al., 2006；Taylor et al., 1991；Stöffler et al., 1980）。复矿碎屑角砾岩是主要的月球角砾岩类型，其母岩来源于多种不同的岩石；双矿碎屑角砾岩是由两种不同的岩石胶结形成；单矿碎屑角砾岩则是由单种岩浆岩生成（Lucey et al., 2006；Taylor et al., 1991；Stöffler et al., 1980）。生成角砾岩的物质通常包括碎屑岩碎片和撞击熔融组分，其中撞击熔融物质又可分为玻璃质和结晶的岩石（Lucey et al., 2006；Taylor et al., 1991）。月球角砾岩可细分为 7 类：碎屑角砾岩、玻璃质熔融角砾岩和撞击玻璃、结晶熔融角砾岩（也称为撞击熔融角砾岩）、贫碎屑撞击熔融物、粒状角砾岩和麻粒岩、双矿碎屑角砾岩、月壤角砾岩（Taylor et al., 1991；Stöffler et al., 1980）。

Apollo 任务返回的大部分月球角砾岩形成于距今 39 亿～40 亿年前（Meryer, 2003）。Liu 等（2012）采用 Apollo 12 返回的高 Th 撞击熔融角砾岩中锆石的年龄重新定义了雨海撞击事件的年龄大约为（3914 ± 7）（2σ）百万年，比原先定义的年龄 38.5 亿年（Stöffler, 2006；Stöffler and Ryder, 2001）要老。所有的月球角砾岩都富 Al_2O_3，且较富含来源于陨石的化学成分铱和金（Meyer, 2003）。图 3.9 是

图 3.9　玻璃质复矿碎屑角砾岩样本 68815 的照片（NASA 照片 #S72-37154）

该照片来源于 Meyer（2012），下载网址：https://www.lpi.usra.edu/lunar/samples/atlas/compendium/68815.pdf [2019-08-16]

玻璃质复矿碎屑角砾岩样本68815（Meyer, 2012），其宇宙射线暴露年龄为（2.04±0.08）百万年（Drozd et al., 1974；Behrmann et al., 1973）。这块岩石是用于计算South Ray撞击坑年龄的样本之一（Drozd et al., 1974；Pepin et al., 1974），并作为宇宙射线研究的参考标准（Behrmann et al., 1973）。该样本包含结合在玻璃基质中的各种小钙长石碎屑（Brown et al., 1973），褐色到黄色的玄武质玻璃以漩涡状或叶状胶结在一起（Meyer, 2012）。其中，未熔融的碎片包括辉长岩、苏长岩和橄长岩等（Meyer, 2012）。

3.4.2 月球陨石

截至2018年11月，科学文献中提到的被命名的月球陨石超过340个，然而考虑有些陨石是来自同一个陨石的不同部分，因此目前发现的陨石大约是130个（Korotev, 2017a）。由于月球陨石曾暴露在宇宙射线下，可通过宇宙成因核素来识别月球陨石（Korotev, 2017a）。所有目前发现的月球陨石都是在过去的大约2千万年内离开月球的，其中大部分集中在过去的几十万年内离开月球（Korotev, 2017a；Warren, 1994）。

月球陨石的组分特征与它来自月球的源区密切相关（Korotev, 2017a）。根据组分特征，月球陨石可分为五种类型：贫钍的高度长石质（苏长岩质和橄长岩质）角砾岩[highly feldspathic（noritic and troctolitic）, thorium-poor breccias]、含少量月海玄武岩的弱长石质角砾岩[less feldspathic（anorthositic norite and troctolite）breccias with little mare basalt]、富钍的中等镁铁质角砾岩[Th-rich（>3.5 μg/g）, moderately mafic breccias]、玄武质角砾岩（basalt-rich, mafic breccias）和（大部分非角砾的）月海玄武岩（largely unbrecciated mare basalts），因此，月球陨石大多为角砾岩（Korotev, 2017b）。月球陨石主要包含四种矿物（斜长石、辉石、橄榄石和钛铁矿），以及由这四种矿物熔融产生的玻璃，而这四种矿物也是构成月球岩石的最常见的矿物（Korotev, 2005）。通过其中玄武质碎屑的分析，一些陨石，如Northeast Africa（NEA）001（Snape et al., 2011）和Kalahari 009（Sokol et al., 2008；Terada et al., 2007）中的玄武岩组分被认为可能来自隐月海地区。

图3.10是Kalahari 008和Kalahari 009的照片（Korotev, 2017b）。虽然根据宇宙射线暴露数据判断，Kalahari 008和Kalahari 009来自同一块陨石，且发现时两块石头相距约50 m，但两块石头具有完全不同的组分特征（Korotev, 2017b）。Kalahari 008是典型的长石质陨石，几乎不含玄武质碎屑，而Kalahari 009是单矿角砾质玄武岩，不含钙长石碎屑（Korotev, 2017b）。Kalahari 009不同于其他月球玄武岩，它具有非常低的不相容元素含量（Korotev, 2017b）。这两块石头从月球到达地球花费的时间大约为（230±90）a，是所有已测量陨石中花费时间最短的（Korotev, 2017b）。

（a）Kalahari 008 的薄切片

（b）Kalahari 009 的照片

图 3.10　来自同一块陨石的 Kalahari 008 和 Kalahari 009 的照片

该照片来源于（Korotev, 2017b），下载网址：http://meteorites.wustl.edu/lunar/stones/kalahari008.htm ［2019-08-16］

3.5 本 章 小 结

本章介绍了月球主要的岩石类型，包括月壳原生岩浆岩、月幔岩浆岩、月球角砾岩和月球陨石，阐述了各类岩石包含的亚类岩石、年龄、源区、化学成分、矿物、月表出露特征与区域。其中前人的一些重要的新发现总结如下。

（1）纯钙长岩形成于月球演化的早期阶段，在 FHT 和南北极区域广泛分布（Yamamoto et al., 2012），未与镁铁质物质混染的纯钙长岩主要出露于月壳厚度为30～63 km 的地区，因此初始的斜长岩质月壳的厚度至少为 30 km（Donaldson et al., 2014）。

（2）新发现的镁尖晶石岩主要起源于下月壳，在月球正面和背面均有出露，且通常出露于薄月壳处的高斜长岩质地区（Pieters et al., 2014, 2011）。

（3）年龄小于 1 亿年的不规则月海玄武岩斑块（如 Cauchy-5、Ina 和 Sosigenes）揭示了一些很年轻的月海玄武岩火山活动（Braden et al., 2014）。

（4）CE-3 探测器发现了一种富含橄榄石和高钙辉石的新类型月海玄武岩（Ling et al., 2015；Zhang et al., 2015）。

（5）通过一些典型的月海玄武质火山碎屑沉积的研究，发现其中玻璃含量为0～80%（Trang et al., 2017）。

目前人们对月球岩石的了解主要通过两种方式：第一种方式是月球样本，包括返回的岩石和月壤样本，以及月球陨石样本；第二种方式是通过月球探测数据。因为相对于广阔的月球区域而言，目前已获得的月球样本很少，且月球探测数据的空间分辨率、光谱分辨率和探测深度还有待进一步提高，所以在月球岩石和岩性分析方面还有很多问题尚未解决。例如，如何根据探测数据区分月海玄武岩和其他镁铁质物质（Shearer et al., 2006；Antonenko et al., 1995）？月球上是否曾经发生过镁质火山喷发（Prissel et al., 2016）？低钾 Fra Mauro（low-K Fra Mauro，LKFM）撞击熔融角砾岩是一类特殊的岩石类型，它们在月球上是如何分布的？因此今后可通过以下两个方面来提升人们对月球岩石的了解。

（1）目前收集的月球样本均来源于月球正面，且主要集中在 PKT 内或 PKT 以东或东南的地区，今后可考虑采集月球背面，特别是南极艾特肯盆地处的月球样本（肖龙 等，2016; Jolliff et al., 2015, 2014）。CE-4 有望为这方面的提升作出重要的贡献。

（2）月球探测数据的空间分辨率、光谱分辨率和探测深度在揭示月球表面横向和内部纵向的岩性特征方面具有重要的作用，因此需要发展具有更高分辨率和更大探测深度的探测器。

此外，以下列出了月球岩石的一些参考信息。

（1）月球每个岩套的具体化学和矿物含量可参考 Wieczorek 等（2006b）。

（2）目前发现的月球陨石和它们具体的化学和矿物数据可参考“月球陨石概略”（*Lunar Meteorite Compendium*）(Korotev, 2017a, 2017b)。

（3）各火山碎屑沉积的分布、组分特征、喷发年龄和喷发方式等信息可参考“美国地质勘探局月球火山碎屑沉积火山活动项目”（USGS Moon Pyroclastic Volcanism Project)。

参考文献

肖龙, 乔乐, 肖智勇, 等, 2016. 月球着陆探测值得关注的主要科学问题及着陆区选址建议[J]. 中国科学: 物理学 力学 天文学, 46(2): 029602.

ANTONENKO I, HEAD J W, MUSTARD J F, et al., 1995. Criteria for the detection of lunar cryptomaria[J]. Earth, moon, and planets, 69(2): 141-172.

ASHLEY J W, ROBINSON M S, STOPAR J D, et al., 2013. The Lassell Massif-evidence for complex volcanism on the moon[C]// 44th Lunar and Planetary Science Conference, held March 18-22, 2013 in The Woodlands, Texas.

BEHRMANN C, CROZAZ G, DROZD R, et al., 1973. Cosmic-ray exposure history of North Ray and South Ray material[J]. Proceedings of the lunar science conference, 4: 1957-1974.

BLEWETT D T, HAWKE B R, 2001. Remote sensing and geological studies of the Hadley-Apennine region of the moon[J]. Meteoritics & planetary science, 36(5): 701-730.

BORG L E, CONNELLY J N, BOYET M, et al., 2011. Chronological evidence that the Moon is either young or did not have a global magma ocean[J]. Nature, 477(7362): 70-72.

BRADEN S E, STOPAR J D, ROBINSON M S, et al., 2014. Evidence for basaltic volcanism on the moon within the past 100 million years[J]. Nature geoscience, 7(11): 787-791.

BROWN G M, PECKETT A, PHILLIPS R, et al., 1973. Mineral-chemical variations in the Apollo 16 magnesiofeldspathic highland rocks[J]. Proceedings of the lunar science conference, 4: 505-518.

CAHILL J T S, LUCEY P G, WIECZOREK M A, 2009. Compositional variations of the lunar crust: results from radiative transfer modeling of central peak spectra[J/OL]. Journal of geophysical research planets, 114(E9): 1-17. https://doi.org/10.1029/2008JE003282.

CHEVREL S D, PINET P C, HEAD J W, 1999. Gruithuisen domes region: a candidate for an extended nonmare volcanism unit on the moon[J]. Journal of geophysical research planets, 104(E7): 16515-16529.

CLEGG-WATKINS R N, JOLLIFF B L, WATKINS M J, et al., 2017. Nonmare volcanism on the moon: photometric evidence for the presence of evolved silicic materials[J]. Icarus, 285: 169-184.

DASCH E J, SHIH C Y, BANSAL B M, et al., 1987. Isotopic analysis of basaltic fragments from lunar breccia 14321: chronology and petrogenesis of pre-Imbrium mare volcanism[J]. Geochimica et cosmochimica acta, 51(12): 3241-3254.

DHINGRA D, PIETERS C M, BOARDMAN J W, et al., 2011. Compositional diversity at Theophilus Crater: understanding the geological context of Mg-spinel bearing central peaks[J]. Geophysical research letters, 38(11): 467-475.

DIFRANCESCO N J, NEKVASIL H, LINDSLEY D H, et al., 2015. Low-pressure crystallization of a volatile-rich lunar basalt: a means for producing local anorthosites[J]. American mineralogist, 100(4): 983-990.

DONALDSON HANNA K L, CHEEK L C, PIETERS C M, et al., 2014. Global assessment of pure crystalline plagioclase across the moon and implications for the evolution of the primary crust[J]. Journal of geophysical research planets, 119(7): 1516-1545.

DROZD R J, HOHENBERG C M, MORGAN C J, et al., 1974. Cosmic-ray exposure history at the Apollo 16 and other lunar sites: lunar surface dynamics[J]. Geochimica et cosmochimica acta, 38(10): 1625-1642.

ELARDO S M, DRAPER D S, SHEARER C K, 2011. Lunar Magma Ocean crystallization revisited: bulk composition, early cumulate mineralogy, and the source regions of the highlands Mg-suite[J]. Geochimica et cosmochimica acta, 75(11): 3024-3045.

ELPHIC R C, LAWRENCE D J, FELDMAN W C, et al., 2000. Determination of lunar global rare earth element abundances using Lunar Prospector neutron spectrometer observations[J]. Journal of geophysical research, 105(E8): 20333-20346.

GIGUERE T A, TAYLOR G J, HAWKE B R, et al., 2000. The titanium contents of lunar mare basalts[J]. Meteoritics & planetary science, 35(1): 193-200.

GILLIS J J, JOLLIFF B L, 1999. Lateral and vertical heterogeneity of thorium in the procellarum KREEP terrane; as reflected in the ejecta deposits of post-imbrium craters[C]//Workshop on New views of the moon II . understanding the Moon through the intergration of direrss datasts. Washington D. C: Mineralogical Society of America.

GILLIS J J, JOLLIFF B L, LAWRENCE D J, et al., 2002. The Compton-Belkovich region of the moon: remotely sensed observationsand lunar sample association[C]// 33rd Annual Lunar and Planetary Science Conference, March 11-15, 2002, Houston, Texas,.

GLADMAN B, BURNS J, 1996. The delivery of martian and lunar meteorites to earth[J]. Bulletin of the American astronomical society, 28: 1054.

GLOTCH T D, LUCEY P G, BANDFIELD J L, et al., 2010. Highly silicic compositions on the moon[J]. Science, 329: 1510-1513.

GLOTCH T D, HAGERTY J J, LUCEY P G, et al., 2011. The Mairan domes: silicic volcanic constructs on the moon[J]. Geophysical research letters, 38(21): 134-140.

GNOS E, HOFMANN B A, AL-KATHIRI A, et al., 2004. Pinpointing the source of a lunar meteorite: implications for the evolution of the moon[J]. Science, 305: 657-659.

GOODRICH C A, TAYLOR G J, KEIL K, et al., 1986. Alkali norite, troctolites, and VHK mare basalts from breccia 14304[J]. Journal of geophysical research: solid earth, 91(B4): 305-318.

GROSS J, TREIMAN A H, MERCER C N, 2014. Lunar feldspathic meteorites: constraints on the geology of the lunar highlands, and the origin of the lunar crust[J]. Earth and planetary science letters, 388(17): 318-328.

HAGERTY J J, LAWRENCE D J, HAWKE B R, et al., 2006. Refined thorium abundances for lunar red spots: implications for evolved, nonmare volcanism on the moon[J]. Journal of geophysical research planets, 111(E6): 1-20. https: // doi. org / 10.1029/2005JE002592.

HAWKE B R, HEAD J W, 1978. Lunar KREEP volcanism: geologic evidence for history and mode of emplacement[J]. Lunar and Planetary Science , 9: 3285-3309.

HAWKE B R, LAWRENCE D J, BLEWETT D T, et al., 2003. Hansteen Alpha: a volcanic construct in the lunar highlands[J]. Journal of geophysical research planets, 108(E7): 5069.

HAWKE B R, GILLIS J J, GIGUERE T A, et al., 2005. Remote sensing and geologic studies of the Balmer-Kapteyn region of the moon[J/OL]. Journal of geophysical research, 110(E6): 1-16. https: // doi. org / 10.1029/2004JE002383..

HEAD J W, WILSON L, 1992. Lunar mare volcanism: stratigraphy, eruption conditions, and the evolution of secondary crusts[J]. Geochimica et cosmochimica acta, 56(6): 2155-2175.

HIESINGER H, 2014. Lunar mare basalts, stratigraphy of[M]// BRIAN C. Encyclopeidia of lunar science. Dordrecht: Springer.

HIESINGER H, HEAD III J W, 2006. New views of lunar geoscience: an introduction and overview[J]. Reviews in mineralogy and geochemistry, 60: 1-81.

HIESINGER H, HEAD III J W, WOLF U, et al., 2003. Ages and stratigraphy of mare basalts in Oceanus Procellarum, Mare Nubium, Mare Cognitum, and Mare Insularum[J]. Journal of geophysical research planets, 108(E7): 5065.

HILL D H, BOYNTON W V, 2003. Chemistry of the Calcalong Creek lunar meteorite and its relationship to lunar terranes[J]. Meteoritics & planetary science, 38(4): 595-626.

HUBBARD N J, GAST P W, 1971. Chemical composition and origin of nonmare lunar basalt[J]. Geochimica et cosmochimica acta, 2(2): 999-1020.

JAGODZINSKI H, KOREKAWA M, MÜLLER W F, et al., 1975. X-ray diffraction and electron microscope studies of clinopyroxenes from lunar basalts 75035 and 75075[C]// Lunar Science Conference, 6th, Houston, Tex., March 17-21, 1975.

JAMES O B, 1980. Rocks of the early lunar crust[C]// Lunar and Planetary Science Conference, 11th, Houston, TX, March 17-21, 1980.

JOLLIFF B L, GILLIS J J, HASKIN L A, et al., 2000. Major lunar crustal terranes: surface expressions and crust-mantle origins[J]. Journal of geophysical research planets, 105(E2): 4197-4216.

JOLLIFF B L, LAWRENCE S J, PETRO N E, et al., 2015. Science priorities for lunar exploration missions and value of continued LRO operations for future Lunar geoscience[C]// 46th Lunar and Planetary Science Conference, held March 16-20, 2015 in The Woodlands, Texas.

JOLLIFF B L, WISEMAN S A, LAWRENCE S J, et al., 2011a. Non-mare silicic volcanism on the lunar farside at Compton-Belkovich[J]. Nature geoscience, 4: 566-571.

JOLLIFF B L, TRAN T N, LAWRENCE S J, et al., 2011b. Compton-Belkovich: nonmare, silicic volcanism on the moon's far side[C]// 42nd Lunar and Planetary Science Conference, held March 7-11, 2011 at The Woodlands, Texas.

JOLLIFF B, KATHERINE J, DAVID K, et al., 2014. Science and challenges of lunar sample return[OL].[2019-08-16]. https://www.lpi.usra.edu/lunar/strategies/WorkshopOutcomesReco mmendations 033114.pdf.

KLIMA R L, PIETERS C M, BOARDMAN J W, et al., 2011. New insights into lunar petrology: distribution and composition of prominent low-Ca pyroxene exposures as observed by the Moon Mineralogy Mapper(M3)[J]. Journal of geophysical research planets, 116: 1-6. https://doi.org/10.1029/2010JE003719..

KOROTEV R L, 2005. Lunar geochemistry as told by lunar meteorites[J]. Geochemistry, 65(4): 297-346.

KOROTEV R L, 2017a. Lunar meteorites[DB/OL].[2019-08-16]. http://meteorites.wustl.edu/lunar/moon_meteorites.htm.

KOROTEV R L, 2017b. List of lunar meteorites[DB/OL].[2019-08-16]. http://meteorites.wustl.edu/lunar/moon_meteorites_list_alumina.htm.

KRAMER G Y, JAISWAL B, HAWKE B R, et al., 2015. The basalts of Mare Frigoris[J]. Journal of geophysical research: planets, 120: 1646-1670.

KRAMER G Y, JOLLIFF B L, NEAL C R, 2008. Distinguishing high-alumina mare basalts using Clementine UVVIS and Lunar Prospector GRS data: Mare Moscoviense and Mare Nectaris[J]. Journal of geophysical research, 113(E1): 1-20. https://doi. org/10.1029/2010JE003719..

LAWRENCE D J, FELDMAN W C, BARRACLOUGH B L, et al., 1999. High resolution measurements of absolute thorium abundances on the lunar surface[J]. Geophysical research letters, 26(17): 2681-2684.

LAWRENCE D J, FELDMAN W C, BARRACLOUGH B L, et al., 2000. Thorium abundances on the lunar surface[J]. Journal of geophysical research, 105(E8): 20307-20332.

LAWRENCE D J, ELPHIC R C, FELDMAN W C, et al., 2003. Small-area thorium features on the lunar surface[J]. Journal of geophysical research, 108(E9): 5102.

LINDSTROM M M, LINDSTROM D J, 1986. Lunar granulites and their precursor anorthositic norites of the early lunar crust[J]. Journal of geophysical research, 91(B4): D263-D276.

LINDSTROM M M, KNAPP S A, SHERVAIS J W, et al., 1984. Magnesian anorthosites and associated troctolites and dunite in Apollo 14 breccias[J]. Journal of geophysical research Solid Earth, 89(S01): C41-C49.

LING Z, JOLLIFF B L, WANG A, et al., 2015. Correlated compositional and mineralogical investigations at the Chang'e-3 landing site[J]. Nature communications, 6: 8880.

LIU D, JOLLIFF B L, ZEIGLER R A, et al., 2012. Comparative zircon U-Pb geochronology of impact melt breccias from Apollo 12 and lunar meteorite SaU 169, and implications for the age of the Imbrium impact[J]. Earth and planetary science letters, 319-320: 277-286.

LUCEY P G, KOROTEV R L, GILLIS J J, et al., 2006. Understanding the lunar surface and space-Moon interactions[J]. Reviews in mineralogy and geochemistry, 60(1): 83-219.

LUGMAIR G W, CARLSON R W, 1978. The Sm-Nd history of KREEP[J]. Proceedings of lunar and planetary science, 9: 689-704.

MCCALLUM I S, O'BRIEN H E, 1996. Stratigraphy of the lunar highland crust: Depths of burial of lunar samples from cooling-rate studies[J]. American mineralogist, 81(9/10): 1166-1175.

MCCALLUM I S, SCHWARTZ J M, 2001.Lunar Mg suite: thermobarometry and petrogenesis of parental magmas[J]. Journal of geophysical research planets, 106(E11): 27969-27983.

MCCALLUM I S, Domeneghetti M C, Schwartz J M, et al., 2006. Cooling history of lunar Mg-suite gabbronorite 76255, troctolite 76535 and Stillwater pyroxenite SC-936: the record in exsolution and ordering in pyroxenes[J]. Geochimica et cosmochimica acta, 70(24): 6068-6078.

MEYER C, 2003.Lunar breccia[DS]. NASA Lunar Petrographic Educational Thin Section Set, :38-40.

MEYER C, 2008. 75075 Vuggy Ilmenite Basalt 1008 grams[DS/OL]. [2019-08-16]. https://www. lpi. usra. edu/lunar/samples/atlas/compendium/75075.pdf.

MEYER C, 2011a. 60025 Ferroan Anorthosite 1836 grams[DS/OL].[2019-08-16]. https://www. lpi.usra.edu/lunar/samples/atlas/compendium/60025.pdf.

MEYER C, 2011b. 76535 Troctolite 155.5 grams[DS/OL].[2019-08-16]. https://www. lpi. usra.edu/ lunar/samples/atlas/compendium/76535.pdf.

MEYER C, 2011c. 15405 Breccia 513.1 grams[DS/OL].[2019-08-16]. https://www. lpi. usra.edu/ lunar/samples/atlas/compendium/15405.pdf.

MEYER C, 2011d. 15382 KREEP basalt 3.2 grams[DS/OL].[2019-08-16]. https://www. lpi. usra.edu/ lunar/samples/atlas/compendium/15382.pdf.

MEYER C, 2012. Oriented Glassy Polymict Breccia 1789 grams[DS/OL].[2019-08-16]. https://www. lpi.usra.edu/lunar/samples/atlas/compendium/68815.pdf.

MEYER C, WILLIAMS I S, COMPSTON W, 1996. Uranium-lead ages for lunar zircons: evidence for a prolonged period of granophyre formation from 4.32 to 3.88 Ga[J]. Meteoritics and planetary science, 31: 370-387.

MISAWA K, TATSUMOTO M, DALRYMPLE G B, et al., 1993. An extremely low U/Pb source in the Moon: U-Th-Pb, Sm-Nd, Rb-Sr, and $^{40}Ar/^{39}Ar$ isotopic systematics and age of lunar meteorite Asuka 881757[J]. Geochimica et cosmochimica acta, 57: 4687-4702.

NEAL C R, TAYLOR L A, 1992. Petrogenesis of mare basalts: a record of lunar volcanism[J]. Geochimica et cosmochimica acta, 56(6): 2177-2211.

NEMCHIN A A, PIDGEON R T, WHITEHOUSE M J, et al., 2008. SIMS U-Pb study of zircon from Apollo 14 and 17 breccias: implications for the evolution of lunar KREEP[J]. Geochimica et cosmochimica acta, 72(2): 668-689.

NORMAN M D, BORG L E, NYQUIST L E, et al., 2003. Chronology, geochemistry, and petrology of a ferroan noritic anorthosite clast from Descartes breccia 67215: clues to the age, origin, structure, and impact history of the lunar crust[J]. Meteoritics & planetary science, 38(4): 645-661.

NYQUIST L E, SHIH C Y, 1992. The isotopic record of lunar volcanism[J]. Geochimica et cosmochimica acta, 56(6): 2213-2234.

PAPIKE J J, RYDER G, SHEARER C K, 1998. Lunar samples[J]. Reviews in mineralogy, 36:1-234.

PASCKERT J H, HIESINGER H, BOGERT C H, 2018. Lunar farside volcanism in and around the South Pole-Aitken basin[J]. Icarus, 299: 538-562.

PEPIN R O, BASFORD J R, DRAGON J C, et al., 1974. Rare gases and trace elements in Apollo 15 drill core fines Depositional chronologies and K-Ar ages, and production rates of spallation-produced He-3, Ne-21, and Ar-38 versus depth[J]. Proceedings of lunar and planetary science, 5: 2149-2184.

PIETERS C M, BESSE S, BOARDMAN J, et al., 2011. Mg-spinel lithology: a new rock type on the lunar farside[J]. Journal of geophysical research Atmospheres, 116: 287-296.

PIETERS C M, HANNA K D, CHEEK L, et al., 2014.The distribution of Mg-spinel across the moon and constraints on crustal origin[J]. American mineralogist, 99(10): 1893-1910.

PREMO W R, TATSUMOTO M, 1992. U-Th-Pb, Rb-Sr, and Sm-Nd isotopic systematics of lunar troctolite cumulate 76535: implications on the age and origin of this early lunar, deep-seated cumulate[J]. Proceedings of lunar and planetary science, 22: 381-397.

PRISSEL T C, PARMAN S W, JACKSON C R M, et al., 2014. Pink moon: the petrogenesis of pink spinel anorthosites and implications concerning Mg-suite magmatism[J]. Earth & planetary science letters, 403: 144-156.

PRISSEL T C, WHITTEN J L, PARMAN S W, et al., 2016. On the potential for lunar highlands Mg-suite extrusive volcanism and implications concerning crustal evolution[J]. Icarus, 277: 319-329.

RYDER G, 1994. Coincidence in time of the Imbrium basin impact and Apollo 15 KREEP volcanic flows: the case for impact-induced melting[J]. Large meteorite impacts and planetary evolution, 293: 11-18.

RYDER G, BOWER J F, TAYLOR G J, et al., 1976. Interdisciplinary studies by the Imbrium Consortium: samples 14064, 14082, 14312, 14318, 15405, 15445 and 15455[R]. Cambridge: Harvard University.

SATO H, HIESINGER H, JOLLIFF B L, et al., 2011. Non-mare silicic volcanism on the lunar farside at Compton-Belkovich[J]. Nature geoscience, 4: 566-571.

SCHULTZ P H, SPUDIS P D, 1979. Evidence for ancient mare volcanism[C]// Lunar and Planetary Science Conference, 10th, Houston, Tex., March 19-23, 1979.

SCHULTZ P H, SPUDIS P D, 1983. Beginning and end of lunar mare volcanism[J]. Nature, 302: 233-236.

SHEARER C K, HESS P C, WIECZOREK M A, et al., 2006. Thermal and magmatic evolution of the moon[J]. Reviews in mineralogy & geochemistry, 60(1): 365-518.

SHEARER C K, BORG L E, BURGER P V, et al., 2012a. Timing and duration of the Mg-suite episode of lunar crustal building. Part 1: Petrography and mineralogy of a norite clast in 15445[C]// 3rd Lunar and Planetary Science Conference, held March 19-23, 2012 at The Woodlands, Texas.

SHEARER C K, BURGER P V, GUAN Y, et al., 2012b. Origin of sulfide replacement textures in lunar breccias. Implications for vapor element transport in the lunar crust[J]. Geochimica et cosmochimica acta, 83(1): 138-158.

SHEARER C K, BURGER P V, MARKS N E, et al., 2013. Petrology and chronology of early lunar crust building 1. Comprehensive examination of a ferroan anothosite clast in 60016[C]// 4th Lunar and Planetary Science Conference, held March 18-22, 2013 in The Woodlands, Texas.

SHEARER C K, ELARDO S M, PETRO N E, et al., 2015. Origin of the lunar highlands mg-suite: an integrated petrology, geochemistry, chronology, and remote sensing perspective[J]. American mineralogist, 100(1): 294-325.

SHIH C-Y, NYQUIST L E, BOGARD D D, et al., 1985. Chronology and petrogenesis of a 1.8 g lunar granite clast: 14321,1062[J]. Geochimica et cosmochimica acta, 49(2): 411-426.

SHIH C-Y, NYQUIST L E, BOGARD D D, et al., 1999. Rb-Sr, Sm-Nd and ^{40}Ar-^{39}Ar isotopic studies of an Apollo 11 group D basalt[C]// 30th Annual Lunar and Planetary Science Conference, March 15-29, 1999, Houston, TX.

SNAPE J F, JOY K H, CRAWFORD I A, 2011. Characterization of multiple lithologies within the lunar feldspathic regolith breccia meteorite Northeast Africa 001[J]. Meteoritics & planetary science, 46(9): 1288-1312.

SNYDER G A, NEAL C R, TAYLOR L A, et al., 1995. Processes involved in the formation of magnesian-suite plutonic rocks from the highlands of the Earth's Moon[J]. Journal of geophysical research planets, 100(E5): 9365-9388.

SNYDER G A, HALL C M, HALLIDAY A N, et al., 1996. Earliest high-Ti volcanism on the Moon: ^{40}Ar-^{39}Ar, Sm-Nd, and Rb-Sr isotopic studies of Group D basalts from the Apollo 11 landing site[J]. Meteoritics & planetary science, 31(3): 328-334.

SOKOL A K, FERNANDES V A, SCHULZ T, et al., 2008. Geochemistry, petrology and ages of the lunar meteorites Kalahari 008 and 009: new constraints on early lunar evolution[J]. Geochimica et cosmochimica acta, 72(19): 4845-4873.

SPUDIS P D, 1978. Composition and origin of the Apennine Bench Formation[C]//Lunar and Planetary Science Conference, 9th, Houston, Tex., March 13-17, 1978.

STÖFFLER D, RYDER G, IVANOV B A, et al., 2006. Cratering History and Lunar Chronology[J]. Reviews in mineralogy and geochemistry, 60(1): 519-596.

STÖFFLER D, RYDER G, 2001. Stratigraphy and isotope ages of lunar geologic units: chronological standard for the inner solar system[M]// KALLENBACH R, GEISS J, HARTMANN W K. Chronology and evolution of mars. Dordrecht: Springer: 9-54.

STÖFFLER D, KNOELL H D, MARVIN U B, et al., 1980. Recommended classification and nomenclature of lunar highland rocks - A committee report[J]. Geochimica et cosmochimica acta, 1: 51-70.

TAKEDA H, MORI H, ISHII T, et al., 1981. Thermal and impact histories of pyroxenes in lunar eucrite-like gabbros and eucrites[C]// Lunar and Planetary Science Conference, 12th, Houston, TX, March 16-20, 1981.

TAKEDA H, YAMAGUCHI A, BOGARD D D, et al., 2006. Magnesian anorthosites and a deep crustal rock from the farside crust of the moon[J]. Earth and planetary science letters, 247(3/4): 171-184.

TAKEDA H, ARAI T, YAMAGUCHI A, et al., 2007. Mineralogy of Dhofar 309, 489, and Yamato-86032 and varieties of lithologies of the lunar farside crust[C]// 38th Lunar and Planetary Science Conference,(Lunar and Planetary Science XXXVIII), held March 12-16, 2007 in League City, Texas.

TAKEDA H, ARAI T, YAMAGUCHI A, et al., 2008. Granulitic lithologies in Dhofar 307 lunar meteorite and magnesian, Th-poor terrane of the northern farside crust[C]// 39th Lunar and Planetary Science Conference,(Lunar and Planetary Science XXXIX), held March 10-14, 2008 in League City, Texas.

TAYLOR G J, DELANO J W, 2009. Ancient lunar crust: origin, composition, and implications[J]. Elements, 5(1): 17-22.

TAYLOR G J, WARNER R D, KEIL K, et al., 1980. Silicate liquid immiscibility, evolved lunar rocks and the formation of KREEP[C]// Conference on the Lunar Highlands Crust, Houston, Tex., November 14-16, 1979.

TAYLOR G J, WARREN P, RYDER G, et al., 1991.Lunar rocks[M]// HEIKEN G H, VANIMAN D T, FRENCH B M. Lunar sourcebook: a user's guide to the moon. Cambridge: Cambridge University Press:183-284.

TAYLOR G J, MARTEL L M V, SPUDIS P D, 2012. The Hadley-Apennine KREEP basalt igneous province[J]. Meteoritics & planetary science, 47(5):861-879.

TAYLOR L A, SHERVAIS J W, HUNTER R H, et al., 1983. Pre-4.2 AE mare-basalt volcanism in the lunar highlands[J]. Earth & planetary science letters, 66: 33-47.

TERADA K, ANAND M, SOKOL A K, et al., 2007. Cryptomare magmatism 4.35 Gyr ago recoreded in lunar meteorite Kalahari 009[J]. Nature, 450: 849-853.

TRANG D, GILLIS-DAVIS J J, LEMELIN M, et al., 2017. The compositional and physical properties of localized lunar pyroclastic deposits[J]. Icarus, 283: 232-253.

TREIMAN A H, MALOY A K, SHEARER C K, et al., 2010.Magnesian anorthositic granulites in lunar meteorites Allan Hills A81005 and Dhofar 309: Geochemistry and global significance[J]. Meteoritics and planetary science, 45(2): 163-180.

WANG X M, WU K, 2017. Lunar rocks[M]// CUDNIK B. Encyclopedia of Lunar Science. Dordrecht: Springer.

WANG X M, ZHAO S Y, 2017. New insights into lithology distribution across the Moon[J]. Journal of geophysical research: planets, 122(10): 2034-2052.

WANG X M, ZHANG X B, WU K, 2016. Thorium distribution on the lunar surface observed by Chang'E-2 Gamma-ray spectrometer[J]. Astrophysics and space science, 361(7): 234.

WARREN P H, 1985. The magma ocean concept and lunar evolution[J]. Annual review of earth & planetary sciences, 13(5): 201-240.

WARREN P H, 1986. Anorthosite assimilation and the origin of the Mg/Fe-related bimodality of pristine moon rocks: support for the magmasphere hypothesis[J]. Journal of geophysical research solid earth, 91(B4): 331-343.

WARREN P H, 1993. A concise compilation of petrologic information on possibly pristine nonmare moon rocks[J]. American mineralogist, 78: 360-376.

WARREN P H, 1994. Lunar and Martian Meteorite Delivery Services[J]. Icarus, 111(2): 338-363.

WARREN P H, WASSON J T, 1977. Pristine nonmare rocks and the nature of the lunar crust[J]Proceedings of lunar and planetary science conference, 8(76): 2215-2235.

WARREN P H, WASSON J T, 1979. The origin of KREEP[J]. Reviews of geophysics, 17(1): 73-88.

WHITTEN J L, HEAD III J W, 2015. Lunar cryptomaria: physical characteristics, distribution, and implications for ancient volcanism[J]. Icarus, 247: 150-171.

WIECZOREK M A, PHILLIPS R J, 2000. The "Procellarum KREEP Terrane": implications for mare volcanism and lunar evolution[J]. Journal of geophysical research planets, 105(E8): 20417-20430.

WIECZOREK M A, JOLLIFF B L, KHAN A, et al., 2006a. The constitution and structure of the lunar interior[J]. Reviews in mineralogy and geochemistry, 60(1): 221-364.

WIECZOREK M A, JOLLIFF B L, SHEARER C K, et al., 2006b. Supplemental data for new views of the moon, Volume 60: new views of the moon[DS/OL]. http://www.minsocam. org/msa/ rim/ Rim60. html.

WILHELMS D E, MCCAULEY J F, 1971. Geologic map of the near side of the moon[R]. Miscellaneous geologic investigations, USGS Map I-703, P1 map. Washington, D.C: U.S. Geological Survey.

WILSON J L, HEAD J W, 2003. Lunar Gruithuisen and Mairan domes: rheology and mode of emplacement[J/OL]. Journal of geophysical research planets, 108(E2): 1-7. https://doi. org/10.1029/2002JE001909.

WILSON J T, EKE V R, MASSEY R J, et al., 2015. Evidence for explosive silicic volcanism on the moon from the extended distribution of thorium near the Compton-Belkovich volcanic complex[J]. Journal of geophysical research planets, 120(1): 92-108.

YAMAMOTO S, NAKAMURA R, MATSUNAGA T, et al., 2012. Massive layer of pure anorthosite on the moon[J]. Geophysical research letters, 39: 34-47.

ZHANG J, YANG W, HU S, et al., 2015. Volcanic history of the Imbrium basin: a close-up view from the lunar rover Yutu[J]. Proceedings of the national academy of sciences of the United States of America, 112(17): 5342-5347.

第 4 章　月球岩性分析和地质线索

月球岩性分析和分布特征是研究月球演化和岩浆洋活动的重要线索，是揭示月球火山活动和天体撞击开掘作用的关键问题，为理解月球化学分布不均一性提供重要思路。本章主要依据由月球探测数据反演的 Th 和氧化物含量，揭示月球各岩套在月球表面和月表下一定探测深度（从月表到月表下 20～30 cm）的分布特征，进而探讨相关的岩浆洋演化和地质线索。

4.1 月球表面岩性分布特征

月球表面物质主要起源于月壳和月幔，在岩浆洋结晶、岩浆侵入、天体撞击开掘和火山活动作用下出露于月表（Wieczorek et al., 2006a；Warren, 1985；Wood, 1972）。因此月表岩性分布特征为岩浆洋的演化历史、天体撞击和火山活动作用、壳幔内的岩性和组分特征提供了重要的线索。此外，月海玄武岩富含钛铁矿，克里普玄武岩富含钍、铀和稀土等资源性元素（Wieczorek et al., 2006a; Wieczorek and Phllips, 2000；Taylor et al., 1991；Hubbard and Gast., 1971），因此月表岩性的分布也揭示了月球矿产资源的分布特征。

然而目前月表岩性分布还有很多问题尚未较好解决。例如：FHT 主要分布的是镁质岩套还是亚铁斜长岩套，这两类岩套在 FHT 的分布范围和特征各是什么？碱性岩套在月表的具体出露区域在哪，分布特征是什么？目前识别的月海玄武岩出露区域是否包含了其他镁铁质物质？由于对月表岩性分布特征理解的局限，月球演化进程中的一些关键问题存在争议。例如：镁质岩套的形成是否需要克里普物质的参与（Shearer et al., 2015）？早期镁质岩浆的活动是全球现象还是仅局限于 PKT（Shearer et al., 2015）？碱性岩套侵入的是月壳的浅层还是深处？在 PKT 内的一些典型区域，在月海玄武岩火山活动后，是否又发生了多期次克里普火山活动？标志着古老月海玄武岩火山活动的隐月海在哪？

本节讨论五大岩套[亚铁斜长岩套（也称含铁斜长岩套）、镁质岩套、碱性岩套、克里普玄武岩和月海玄武岩]在月表的分布特征，对月表岩性分布目前存在的一些问题在一定程度上进行回答。需要指出的是，月壤形成于月表岩石的撞击混合和风化（Lucey et al., 2006；Wieczorek et al., 2006a），因此月壤具有岩性特征，即无论月表单元覆盖的是岩石还是月壤，均具有岩性特征。此外，月表单元的岩性特征通常是多种岩性的混合，在本节中每个月表单元的岩性识别为该单元内占统治地位的岩性类别。例如，如果一个月表单元岩性被识别为月海玄武岩，并不意味着该单元内没有其他岩性类别出露，而是指相对于其他岩性类别而言，月海玄武岩在该单元内分布更为广泛。

4.1.1 基于 LP 的浅月表岩性分析

月表岩性分布方面早期具有代表性的重要成果是美国地质勘探局的月球地质图集（USGS Geologic Atlas of the Moon，https://www.lpi.usra.edu/resources/ mapcatalog/usgs/index.shtml [2019-08-16]）。目前月表岩套分布的研究主要在两个方面开展：①全月表或月表局部地区的各类岩套分布（凌宗成 等，2016, 2014；王梁 等，

2015；陈建平等，2014；Wöhler et al., 2011；杜劲松等，2010；李泳泉等，2007）；②单类岩套或单类岩套中的成员岩石（岩性）的出露位置或出露特征分析，例如，镁质岩套或镁质岩套中的粉红尖晶石钙长岩（pink spinel anorthosite）出露（Shearer et al., 2015；Pieters et al., 2014, 2011；Klima et al., 2011；Dhingra et al., 2011），碱性岩套中的碱性钙长岩出露（Difrancesco et al., 2015；Lucey et al., 2006；Lawrence et al., 2003, 2000；Gillis et al., 2002；Elphic et al., 2000）或者月海玄武岩出露（Whitten and Head, 2015；Pasckert et al., 2015；Kaur et al., 2013）。在第①个研究方面，主要采用从 Clementine 的可见光-近红外影像提取的 Mg、Al 和 Fe 这 3 个元素（Wöhler et al., 2011），或者采用从 LP GRNS 数据或者从 LP GRNS 和 CE-1 IIM 数据反演的 3 个化学指标 Th、FeO 和 Mg#（王梁等，2015；凌宗成等 2014；杜劲松等，2010）来确定各岩套的分布情况。这方面研究主要采用 3 个元素或者氧化物的含量阈值来识别五大岩套中的 3 或 4 个岩套。在第②个研究方面，揭示了镁质岩套和碱性岩套的一些可能的出露位置，但这两个岩套在月表的具体出露情况和分布特征还不确定。此外，如何将月海玄武岩的出露与其他镁铁质物质的分布区域区分开还需要进一步的研究。总之，目前五大岩套在月表的具体分布和出露情况还需要进一步的研究和更好地揭示。

本节内容主要讨论采用 LP GRNS 数据反演得到的浅月表 FeO、Al_2O_3、MgO、CaO、TiO_2 和 Th 含量来确定五大岩套在浅月表的分布情况。本节内容来源于作者发表于 *Scientific reports*（《科学报导》）的论文“Petrologic Characteristics of the Lunar Surface”（月表岩性特征）（Wang and Pedrycz, 2015）。

1. 数据

主要采用两个数据集：第一个数据集是 Apollo 和 Luna 任务返回的月岩样本的化学成分数据；第二个数据集是 LP GRNS 数据反演得到的浅月表化学成分数据。月岩样本数据作为训练样本，用于建立岩性分类器；然后将浅月表化学成分数据输入岩性分类器中，生成浅月表岩性分布图。一共采用了 111 个来自五大岩套的月岩样本，它们的化学成分数据参见 Wieczorek 等（2006b）。从 LP GRNS 数据反演的覆盖全月表的化学成分数据，其空间分辨率为 60 km × 60 km，即 2° × 2°，具体数据参见 Prettyman（2012）和 Prettyman 等（2006），如图 4.1 所示。GRS 的探测深度为从月表到月表下 20～30 cm（Prettyman et al., 2006；Lucey et al., 2006），因此 LP GRNS 反演的是月表到月表下 20～30 cm 的浅月表化学成分含量。

FeO、Al_2O_3、MgO、CaO、TiO_2 和 Th 共 6 个化学成分含量被用于岩性识别，之所以采用这 6 个化学成分是因为以下两个原因。

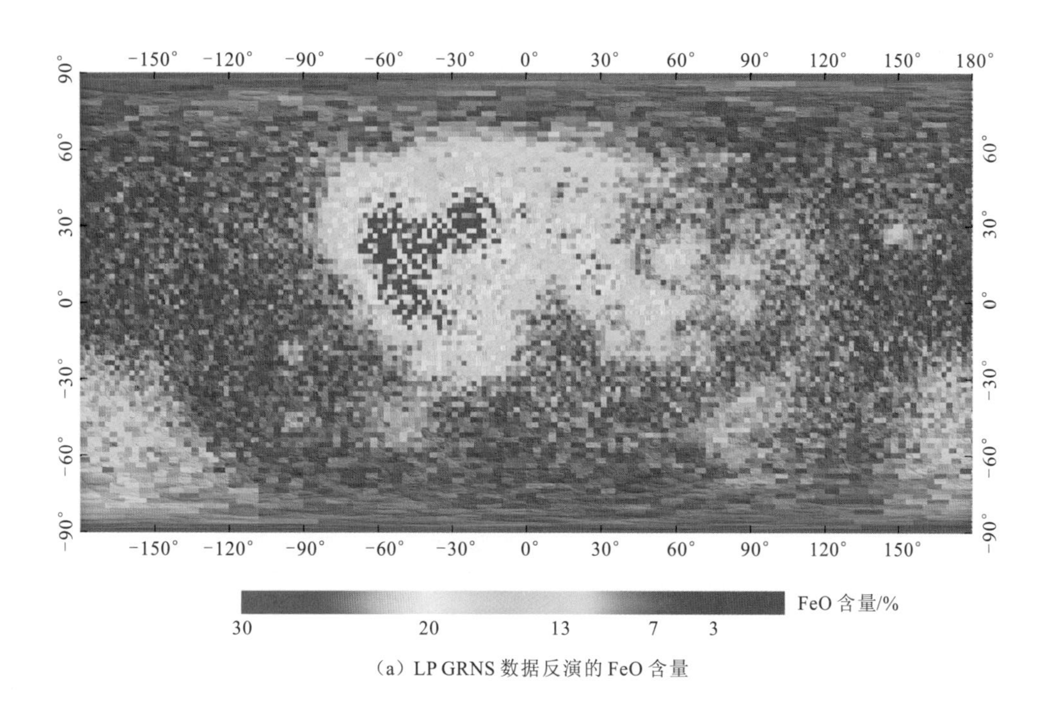

（a）LP GRNS 数据反演的 FeO 含量

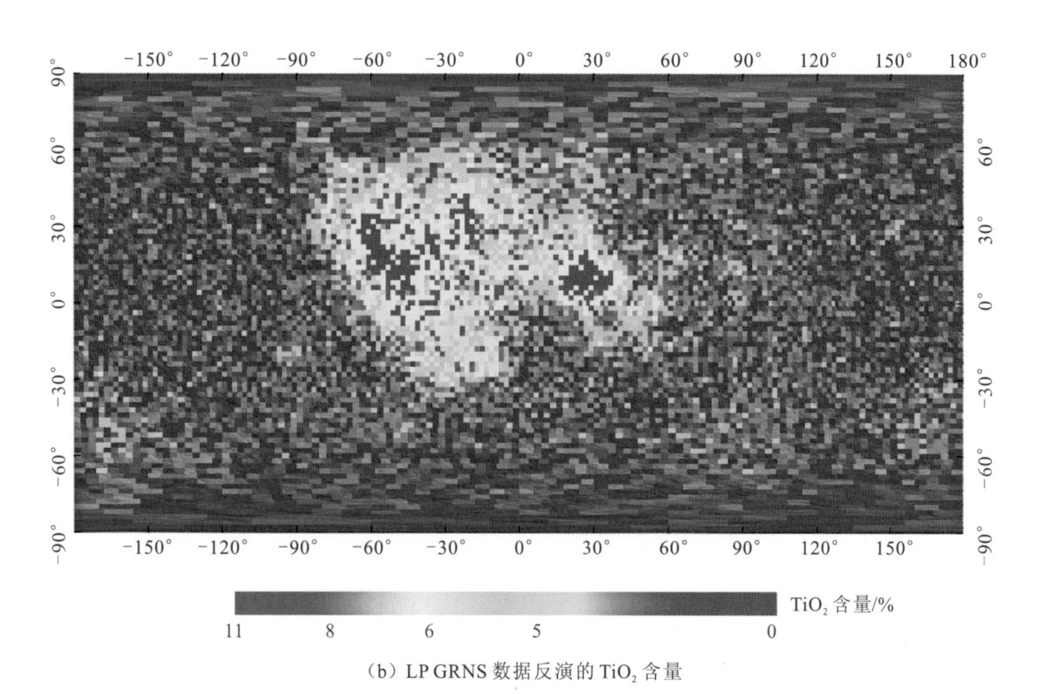

（b）LP GRNS 数据反演的 TiO_2 含量

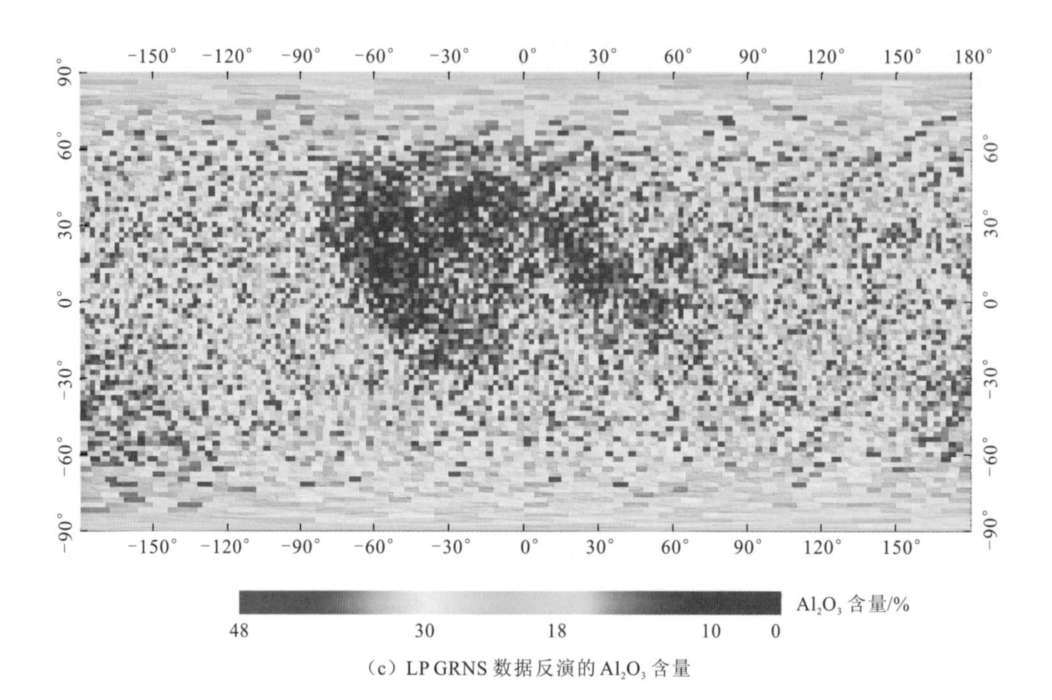

（c）LP GRNS 数据反演的 Al_2O_3 含量

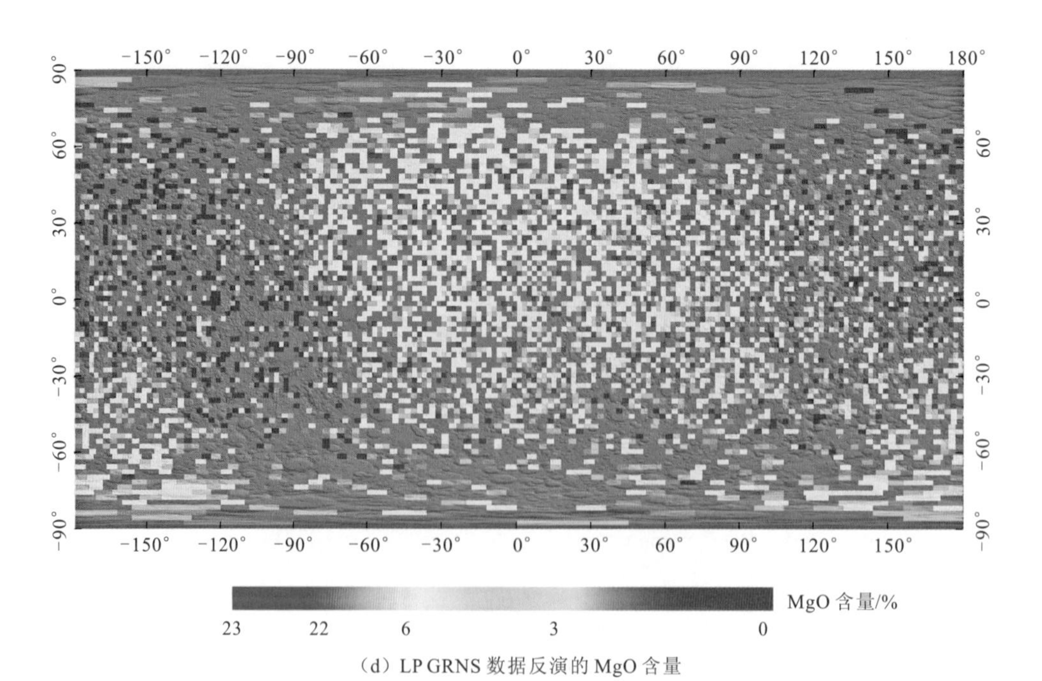

（d）LP GRNS 数据反演的 MgO 含量

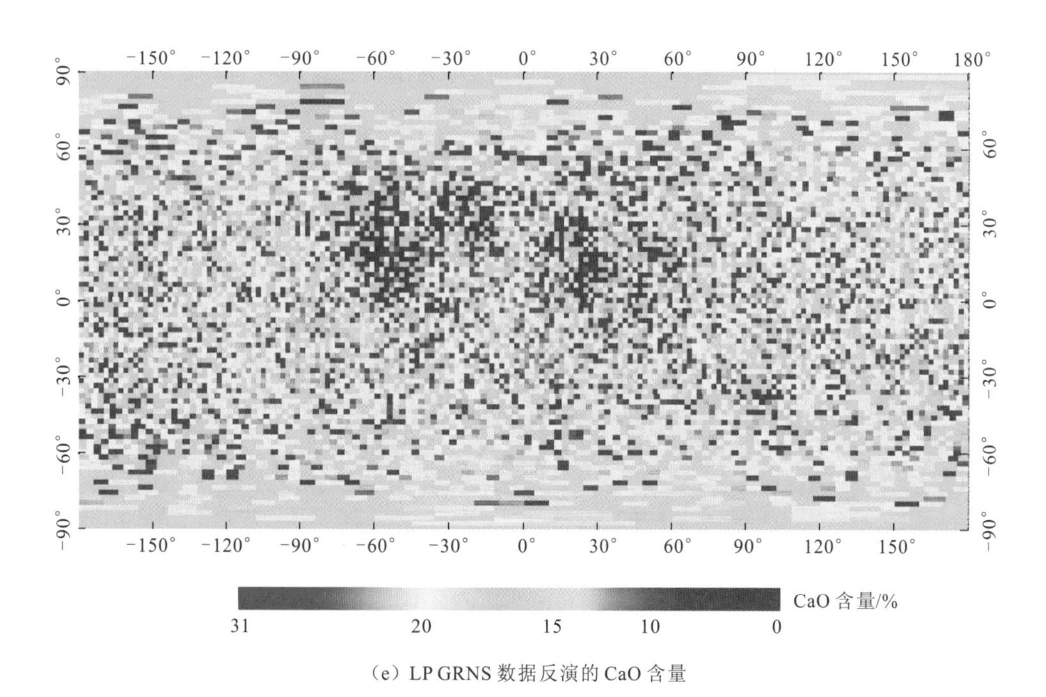

（e）LP GRNS 数据反演的 CaO 含量

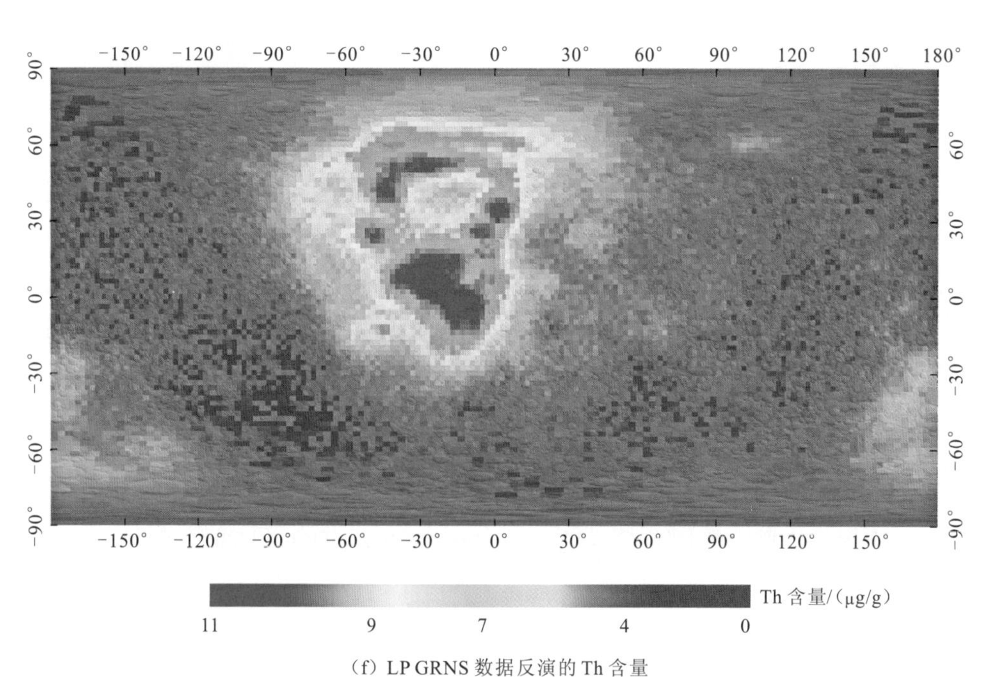

（f）LP GRNS 数据反演的 Th 含量

图 4.1　LP GRNS 数据反演的月表化学成分含量（Pretyman，2012）

（1）五大岩套的化学成分特征见表 4.1（Wieczorek et al., 2006b），是对 Apollo 和 Luna 任务返回的月岩样本的统计。总体而言，亚铁斜长岩套具有高 CaO 和 Al_2O_3 含量，极低的 TiO_2 和 Th 含量；镁质岩套的高 Mg#（0.68～0.90）是其显著特征（Wieczorek et al., 2006b），并具有低 Th 含量；碱性岩套的重要特征是较高到极高的 Th 含量，越镁铁质的碱性岩石越富 Th，最大值可达到 66.0 μg/g（Wieczorek et al., 2006b）；克里普玄武岩富含微量元素（Wieczorek et al., 2006a），较高到高的 Th 含量是其重要的识别特征；月海玄武岩的高 FeO 含量和低 Th 含量是其重要的识别标志，此外具有变化范围大的 TiO_2 含量、低到中等 Mg#、低 Al_2O_3 含量。可见五大岩套的 FeO、Al_2O_3、TiO_2、CaO、MgO 和 Th 含量存在明显的差异，因此可通过以上 6 个氧化物和元素含量来区分和识别五大岩套。

表 4.1　五大岩套化学成分特征

五大岩套	Al_2O_3 含量/%	CaO 含量/%	Mg#	FeO 含量/%	TiO_2 含量/%	Th 含量 /(μg/g)
亚铁斜长岩套	30.11	17.48	0.59	3.89	0.19	0.11
镁质岩套	19.10	10.60	0.82	6.40	0.24	1.18
碱性钙长岩	31.10	16.50	0.70	1.60	0.40	4.90
碱性苏长岩	16.90	12.00	0.63	9.90	1.80	12.30
碱性岩套中的花岗岩	12.50	4.50	0.36	6.20	1.00	36.06
碱性岩套中的二长辉长岩	10.90	8.70	0.44	13.90	2.00	31.50
克里普玄武岩	14.80	9.80	0.58	11.70	1.80	9.30
月海玄武岩	9.83	10.40	0.46	19.60	5.05	1.00

数据来源：Wieczorek 等（2006b），其中各氧化物和元素含量为均值

（2）LP GRNS 数据获取了 9 个氧化物和元素含量，包括 FeO、Al_2O_3、MgO、CaO、TiO_2、SiO_2、Th、K 和 U。其中，U 含量是根据公式：$w(\mathrm{U})=0.27\times w(\mathrm{Th})$ 计算得到（Prettyman, 2012；Prettyman et al., 2006）。Th 含量是岩性识别的重要指标，因此在岩性识别时，U 和 Th 含量之中，保留 Th 含量即可。此外，月岩样本是岩性识别的依据，然而一些月岩样本缺乏 K 和 SiO_2 含量（Wieczorek et al., 2006b），考虑月岩样本的数量和代表性对岩性识别的重要性，所以 K 和 SiO_2 含量不予考虑。因此，最后 FeO、Al_2O_3、MgO、CaO、TiO_2 和 Th 等 6 个化学成分含量用于岩性识别。

2. 岩性识别指标建立

采用氧化物和元素含量的比值来建立岩性识别指标集，这与采用含量绝对值

建立识别指标相比，具有以下两个优势。

（1）相比绝对含量，含量比值反映了化学成分之间的比例，能够更好地反映岩石的化学成分特征，如 Mg# 反映了岩石中镁铁之间的比例，与原始岩浆的源区、成分、部分熔融程度和岩浆的演化程度相关（张招崇和王福生, 2003；邓晋福, 1987；Green, 1976），是表征岩性特征的重要指标（Lucey et al., 2006；Wieczorek et al., 2006a）；再如 CaO/Al_2O_3 也是表征岩性的重要指标，由于月海玄武岩中的辉石主要是高钙辉石，而长石质物质和富克里普物质中的辉石主要是低钙辉石，从而月海玄武岩比亚铁斜长岩套和克里普玄武岩具有更高的 CaO/Al_2O_3 比值，因此 CaO/Al_2O_3 可用于区分月海玄武岩和其他一些岩石类型（Lucey et al., 2006）。

（2）含量比值独立于空间尺度，因此能够消除月岩样本和遥感数据在空间尺度上的差异对岩性识别精度的影响。例如，不同空间尺度下，MgO 含量的取值范围是不同的，不具可比较性，然而 Mg#的取值范围均为 0～1，因此含量比值可以消除不同空间尺度的影响。

根据月岩样本，采用敏感性分析方法（IBM Support, 2014）计算各氧化物和元素含量对五大岩套识别的重要性（表 4.2），可见，CaO 和 MgO 相对来说最不重要。此外，在 LP GRNS 数据获取的全月表氧化物和元素含量中，CaO 含量为 0 值的月表单元（60 km × 60 km）个数只有 1 个，而 MgO 含量为 0 值的月表单元数为 636 个，因此相对来说，CaO 含量更适合作为含量比值的分母。建立以下 6 个岩性识别指标 $w(TiO_2)/w(CaO)$、$w(Al_2O_3)/w(CaO)$、$w(FeO)/w(CaO)$、$w(MgO)/w(CaO)$、$w(Th)/w(CaO)$[(μg/g)/%]、Mg#。对于 CaO 含量为 0 的月表单元 LU_0，其 Mg#值仍取其原值，LU_0 的其他 5 个以 CaO 为分母的岩性识别指标值的取值则采用以下方法：考察 LU_0 的 4-领域，找到与 LU_0 化学成分最接近（化学成分含量的欧氏距离最小）的月表单元 LU_1，则 LU_0 的另外 5 个岩性识别指标值取为 LU_1 的对应岩性识别指标值。

表 4.2　各化学成分对五大岩套识别的重要性

氧化物或元素	重要性值
FeO	0.404
Th	0.299
Al_2O_3	0.101
Mg#	0.101
TiO_2	0.077
CaO	0.018
MgO	0

3. 岩性识别方法

采用决策树 C5.0 算法和 boosting 技术（IBM Support, 2014；Quinlan, 2013；Freund and Schapire, 1996；Schapire, 1990）识别月表五大岩套的分布，总体思路如图 4.2 所示，主要包括以下两个步骤。

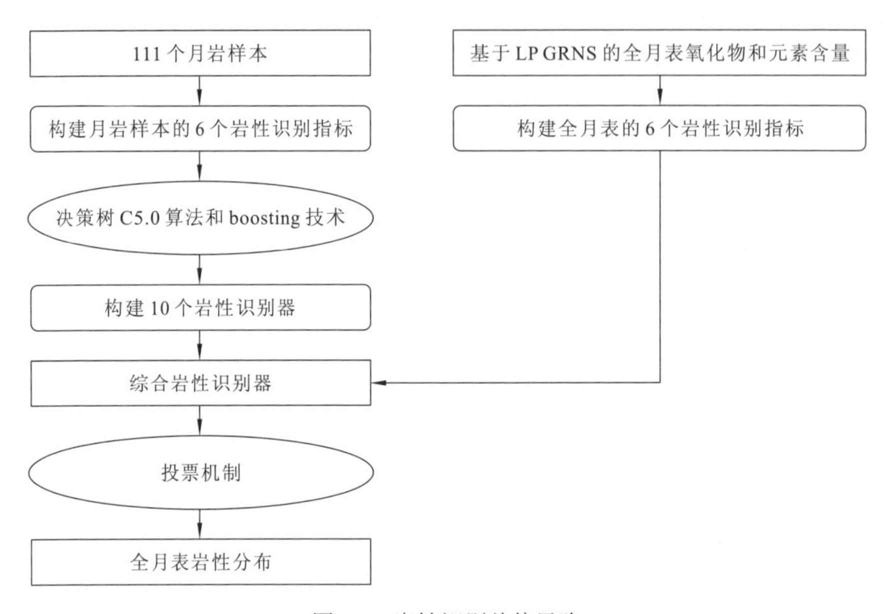

图 4.2　岩性识别总体思路

步骤一：首先，采用 111 个来自五大岩套的月岩样本作为学习样本，根据它们的 6 个岩性识别指标值和岩性类别，采用决策树 C5.0 算法和 boosting 技术建立岩性识别器。一共建立了 10 棵决策树，每棵决策树就是一个岩性识别器，10 棵决策树构成了 1 个综合岩性识别器，最后的岩性识别结果是由这 10 个分类器（10 棵决策树）通过投票机制共同决定。建立的 10 棵决策树如图 4.3 所示，其中分类结果表示中：1.0 表示亚铁斜长岩套，2.0 表示镁质岩套，3.0 表示碱性岩套，4.0 表示克里普玄武岩，5.0 表示月海玄武岩。建立的每棵决策树均包含 3 类节点：根节点、内部节点和叶子节点（Quinlan, 2013）。根节点是 111 个月岩样本的集合；内部节点是岩性指标分枝的样本集合，如图 4.3 所示第一棵决策树的第一个内部点是分枝 Th/CaO≤0.383 覆盖的 83 个月岩样本的集合；叶子节点是岩性的类别，即五类岩套。C5.0 算法根据各岩性识别指标的信息增益和信息增益率值来选择每个分枝处采用的识别指标，采用最短描述长度原则（minimal description length principle，MDLP）计算每个分枝处识别指标的分割阈值（Quinlan, 2013）。一棵决策树实际上是一个岩性识别的规则集，从根节点遍历到叶子节点，即可得到一条岩性识别规则。例如，图 4.3 所示的第一棵决策树，从根节点遍历到它的最后一个叶子节点，所得到的规则为：“如果 $w(\mathrm{Th})/w(\mathrm{CaO})>1.585$，则该岩性为碱性岩套”，这条规则覆盖 17 个月岩样本，置信度值为 1.0。置信度值表示若规则前件条件被满足，则规则后件发生的概率（Hahsler et al., 2005；Hipp et al., 2000）。所以这条规则的后件发生的概率是 100%，具有较高的可靠性。

```
Rule 1 - estimated accuracy 97.3% [boost 90.9%]
  Th /CaO <= 0.383 [Mode: 5]
    FeO /CaO <= 1.297 [Mode: 2]
      Mg/(Mg+Fe) <= 0.690 [Mode: 3]
        Th /CaO <= 0.052 [Mode: 1]
          Al2O3 /CaO <= 1.842 [Mode: 1] ⇨ 1.0
          Al2O3 /CaO > 1.842 [Mode: 3] ⇨ 3.0
        Th /CaO > 0.052 [Mode: 3] ⇨ 3.0
      Mg/(Mg+Fe) > 0.690 [Mode: 2] ⇨ 2.0
    FeO /CaO > 1.297 [Mode: 5] ⇨ 5.0
  Th /CaO > 0.383 [Mode: 3]
    Th /CaO <= 1.585 [Mode: 4]
      MgO /CaO <= 0.569 [Mode: 3] ⇨ 3.0
      MgO /CaO > 0.569 [Mode: 4] ⇨ 4.0
    Th /CaO > 1.585 [Mode: 3] ⇨ 3.0

Rule 2 - estimated accuracy 88.92% [boost 90.9%]
  TiO2 /CaO <= 0.052 [Mode: 2]
    Th /CaO <= 0.008 [Mode: 1] ⇨ 1.0
    Th /CaO > 0.008 [Mode: 2]
      Mg/(Mg+Fe) <= 0.660 [Mode: 3] ⇨ 3.0
      Mg/(Mg+Fe) > 0.660 [Mode: 2] ⇨ 2.0
  TiO2 /CaO > 0.052 [Mode: 5]
    Th /CaO <= 0.367 [Mode: 5] ⇨ 5.0
    Th /CaO > 0.367 [Mode: 3] ⇨ 3.0

Rule 3 - estimated accuracy 94.28% [boost 90.9%]
  FeO /CaO <= 1.429 [Mode: 3]
    Mg/(Mg+Fe) <= 0.740 [Mode: 3]
      Th /CaO <= 0.132 [Mode: 1] ⇨ 1.0
      Th /CaO > 0.132 [Mode: 3]
        Th /CaO <= 0.383 [Mode: 3] ⇨ 3.0
        Th /CaO > 0.383 [Mode: 4]
          Th /CaO <= 1.585 [Mode: 4] ⇨ 4.0
          Th /CaO > 1.585 [Mode: 3] ⇨ 3.0
    Mg/(Mg+Fe) > 0.740 [Mode: 2] ⇨ 2.0
  FeO /CaO > 1.429 [Mode: 5]
    Th /CaO <= 1.071 [Mode: 5] ⇨ 5.0
    Th /CaO > 1.071 [Mode: 3] ⇨ 3.0

Rule 4 - estimated accuracy 98.09% [boost 90.9%]
  Mg/(Mg+Fe) <= 0.660 [Mode: 5]
    Th /CaO <= 0.383 [Mode: 5]
      FeO /CaO <= 1.297 [Mode: 3]
        Al2O3 /CaO <= 1.752 [Mode: 1] ⇨ 1.0
        Al2O3 /CaO > 1.752 [Mode: 3] ⇨ 3.0
      FeO /CaO > 1.297 [Mode: 5] ⇨ 5.0
    Th /CaO > 0.383 [Mode: 3]
      MgO /CaO <= 0.569 [Mode: 3] ⇨ 3.0
      MgO /CaO > 0.569 [Mode: 4]
        Th /CaO <= 1.690 [Mode: 4] ⇨ 4.0
        Th /CaO > 1.690 [Mode: 3] ⇨ 3.0
  Mg/(Mg+Fe) > 0.660 [Mode: 2]
    FeO /CaO <= 0.070 [Mode: 1] ⇨ 1.0
    FeO /CaO > 0.070 [Mode: 2]
      TiO2 /CaO <= 0.052 [Mode: 2] ⇨ 2.0
      TiO2 /CaO > 0.052 [Mode: 3] ⇨ 3.0

Rule 5 - estimated accuracy 83.5% [boost 90.9%]
  Mg/(Mg+Fe) <= 0.660 [Mode: 3]
    FeO /CaO <= 1.297 [Mode: 3] ⇨ 3.0
    FeO /CaO > 1.297 [Mode: 5]
      Th /CaO <= 0.383 [Mode: 5] ⇨ 5.0
      Th /CaO > 0.383 [Mode: 3] ⇨ 3.0
  Mg/(Mg+Fe) > 0.660 [Mode: 2]
    FeO /CaO <= 0.070 [Mode: 1] ⇨ 1.0
    FeO /CaO > 0.070 [Mode: 2] ⇨ 2.0

Rule 6 - estimated accuracy 93.12% [boost 90.9%]
  Th /CaO <= 0.151 [Mode: 5]
    TiO2 /CaO <= 0.133 [Mode: 2]
      MgO /CaO <= 0.022 [Mode: 3] ⇨ 3.0
      MgO /CaO > 0.022 [Mode: 2]
        MgO /CaO <= 0.777 [Mode: 1] ⇨ 1.0
        MgO /CaO > 0.777 [Mode: 2] ⇨ 2.0
    TiO2 /CaO > 0.133 [Mode: 5] ⇨ 5.0
  Th /CaO > 0.151 [Mode: 3]
    Th /CaO <= 0.383 [Mode: 3]
      TiO2 /CaO <= 0.520 [Mode: 3] ⇨ 3.0
      TiO2 /CaO > 0.520 [Mode: 5] ⇨ 5.0
    Th /CaO > 0.383 [Mode: 4]
      MgO /CaO <= 0.569 [Mode: 3] ⇨ 3.0
      MgO /CaO > 0.569 [Mode: 4]
        Th /CaO <= 1.585 [Mode: 4] ⇨ 4.0
        Th /CaO > 1.585 [Mode: 3] ⇨ 3.0
```

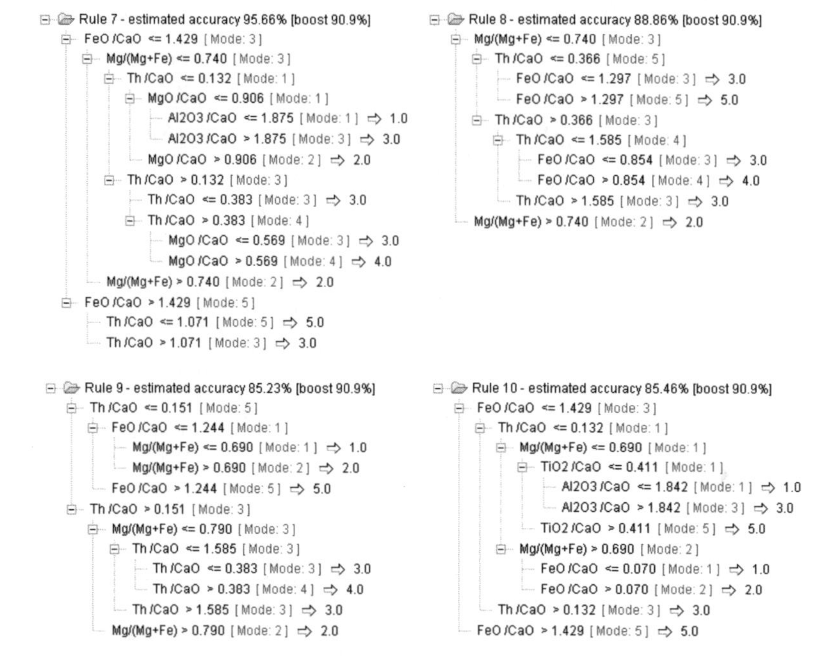

图 4.3　构建的 10 个岩性识别器

步骤二：将基于 LP GRNS 数据建立的 6 个全月表岩性识别指标输入步骤一建立的综合岩性识别器，基于知识驱动机制，识别五大岩套在全月表的分布。因为综合岩性识别器是由 10 棵决策树构成，所以每个月表单元从每棵决策树会得到一个类别值，最后这个月表单元的类别是根据 10 棵决策树识别的类别值通过投票机制决定的。

通过 111 个月岩样本验证，构建的 10 棵决策树的岩性识别精度分别为 97.3%、88.92%、94.28%、98.09%、83.5%、93.12%、95.66%、88.86%、85.23%和 85.46%，生成的综合岩性识别器的识别精度为 99.1%，即 111 个月岩样本中 110 个样本均识别正确。通过 10 次 10-折交叉验证来测试综合岩性识别器的泛化性能，得到 10 次验证精度分别为 87.4%、89.2%、86.4%、90.1%、89.2%、88.4%、89.2%、87.3%、90.2%和 89.3%，可见该综合岩性识别器能够较好地区分和识别五大岩套，具有较好的识别精度和较强的泛化能力。此外，因为 LP GRNS 数据反演得到的 MgO 和 CaO 含量精度较低（Prettyman et al., 2006），噪声明显，所以需要对岩性识别结果进行平滑。但需要指出，虽然平滑能够在一定程度上提高岩性识别的准确性，去除异常点和噪声点，但也会引入不确定性。

4. 月表岩性分布

五大岩套在月表的分布如图 4.4 所示，其中图（b）和（c）叠加在 LOLA DEM 数据生成的地形阴影图上，其中 LOLA DEM 数据（Smith et al., 2010），来源于网址：http://pds-geosciences.wustl.edu/missions/lro/lola.htm[2019-08-16]。在 FHT 广泛分布着镁质岩套和亚铁斜长岩套；克里普玄武岩集中分布在 PKT 的中心区域；碱性岩套主要分布在 PKT 的外围区域和南极艾特肯盆地的中心区域；在分辨率

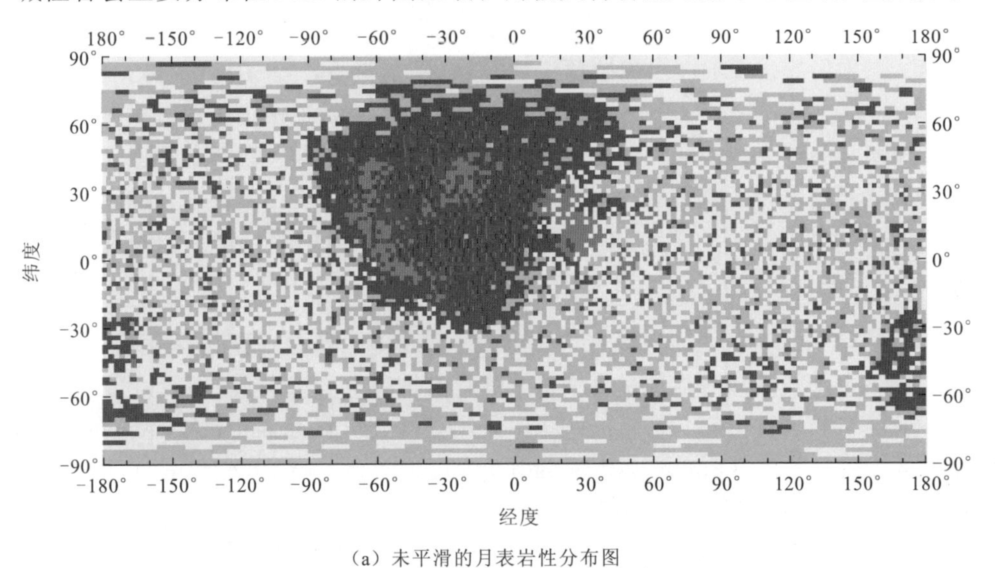

（a）未平滑的月表岩性分布图

（b）平滑后的月表岩性分布图

（c）月球正面 PKT 及附近区域的岩性分布图

■ 克里普玄武岩　■ 镁质岩套　■ 碱性岩套　■ 亚铁斜长岩套　■ 月海玄武岩

图 4.4　五大岩套月表分布图

2° × 2°下，可识别的月海玄武岩主要出露于风暴洋、雨海、澄海、静海、危海、丰富海、湿海、汽海等盆地，在南极艾特肯盆地也有少量出露。

为了分析岩性分布与地形的关系，采用空间分辨率为 4 pixel/degree 的 LRO LOLA DEM 数据（Smith, 2013；http://pds-geosciences.wustl.edu/mission/lro/lola.html），将 DEM 数据采样到 0.5° × 0.5°，生成三维高程图与岩性分布图叠加，如图 4.5 所示，其中图（a）和（b）的高程数据为重采样后的 LOLA DEM 数据，并

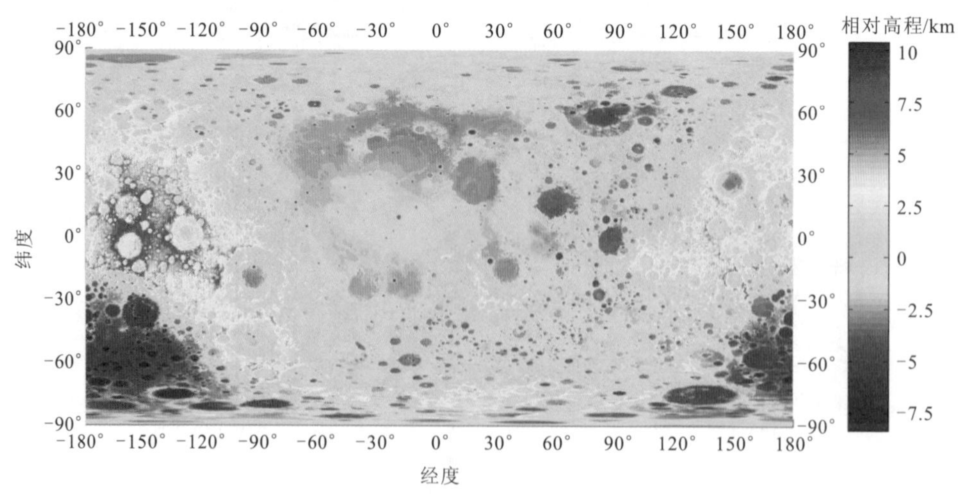

（a）二维月球高程图

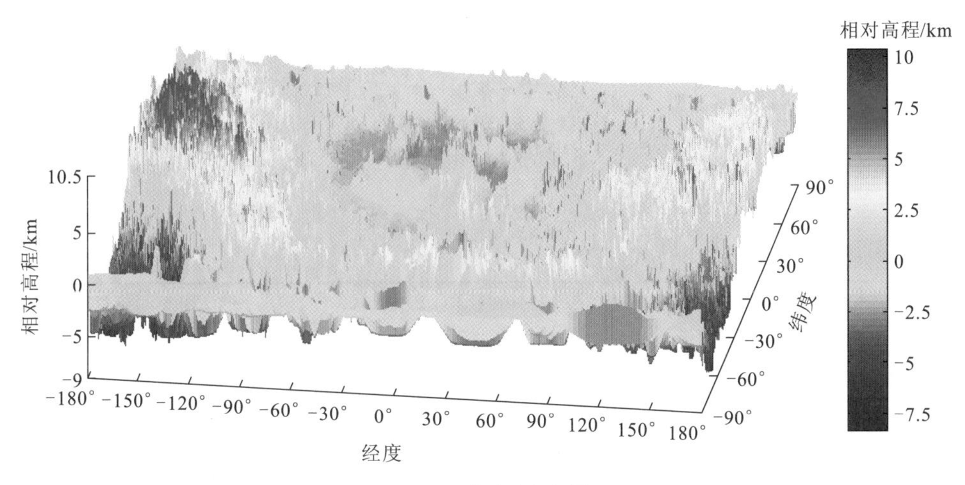

（b）三维月球高程图

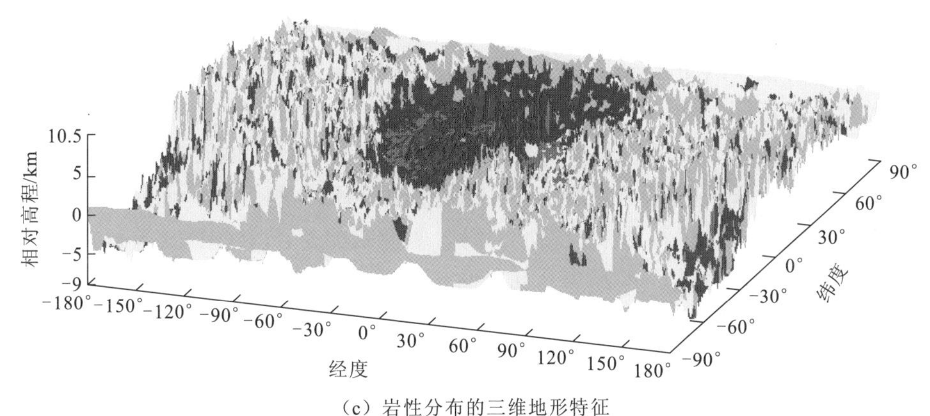

（c）岩性分布的三维地形特征

图 4.5　月表岩性分布的地形特征

对各岩套分布的最大最小高程进行统计（表 4.3）。根据重采样的 LOLA DEM 数据，在 0.5°×0.5°分辨率下，月表的最大高程为 10.0305 km，最小高程为−8.5015 km。需要说明的是，这些高程是相对于月球半径 1737.4 km 而言的相对高程。根据五大岩套的三维分布特征可知，克里普玄武岩和月海玄武岩主要分布在地势低洼的区域，地势最高和最低的区域均分布着亚铁斜长岩套，碱性岩套和镁质岩套的地势分布区域存在交集，此外，一些碱性岩套分布地势比镁质岩套高，而一些碱性岩套的分布地势比镁质岩套低。

表 4.3　各岩套分布的高程特征统计

岩性	最大相对高程 /km	最小相对高程 /km
亚铁斜长岩套	10.030 5	−8.501 5
镁质岩套	9.029	−7.781
碱性岩套	9.411	−8.376
克里普玄武岩	2.303	−4.741
月海玄武岩	0.831 5	−5.163

注：表中高程值为将 LOLA DEM 数据（Smith, 2013）采样到 0.5° × 0.5°分辨率下的高程值，是相对于月球半径 1 737.4 km 的相对高程

本小节探讨了根据 LP GRNS 数据提取的浅月表 FeO、Al_2O_3、MgO、CaO、TiO_2 和 Th 6 个化学成分含量，采用含量比值建立岩性识别指标，揭示了五大岩套在浅月表的分布特征，生成了全月表五大岩套分布图，推进了对全月表岩性分布特征的认识，但仍存在一些局限性和需要说明之处。

（1）LP GRNS 探测的化学成分实际上是从月表到月表以下 20～30 cm 深度处的化学成分特征（Prettyman et al., 2006；Lucey et al., 2006），因此本小节揭示的五大岩套分布特征反映的是从月表到月表以下 20～30 cm 深度处的岩性特征。

（2）LP GRNS 数据反演得到的 MgO 和 CaO 含量的精度偏低（Prettyman et al., 2006）。岩性特征识别是基于 LP GRNS 数据反演的氧化物含量，因此氧化物含量的精度直接影响岩性识别结果的精度。但需要说明的是，LP GRNS 数据反演的一些化学成分，如 FeO 含量的精度，可能优于基于高光谱数据反演的精度。

（3）LP GRS 的空间探测分辨率较低，本小节采用的 LP GRNS 氧化物和元素含量空间分辨率为 2° × 2°，因此只能在宏观上反映各类岩套的分布情况和特征，一些局部细节的岩性特征则无法反映。可以考虑采用较高或高分辨率的月球探测数据，如 CE-1 IIM（空间分辨率为 200 m × 200 m）来识别岩性特征。

（4）本小节采用的月岩学习样本是 Apollo 和 Luna 任务返回的月岩样本，这些月岩样本主要采集于月球正面的 PKT 内或 PKT 以东或东南的地区，具有地域局限性。月球陨石样本被认为是来自月海和高地的随机样本（Korotev, 2017a, 2005；Korotev et al., 2003；Gross et al., 2014），因此反映了未采样地区的岩性特征（Gross et al., 2014，Korotev et al., 2005），是对月岩采样样本的重要补充。可以考虑将月球陨石样本和月岩采样样本一起作为月岩学习样本，有望提高月表岩性识别的精度。

4.1.2　基于 CE-1 IIM 的月表岩性分析

本小节采用 CE-1 IIM 和 LP GRNS 数据反演的月表氧化物和元素含量，生成

月表五大岩套分布图，对月表岩性分布特征提出一些观点和补充。与 4.1.1 节（Wang and Pedrycz, 2015）比较，本小节做了如下改进：①氧化物含量的空间分辨率由 60km/pixel（即 2°/pixel）提升为 200 m/pixel，从而改进了局部细节岩性的识别能力；②通过将月球陨石样本和月岩采样样本一起作为月岩学习样本，提升了月岩样本的代表性，有望提高岩性识别的精度；③采用可能更合理的岩性识别指标，改善岩性识别能力。关于第①点改进，Wang 和 Pedrycz（2015）采用的是由 LP GRNS 数据反演的氧化物含量，其空间分辨率为 60km/pixel（Prettyman , 2012；Prettyman et al.，2006），而本小节采用的是从 CE-1 IIM 数据反演的氧化物含量，其空间分辨率为 200 m/pixel（Wu, 2012），因此许多重要的局部岩性特征可以被识别。关于第②点改进，引入月球陨石样本作为学习样本，有两个优势：首先，月球陨石样本反映了月球上广大的未采样地区的岩性（Gross et al., 2014；Korotev et al., 2005）；其次，一些月球陨石或者它们的玄武质碎屑可能来源于隐月海沉积，例如，陨石样本 Northeast Africa 001（NEA 001）中的极低钛玄武质碎屑就被认为可能来自隐月海（Snape et al., 2011），这些陨石有助于早期月海玄武岩的识别。关于第③点改进，Wang 和 Pedrycz（2015）采用 6 个岩性识别指标[$w(TiO_2)/w(CaO)$、$w(Al_2O_3)/w(CaO)$、$w(FeO)/w(CaO)$、$w(MgO)/w(CaO)$、Mg# 和 $w(Th)/w(CaO)$]，而本小节将采用更多的岩性指标[$w(FeO)/w(Al_2O_3)$、Mg#、$w(CaO)/w(Al_2O_3)$、$w(TiO_2)/w(Al_2O_3)$、$w(Th)/w(Al_2O_3)$、$w(MgO)/w(Al_2O_3)$、$w(FeO)/w(CaO)$、$w(Al_2O_3)/w(CaO)$、$w(TiO_2)/w(CaO)$、$w(Th)/w(CaO)$、$w(MgO)/w(CaO)$、$w(FeO)/w(MgO)$、$w(Al_2O_3)/w(MgO)$、$w(TiO_2)/w(MgO)$、$w(Th)/w(MgO)$ 和 $w(CaO)/w(MgO)$]，而更综合的、可能更合理的岩性指标有望提升岩性识别的能力。

本小节内容来源于作者发表于 *Journal of geophysical research: planets*（《地球物理学研究杂志：行星》）的论文“New Insights into Lithology Distribution across the Moon”（月球岩性分布新认识）（Wang and Zhao，2017）。

1. 数据

两个数据集被采用生成月表岩性分布图。第一个数据集是月球岩石样本和它们的 FeO、Al_2O_3、MgO、CaO、TiO_2 和 Th 6 个化学成分含量，这一数据集作为训练样本以构建岩性识别器；第二个数据集是从 CE-1 IIM 和 LP GRNS 数据反演的月表以上 6 个化学成分含量，这一数据集输入建立的岩性识别器中，生成月表岩性分布图。

关于第一个数据集月球岩石样本，本节采用了 149 个月岩样本，其中包括 Apollo 和 Luna 任务返回的来自五大岩套的 119 个月球岩石样本[它们的化学成分含量参见 Fagan 和 Neal（2016）、Wieczorek 等（2006b）和 Zeigler 等（2006）]

和 30 个月球陨石样本。大部分的月球陨石都是角砾岩（Korotev, 2017b），而只有非角砾的原生岩可以作为训练样本，因此两种类型的陨石样本被采用：一种类型是非角砾的月海玄武岩，另一种类型是具有母岩碎屑分析的陨石。本节采用的 30 个陨石样本包括：①来自陨石 Yamato 793169［化学成分参见 Warren 和 Kallemeyn（1993）］，La Paz Icefield（LAP）02005、02224、02226、02436、03632［化学成分参见 Day 等（2006）、Zeigler 等（2005）］，Northwest Africa（NWA）032/479［化学成分参见 Elardo 等（2014）、Zeigler 等（2005）］，NWA 4734［化学成分参见 Elardo 等(2014)］，NWA 4898［化学成分参见 Greshake 等(2008)］和 Northeast Africa（NEA）003［化学成分参见 Haloda 等（2009, 2006）］的 26 个非角砾的月海玄武岩；②陨石 NEA 001 的 3 个月海玄武岩碎屑［化学成分参见 Snape 等(2011)］和 Sayh al Uhaymir（SaU）169 的克里普玄武岩碎屑［化学成分参见 Gnos 等（2004）］。

关于第二个数据集月表化学成分含量，采用基于 CE-1 IIM 数据提取的月表 5 个氧化物 FeO、Al_2O_3、MgO、CaO 和 TiO_2 含量（Wu, 2012）［图 4.6（a）~（e）］和基于 LP GRNS 数据提取的 Th 含量（Prettyman，2012；Prettyman et al., 2006）［图 4.6（f）］，图 4.6 中氧化物含量的底图是 LOLA DEM 数据（Smith et al., 2010；http://pds-geosciences.wustl.edu/missions/lro/lola.htm［2019-08-16］）。其中，月表 5 个氧化物含量是采用 Wu（2012）提取的氧化物含量数据并根据含量分布直方图特征得到的。CE-1 IIM 数据的波段覆盖范围为 480.9～946.8 nm 共 32 个波段，且具有较高的空间分辨率约 200 m/pixel，但只有信噪比不低于 20 的 22 个波段(561～918 nm）用于计算氧化物含量（Wu, 2012）。用于计算氧化物含量的 IIM 数据已经过暗电流校正、平场校正、辐射校正、几何校正和光学归一化（Wu, 2012；吴昀昭 等, 2009；Zhang et al., 2005），以及反射率转换、光谱行向畸变校正、波段选择与反射率交叉定标等处理（Wu, 2012；Wu et al., 2010）。月球 LSCC 样本的反射率光谱和 IIM 反射率数据均表明 561～918 nm 反射率与以上 5 个氧化物含量具有明显的相关性，因此基于偏最小二乘回归(partial least squares regression，PLSR)的经验模型被用于从 IIM 反射率光谱反演 5 个氧化物含量（Wu, 2012）。其中，发色团元素（如 Fe 和 Ti）和非发色团元素（如 Al、Mg 和 Ca）与光谱反射率之间的相关性是由物理机制决定的（Wu, 2012）。对于 Fe 和 Ti，金属和其周围配体之间的电子跃迁决定了 Fe 和 Ti 元素含量与光谱反射率之间存在相关性（Burns, 1993）。对于 Al、Mg 和 Ca，大量携带这些元素的矿物的光谱特征和其中有的元素与发色团元素之间的含量关系决定了这些非发色团元素含量与光谱反射率之间存在相关性（Wu, 2012；Heiken et al., 1991）。LP GRS 的 Th 含量采用最邻近方法采样到空间尺度 200 m/pixel。最邻近方法可以保留原始的 Th 特征和 Th 含量，且改变的仅是 Th 含量的空间尺度，Th 含量的空间分辨率不变，仍为 60 km/pixel。

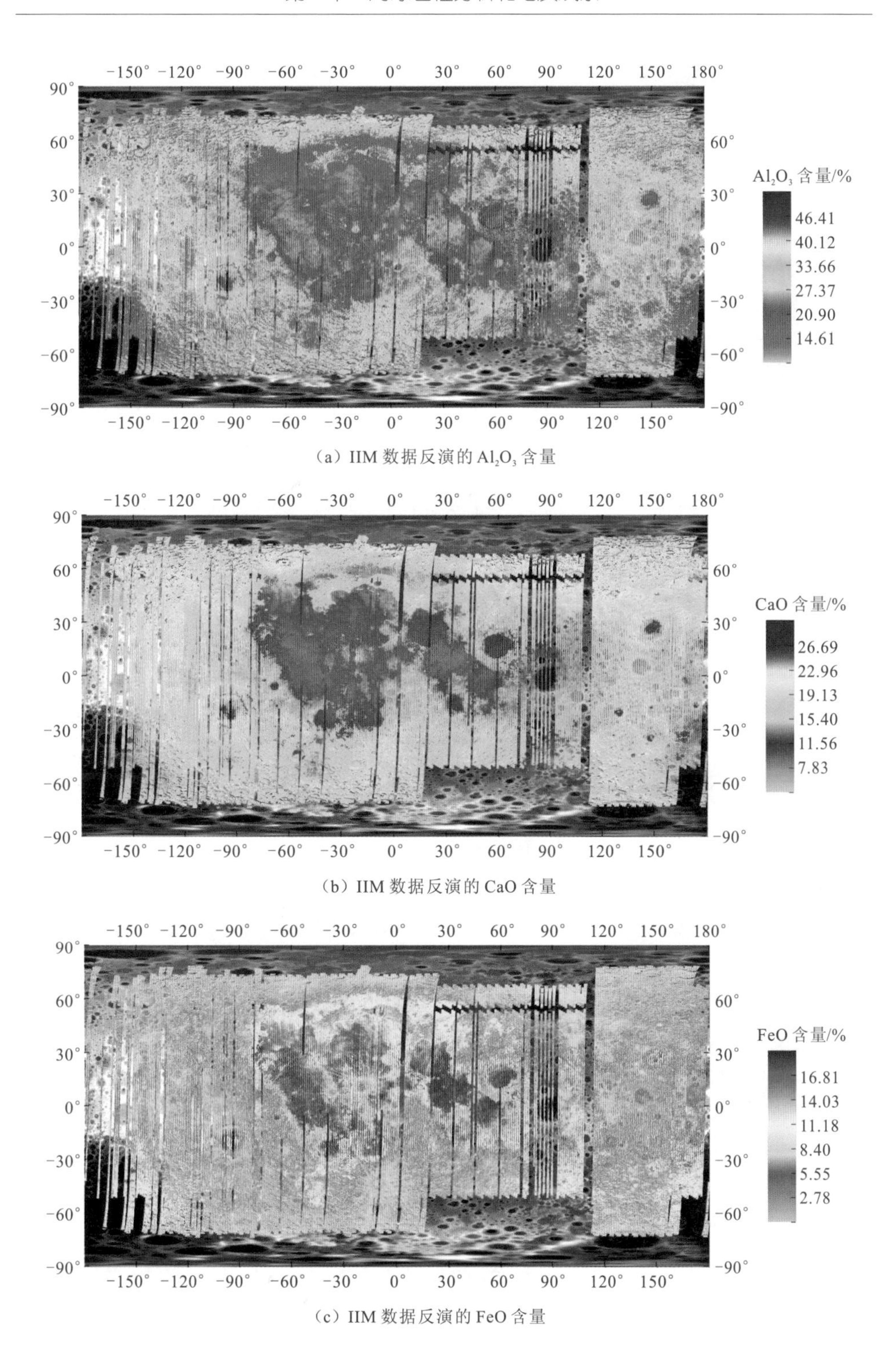

（a）IIM 数据反演的 Al_2O_3 含量

（b）IIM 数据反演的 CaO 含量

（c）IIM 数据反演的 FeO 含量

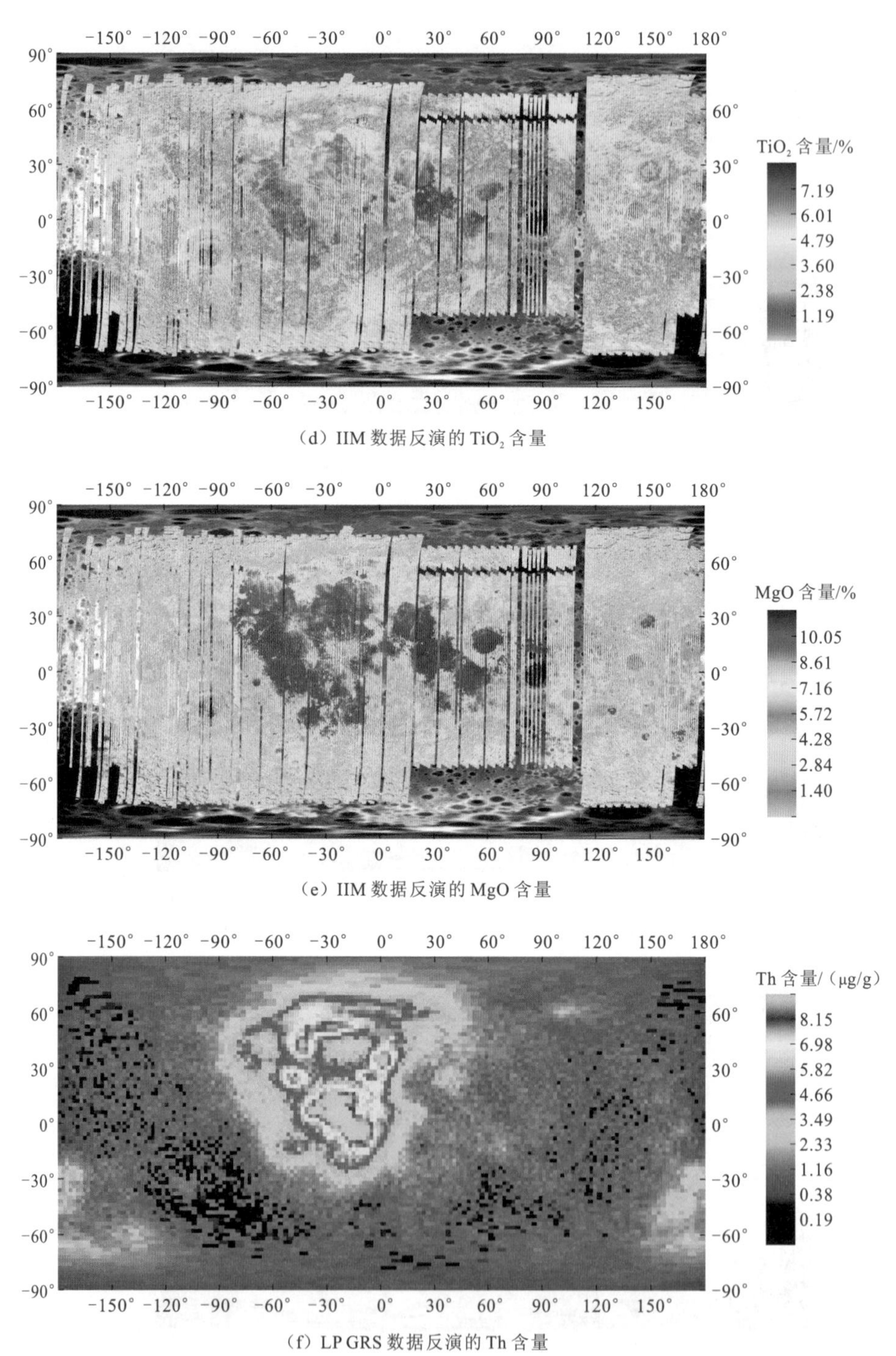

（d）IIM 数据反演的 TiO_2 含量

（e）IIM 数据反演的 MgO 含量

（f）LP GRS 数据反演的 Th 含量

图 4.6 月表氧化物含量（Wu, 2012）和 Th 含量（Prettyman, 2012；Prettyman et al., 2006）

2. 岩性识别指标建立

含量比值作为岩性识别指标具有优势，且 Al_2O_3 和 MgO 含量分别是斜长岩质和镁铁质物质的重要特征，CaO 含量反映了低钙辉石和高钙辉石的矿物特征（Wieczorek et al., 2006a,2006b；Lucey et al., 2006；Taylor et al., 1991），因此采用 Al_2O_3、MgO 和 CaO 作为含量比值的分母构建岩性参数，一共构建了 16 个岩性参数：$w(FeO)/w(Al_2O_3)$、Mg#、$w(CaO)/w(Al_2O_3)$、$w(TiO_2)/w(Al_2O_3)$、$w(Th)/w(Al_2O_3)$、$w(MgO)/w(Al_2O_3)$、$w(FeO)/w(CaO)$、$w(Al_2O_3)/w(CaO)$、$w(TiO_2)/w(CaO)$、$w(Th)/w(CaO)$、$w(MgO)/w(CaO)$、$w(FeO)/w(MgO)$、$w(Al_2O_3)/w(MgO)$、$w(TiO_2)/w(MgO)$、$w(Th)/w(MgO)$和 $w(CaO)/w(MgO)$。它们对岩性识别的重要性采用规范化敏感性分析来衡量，敏感性分析方法可以从众多参数中找到对岩性识别有重要影响的敏感性参数，即岩性识别指标，并计算各指标对岩性识别的影响程度和敏感性程度（IBM Support, 2014）。通过敏感性计算，只有 7 个参数[$w(Th)/w(MgO)$、$w(FeO)/w(CaO)$、$w(TiO_2)/w(MgO)$、$w(Th)/w(Al_2O_3)$、$w(MgO)/w(CaO)$、$w(Th)/w(CaO)$和 $w(TiO_2)/w(Al_2O_3)$]的重要性值为正值（表 4.4），被确定为岩性识别指标，而其他 9 个岩性参数的重要性值均为 0，因此对于岩性识别而言，这 7 个指标的贡献度要大于其他 9 个参数，即这 7 个指标的组合即可较好地识别月表五大岩套。前人研究（Shearer et al., 2015；Klima et al., 2011）通常采用 Mg#作为镁质岩套识别的重要指标，然而本小节发现相比较于以上 7 个指标，Mg#也许并非不可或缺的。在重要性分析中，Mg#没有被选为识别指标可能包括 2 点原因：①Mg#的作用可被这 7 个重要指标取代，而下文关于岩性识别的识别精度和验证精度的讨论表明这 7 个岩性识别指标能够较准确地区分各类岩套；②一些识别指标或者它们的组合可能比 Mg#能够更有效地区分镁质岩套和其他类型岩套；如图 4.7 所示，Mg#在区分镁质岩套和一些镁铁质的碱性岩套或者区分镁质岩套和一些亚铁钙长岩时存在局限性，不能较好地区分，然而岩性指标 $w(Th)/w(MgO)$ 和 $w(TiO_2)/w(MgO)$的组合则有望将镁质岩套和其他 4 类岩套相对地区分开来。图 4.7 为各类岩套在化学成分空间中的分布特征，其中各类岩套样本来源于月球陨石和 Apollo 与 Luna 任务采样返回的月岩样本。月球岩石样本（包括月球陨石和采样返回的月岩样本）的化学成分数据参见 Fagan 和 Neal（2016）、Elardo 等（2014）、Snape 等（2011）、Haloda 等（2009，2006）、Greshake 等（2008）、Wieczorek 等（2006b）、Day 等（2006）、Zeigler 等（2006，2005）、Gnos 等（2004）、Warren 和 Kallemeyn（1993）。其中图 4.7（a）和（b）中月岩样本数量的差异是因为有的样本没有 MgO 含量数据而有的样本没有 Th 含量数据。

表 4.4　各岩性识别指标对岩性识别的重要性值

岩性识别指标	重要性值
$w(\mathrm{Th})/w(\mathrm{MgO})$/ [(μg/g)/%]	0.344
$w(\mathrm{FeO})/w(\mathrm{CaO})$/ (%/%)	0.268
$w(\mathrm{TiO_2})/w(\mathrm{MgO})$/ (%/%)	0.225
$w(\mathrm{Th})/w(\mathrm{Al_2O_3})$/ [(μg/g)/%]	0.064
$w(\mathrm{MgO})/w(\mathrm{CaO})$/ (%/%)	0.045
$w(\mathrm{Th})/w(\mathrm{CaO})$/ [(μg/g)/%]	0.042
$w(\mathrm{TiO_2})/w(\mathrm{Al_2O_3})$/ (%/%)	0.012

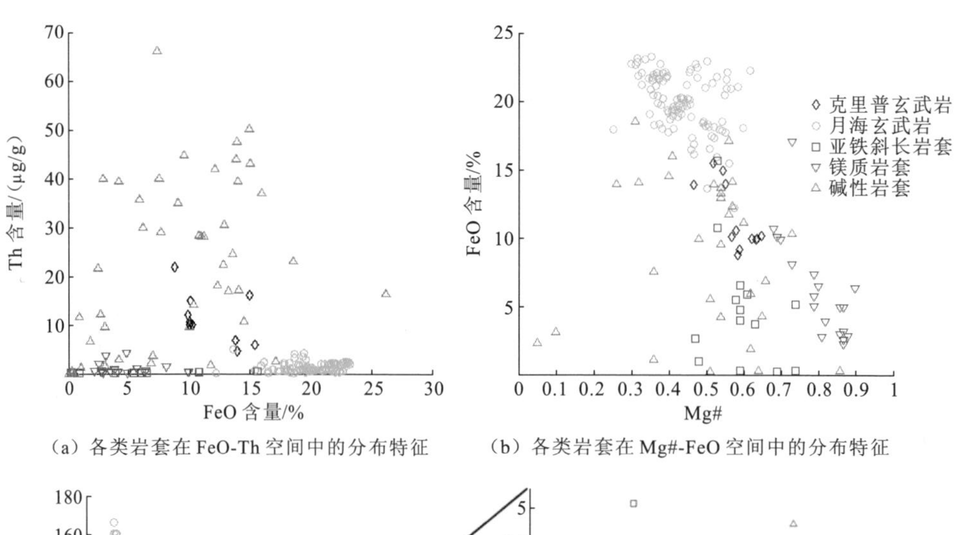

(a) 各类岩套在 FeO-Th 空间中的分布特征　　(b) 各类岩套在 Mg#-FeO 空间中的分布特征

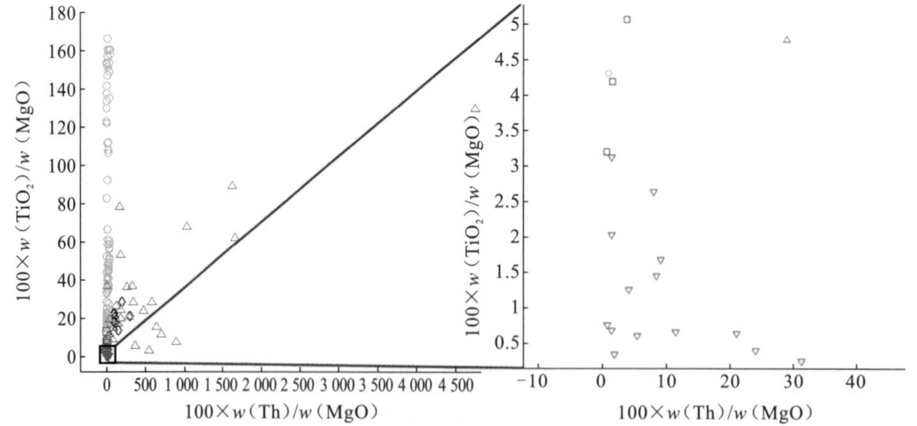

(c) 本节采用的 149 个月岩样本在 w(Th)/w(MgO) -w(TiO2)/w(MgO) 空间中的分布

图 4.7　各类岩套在化学成分空间中的分布特征

3. 岩性识别方法

岩性识别方法和步骤如图 4.8 所示，包括两个步骤。

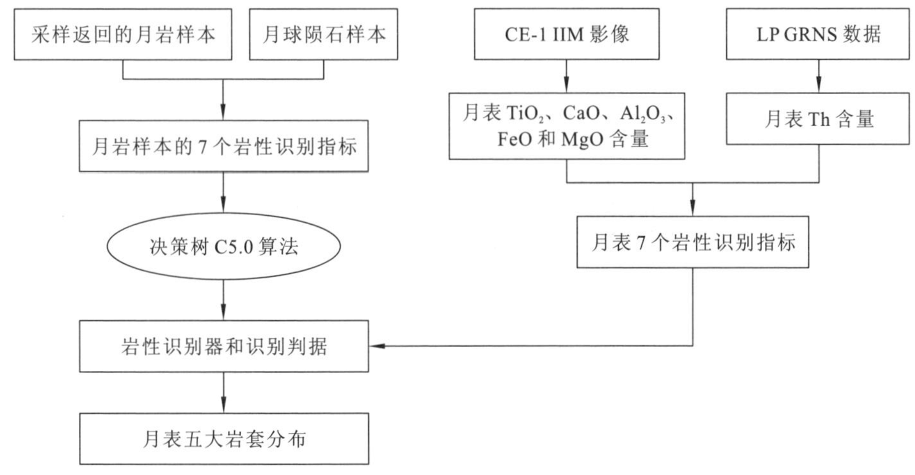

图 4.8　月表岩性识别方法和过程

步骤一，岩性识别器构建。机器学习决策树 C5.0 算法（Quinlan, 2013）被用于从 149 个月岩样本中学习并构建岩性识别器。将 149 个月岩样本作为训练样本，将它们的 7 个岩性识别指标和相应的岩性类别输入决策树 C5.0 算法中建立岩性识别器。生成的岩性识别器是一棵分类树，如图 4.9 所示，其中绿色括号中的数字为每条判据的置信度值，黑色括号里的是每个岩性识别指标的单位（其中 ppm= 10^{-6}，表示 μg/g），箭头右侧的数字表示岩性类别：1.0 表示亚铁斜长岩套，2.0 表示镁质岩套，3.0 表示碱性岩套，4.0 表示克里普玄武岩，5.0 表示月海玄武岩。这棵分类树也是岩性识别判据的集合；当从这棵树的根节点遍历到每个叶子节点，均可获得一条岩性识别判据。例如，从根节点遍历到第一个叶子节点，可获得一条置信度值为 1.0 的岩性识别规则："如果 $100\times w(\text{Th})/w(\text{MgO})\leqslant 44.95$ 并且 $100\times w(\text{TiO}_2)/w(\text{MgO})\leqslant 3.132$，那么岩性为镁质岩套。"置信度是规则可靠性的重要度量，一条规则"如果 A，那么 B"的置信度值是规则前件 A 发生的前提下，后件 B 将发生的概率。因此，置信度值在 0～1 取值，值越高，则表明规则越可靠。如图 4.9 所示，从岩性识别器中获得的识别判据均具有较高的置信度值，因此这些岩性识别判据较可靠，可用于岩性识别。岩性识别判据和它们各自覆盖的月岩样本见表 4.5 和表 4.6。

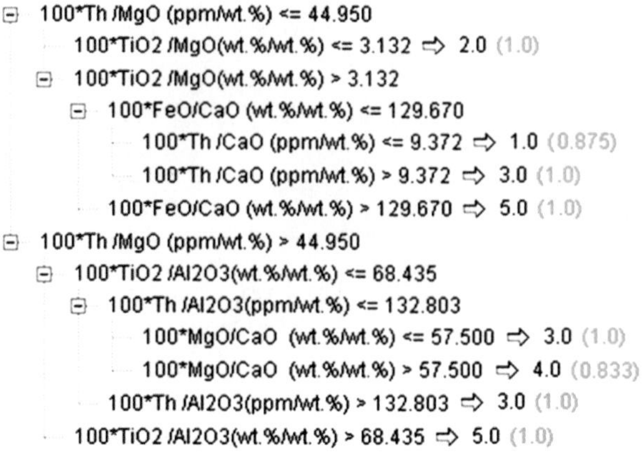

- 100*Th /MgO (ppm/wt.%) <= 44.950
  - 100*TiO2 /MgO(wt.%/wt.%) <= 3.132 ⇨ 2.0 (1.0)
  - 100*TiO2 /MgO(wt.%/wt.%) > 3.132
    - 100*FeO/CaO (wt.%/wt.%) <= 129.670
      - 100*Th /CaO (ppm/wt.%) <= 9.372 ⇨ 1.0 (0.875)
      - 100*Th /CaO (ppm/wt.%) > 9.372 ⇨ 3.0 (1.0)
    - 100*FeO/CaO (wt.%/wt.%) > 129.670 ⇨ 5.0 (1.0)
- 100*Th /MgO (ppm/wt.%) > 44.950
  - 100*TiO2 /Al2O3(wt.%/wt.%) <= 68.435
    - 100*Th /Al2O3(ppm/wt.%) <= 132.803
      - 100*MgO/CaO (wt.%/wt.%) <= 57.500 ⇨ 3.0 (1.0)
      - 100*MgO/CaO (wt.%/wt.%) > 57.500 ⇨ 4.0 (0.833)
    - 100*Th /Al2O3(ppm/wt.%) > 132.803 ⇨ 3.0 (1.0)
  - 100*TiO2 /Al2O3(wt.%/wt.%) > 68.435 ⇨ 5.0 (1.0)

图 4.9　月表岩性识别决策树和识别判据

表 4.5　各岩套的岩性识别判据

判据编号	岩性识别判据
1	$100\times w(\mathrm{Th})/w(\mathrm{MgO})$ [(μg/g)/%]≤44.95 且 $100\times w(\mathrm{TiO_2})/w(\mathrm{MgO})$≤3.132⟶岩性为镁质岩套
2	$100\times w(\mathrm{Th})/w(\mathrm{MgO})$ [(μg/g)/%]≤44.95 且 $100\times w(\mathrm{TiO_2})/w(\mathrm{MgO})$ >3.132 且 $100\times w(\mathrm{FeO})/w(\mathrm{CaO})$ ≤129.67 且 $100\times w(\mathrm{Th})/w(\mathrm{CaO})$ [(μg/g)/%]≤9.372⟶岩性为亚铁斜长岩套
3	$100\times w(\mathrm{Th})/w(\mathrm{MgO})$ [(μg/g)/%]≤44.95 且 $100\times w(\mathrm{TiO_2})/w(\mathrm{MgO})$ > 3.132 且 $100\times w(\mathrm{FeO})/w(\mathrm{CaO})$ ≤129.67 且 $100\times w(\mathrm{Th})/w(\mathrm{CaO})$ [(μg/g)/%] > 9.372⟶岩性为碱性岩套
4	$100\times w(\mathrm{Th})/w(\mathrm{MgO})$ [(μg/g)/%]≤44.95 且 $100\times w(\mathrm{TiO_2})/w(\mathrm{MgO})$ > 3.132 且 $100\times w(\mathrm{FeO})/w(\mathrm{CaO})$ > 129.67⟶岩性为月海玄武岩
5	$100\times w(\mathrm{Th})/w(\mathrm{MgO})$ [(μg/g)/%]>44.95 且 $100\times w(\mathrm{TiO_2})/w(\mathrm{Al_2O_3})$≤68.435 且 $100\times w(\mathrm{Th})/w(\mathrm{Al_2O_3})$ (μg/g/%)≤132.803 且 $100\times w(\mathrm{MgO})/w(\mathrm{CaO})$≤57.5⟶岩性为碱性岩套
6	$100\times w(\mathrm{Th})/w(\mathrm{MgO})$ (μg/g/%) > 44.95 且 $100\times w(\mathrm{TiO_2})/w(\mathrm{Al_2O_3})$≤68.435 且 $100\times w(\mathrm{Th})/w(\mathrm{Al_2O_3})$ (μg/g/%)≤132.803 且 $100\times w(\mathrm{MgO})/w(\mathrm{CaO})$ > 57.5⟶岩性为克里普玄武岩
7	$100\times w(\mathrm{Th})/w(\mathrm{MgO})$ [(μg/g)/%] > 44.95 且 $100\times w(\mathrm{TiO_2})/w(\mathrm{Al_2O_3})$ ≤68.435 且 $100\times w(\mathrm{Th})/w(\mathrm{Al_2O_3})$ (μg/g/%) > 132.803 ⟶岩性为碱性岩套
8	$100\times w(\mathrm{Th})/w(\mathrm{MgO})$ [(μg/g)/%]> 44.95 且 $100\times w(\mathrm{TiO_2})/w(\mathrm{Al_2O_3})$ > 68.435 ⟶岩性为月海玄武岩

表 4.6　每条岩性识别判据覆盖的月岩样本

判据编号	岩性识别判据覆盖的月岩样本
1	14303,c194；14305,c264；14305,c279；14321,c1020；12071,c10；76335,38；76536,9；15445,103A-G；15445,104；15455,9015；77035,c130；78236,3；76255,95
2	15415；60015a；74114,5；67215c,46；67016,326/8；67513,7097；67513,7012
3	67975,44；67975,117；67975,131
4	10057；10017,1；10072,1；10020,1；10045；10062；10003,1；10050；10058；10047；10044,1；74235；70215；74275；70017；75055；12052；12053；12065,1；12021,1；12064；15597；15499；15476,1；15475；15076；15058；12009；12004；12002；12075,1；12018；12020；12040,1；12035；15545,1；15556；15016；15555；12022；12063； 12051,1；14321,Grp1；14321,Grp3；14321,Grp5；14053；14305,390；14305,304/370；14168,39；24077,4；24174,7；60639,1,B；60639,4,B；60639,44,B；60639,45,B；60639,48,B；60503,22-7；60603,10-16；62243,10-22；60053,2-9；Yamato 793169；LAP 02005,20-1；LAP 02005,20-2；LAP 02005,20-3；LAP 02005,24-1；LAP 02005,24-2；LAP 02005,24-3；LAP02224,9-1；LAP02224,19-1；LAP02224,20-1；LAP02226,6-1；LAP02226,10-1；LAP02226,12-1；LAP02436,7-1；LAP02436,9-1；LAP02436,12-1；LAP02224,17；LAP02224,18；LAP02226,13；LAP02436,20；LAP03632,8；NWA032/479；NWA4734；NWA4898；NEA003,Lith.A；NEA001,B1a
5	12033,501；12073,120；14047,112；14160,106；14161,7245；67975,42；73255,27/,3；15434,12/,179
6	15382,14；15386,19；15434,189/,191；15434,18/,199-A；15263,42；72275,357；72275,415；72275,359；72275,91；SaU169,克里普 碎屑
7	12033,534；14316,6；15405,170；12013,10/,28；12033,507/,517；12013,10/,16b；14161,7264；12013,10/,09；12013,10/,01a；12013,10/,12a；14161,7069；15405,152；12013,10/,16；14161,7373；15434,10/,178a
8	10024；10049

数据来源：Apollo 和 Luna 月岩样本的化学成分数据来源于 Fagan 和 Neal(2016)、Wieczorek 等(2006b)和 Zeigler 等(2006)。月球陨石样本的化学成分数据来源于 Elardo 等(2014)、Snape 等(2011)、Haloda 等(2009，2006)、Greshake 等(2008)、Day 等(2006)、Zeigler 等(2005)、Gnos 等(2004)、Warren 和 Kallemeyn(1993)。此外，表 4.6 中的判据编号与表 4.5 中的判据编号是对应的

步骤二，月表岩性分布图生成。基于构建的岩性识别器和知识驱动机制，月表的 7 个岩性识别指标输入岩性识别器获得每个月表单元（像素）的岩性类别，进而生成月表岩性分布图。知识驱动机制是搜索并找到与每个像素匹配的岩性规则，则每个未分类的像素从匹配的规则中获得其对应的岩性类别。通过 149 个月岩样本验证，岩性识别器的总体识别精度为 97.32%，每个岩套的识别精度分别为：亚铁斜长岩套 100%、镁质岩套 92.86%、碱性岩套 96.3%、克里普玄武岩 100%、月海玄武岩 97.8%。每类岩套的识别精度是该类岩套正确识别的样本数占该类总样本数的百分比。通过 10 次 10-折交叉验证测试岩性识别器的泛化性能，得到 10

次验证精度，分别为 85.9%、86.7%、88.6%、84.6%、86.6%、85.8%、87.2%、85.2%、84.5%和 86%。需要说明的是，以上识别精度和验证精度是基于 149 个月岩样本，因此受到已获得的月岩样本的化学成分特征和成分范围局限性的影响。此外，由于 CE-1 IIM 和 LP GRS 数据空间分辨率的限制，一些岩石类型的出露区域可能较小（如小于 200 m）而无法识别。

4. 月表岩性分布

分类后处理方法中的主要分析（majority analysis）用于去除岩性识别结果中的噪声，岩性识别结果如图 4.10 所示，空间尺度为 200 m/pixel。主要分析是 ENVI 软件中的分类后处理方法，是将误分类像素的类别值设置为其领域内大部分像素所属的类别[①]。图 4.10（a）为月表五大岩套的分布图，底图是 LRO LOLA DEM 数据（Smith et al., 2010; http://pds-geosciences.wustl.edu/missions/lro/lola.htm[2019-08-16]），图 4.10（b）是在月表岩性分布图上标注了主要的月海、一些撞击坑和热点区域，其中各字母表达的地区名如下：TY 表示 Tsiolkovskiy 撞击坑，AO 表示 Apollo 撞击坑，CS 表示 Copernicus 撞击坑，FM 表示 Fra Mauro 高地，G 表示 Grimaldi 撞击坑，CB 表示 Compton 和 Belkovich 地区，I 表示雨海，S 表示澄海，N 表示酒海，F 表示丰富海，T 表示静海，C 表示危海，M 表示界海，SI 表示史密斯海，

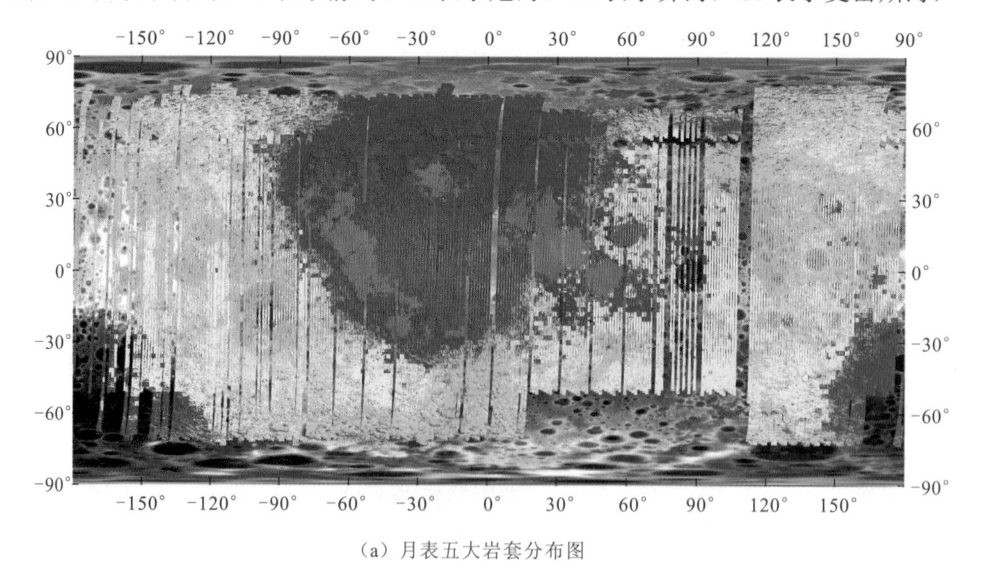

（a）月表五大岩套分布图

① http://www.esrichina.com.cn/EnviZongheye.html; https://www.harrisgeospatial.com/Learn/White papers/Art MID/ 10212/ ArticleID/17555/Using-ENVI-and-Geographic-Information-Systems-GIS; http://blog.sina.com.cn/s/blog_764b1e9d0102v22s.html.

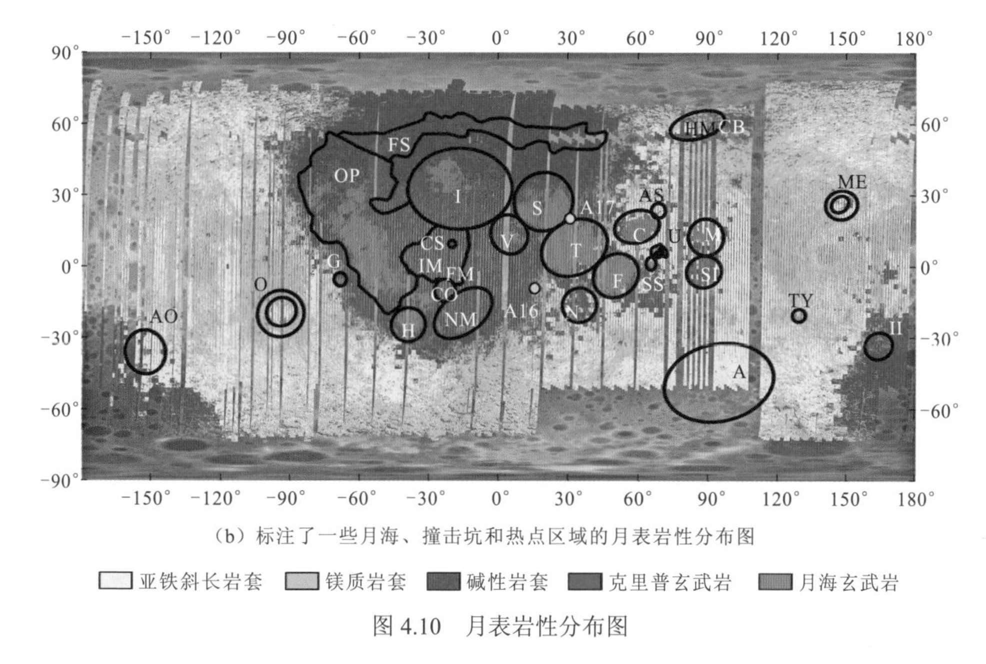

(b) 标注了一些月海、撞击坑和热点区域的月表岩性分布图

图 4.10　月表岩性分布图

A 表示南海，ME 表示莫斯科海，II 表示南极艾特肯盆地内的智海，O 表示东方海，V 表示汽海，NM 表示云海，H 表示湿海，CO 表示知海，OP 表示风暴洋，FS 表示冷海，IM 表示岛海，AS 表示蛇海，HM 表示洪堡海，SS 表示泡沫海，U 表示浪海，A16 表示 Apollo 16 登陆点，A17 表示 Apollo 17 登陆点。

1）亚铁斜长岩套和克里普玄武岩的分布

如图 4.10 所示，亚铁斜长岩套主要分布于 FHT 的部分地区和南极艾特肯盆地的外围区域；克里普玄武岩总体上出露于 PKT 内，且主要出露于 Th 含量提升的区域。亚铁斜长岩套和克里普玄武岩的分布特征与前人研究（Wang and Pedrycz, 2015；杜劲松 等, 2010；Jolliff et al., 2000）具有相似性。本小节发现在冷海表面，克里普玄武岩是主要的岩性之一，碱性岩套是另一个主要的岩性。冷海表面主要的化学成分特征包括中等或提升的 FeO 含量（Kramer et al., 2015；Cahill et al., 2014；Wu, 2012），中等的 Mg#值（Wu, 2012）和提升的 Th 含量（Wang et al., 2016；Prettyman , 2012;Prettyman et al.,2006）。根据月球各岩套在化学成分空间的分布特征（图 4.7），冷海主要的化学特征与克里普玄武岩和碱性岩套的化学特征是一致的，而与月海玄武岩的化学成分特征不同，因此，并非所有月海表面的主要岩性特征都是月海玄武岩。

2）碱性岩套的分布

总体而言，碱性岩套主要分布在 PKT 的外围区域和 SPAT 的中心区域。碱性岩套也出露于一些孤立的区域，如 Compton 和 Belkovich 地区。一些研究（Lucey et al., 2006；Lawrence et al., 2003, 2000；Gillis et al., 2002；Elphic et al., 2000）指出碱性钙长岩是 Compton 和 Belkovich 地区的主要岩性，这和本节工作的发现是基本一致的。Difrancesco 等（2015）通过高铝玄武岩 14053 低压结晶的相位平衡实验指出碱性钙长岩可能在月表多个孤立的位置出露。本节工作发现碱性岩套确实出露于一些分离孤立的区域。如图 4.11 所示，少数碱性岩套出露的面积较大，这些碱性岩套主要分布在月表的东部；大多数碱性岩套出露面积很小，这一现象在月表西部较为明显。图 4.11 底图是 LRO LOLA DEM 数据（Smith et al., 2010；http://pds-geosciences.wustl.edu/missions/lro/lola.htm[2019-08-16]）。

与 Crites 和 Lucey（2015）生成的月表矿物图比较，南极艾特肯盆地处的碱性岩套（SPA 碱性岩套）和 PKT 外围区域的碱性岩套（PKT 碱性岩套）可能具有不同的矿物特征。SPA 碱性岩套主要具有中等到较高的斜长石和单斜辉石含量，而 PKT 碱性岩套主要包含较高到高的斜长石含量和较低到中等的单斜辉石含量。SPA 碱性岩套比 PKT 碱性岩套具有稍微偏高的钛铁矿含量。

3）月海玄武岩的分布

前人研究（例如：Pieters et al., 2014；Spudis et al., 2014）表明一些月海表面并非完全被月海玄武岩所覆盖，以智海为例，月海玄武岩出露仅约占其面积的 40%（肖龙 等, 2016；Kring and Durda, 2012）。此外，分布在高地地区的隐月海中也有月海玄武岩出露（Whitten and Head, 2015；Hawke et al., 2005；Jolliff et al., 2000；Antonenko et al., 1995；Head and Wilson, 1992；Schultz and Spudis, 1983, 1979）。目前，通过探测数据识别月海玄武岩在月表的出露主要有两种方法：一种方法是采用 Clementine UV-VIS、LP GRNS 或者 CE-1 IIM 数据提取月表 FeO 含量，将较高的 FeO 含量作为月海玄武岩的识别标志（Pasckert et al., 2015；Spudis et al., 2014）；另一种方法是采用 Chandrayaan-1 M3 数据分析月表矿物特征，将高钙辉石的光谱特征作为月海玄武岩的识别依据（Whitten and Head, 2015；Kaur et al., 2013），或者通过分析 Clementine UV-VIS 数据，将高钙辉石光谱特征和提升的 FeO 含量一起作为月海玄武岩出露区域的识别依据（Hawke et al., 2015；Giguere et al., 2006）。正如图 4.6 所示和一些研究（Snape et al., 2011；Wieczorek et al., 2006b；Lucey et al., 2006）所指出的，一些克里普玄武岩、亚铁钙长岩、石英二长闪长岩（quartz monzodiorites，QMD）、二长辉长岩和辉长苏长岩也具有较高的 FeO 含量（>15%）（Wieczorek et al., 2006b），其中的一些甚至大于 18%（Wieczorek et al.,

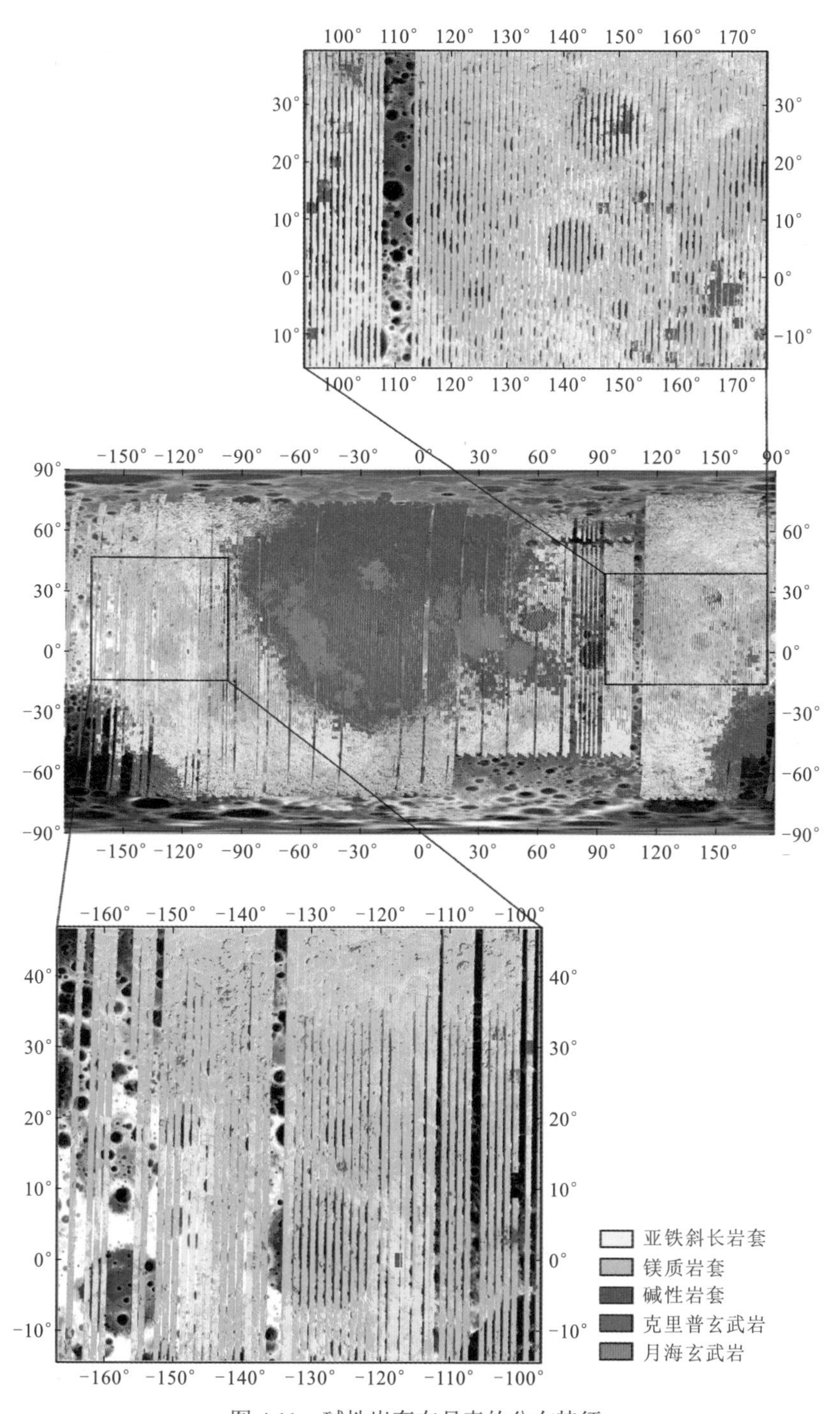

图 4.11　碱性岩套在月表的分布特征

2006b; Lucey et al., 2006)，如 QMD 15434，10/，178b 的 FeO 含量为 26.2%（Wieczorek et al., 2006b；Ryder and Martinez, 1991）。一些低钾玄武岩、非常高钾玄武岩和高铝玄武岩的 FeO 含量低于 18%，甚至只有 15.5%（Wieczorek et al., 2006b）。来自陨石 NEA 001 的 2 块月海玄武岩 B1b 和 B6 的 FeO 含量分别为 12.21%和 13.64%（Snape et al., 2011）。此外，镁质岩套中的一些辉长苏长岩和辉长岩，以及碱性岩套中的一些碱性辉长苏长岩和二长辉长岩都富含高钙辉石（Wieczorek et al., 2006a, 2006b；Lucey et al., 2006），即月海玄武岩富含高钙辉石，但是富含高钙辉石的岩石并不只有月海玄武岩。因此，由于月球探测手段和探测数据方面的限制，仅通过从月球探测数据获得的较高的FeO含量和高钙辉石光谱特征能否区分月海玄武岩和其他 4 类岩套仍需要进一步的探讨。本小节采用 6 个氧化物和元素，建立 7 个岩性识别指标来识别岩套类别，建立的岩性识别器对月海玄武岩的识别精度（正确识别的月海玄武岩样本数占总月海玄武岩样本数的百分比）为 97.8%，因此本小节可能有望较好地区分月海玄武岩和其他岩套类型。然而，本节工作受到月岩样本的数量和代表性存在局限性的影响。随着更多月球探测器的发射、更多月岩样本的采集和更高空间和光谱分辨率的月球探测数据的获得，月海玄武岩月表出露区域有望得到更准确地识别。

本小节揭示几乎所有的月海都有月海玄武岩出露。一些月海，如澄海、丰富海、静海、危海和湿海的绝大部分或大部分区域均覆盖着月海玄武岩；一些月海，如风暴洋、雨海、云海、汽海、界海、史密斯海、莫斯科海、泡沫海和浪海的部分区域被月海玄武岩填充；而一些月海，如酒海、蛇海、东方海、南海、岛海、知海和洪堡海仅有少量的月海玄武岩出露；只有一个月海，即冷海（除了未被 IIM 数据覆盖的区域，特别是东部区域），其表面物质基本没有受到月海玄武岩的影响。与月海玄武岩相比，冷海表面的 FeO 含量偏低，在 200 m/pixel 分辨率下绝大部分地区 FeO 含量不超过 16.5%，且中东部、中西部和西部的一些区域的 FeO 含量为 3%～9%。明显的 Th 含量提升是冷海表面区别于月海玄武岩的另一个重要特征。除了没有被 IIM 完全覆盖的东部区域，在分辨率 60 km/pixel 下，冷海表面的绝大部分区域的 Th 含量为 5～7 μg/g，西南部甚至达到约 8 μg/g，特别地，中西部地区具有较高的 Th 含量，为 6.5～8 μg/g。然而本小节研究的来自陨石的 29 个非角砾玄武岩样本或玄武岩碎屑样本（Elardo et al., 2014；Snape et al., 2011；Haloda et al., 2009, 2006；Greshake et al., 2008；Day et al., 2006；Zeigler et al., 2005；Warren and Kallemeyn, 1993）和 62 个 Apollo 和 Luna 任务返回的月海玄武岩样本（Fagan and Neal, 2016；Wieczorek et al., 2006b；Zeigler et al., 2006），它们的最大 Th 含量为 4.92 μg/g，Th 均值约为 1.3 μg/g。因此，与月海玄武岩比较，偏低的 FeO 含量和偏高的 Th 含量说明冷海表面的化学成分和岩性特征与其他月海的不同。本小节研究发现，冷海具有较高 FeO 含量的地区，其表面岩性主要为克里普玄武岩，而其他区域则主要覆盖着碱性岩套。Kramer 等（2015）指出冷海西部的 WF4 和 WF5 单元区域可能是克里普火山发生地，如图 4.12 所示的冷海火山单元图（Kramer et al., 2015），其中 WF4 和 WF5 区域在图中为蓝色区域，底图是 Clementine 的伪彩色影像（红色 =900 nm、绿色=750 nm、蓝色=415 nm）。本小节证实了 Kramer 等（2015）的观点并揭示了克里普玄武岩的确出露在这两个单元区域的表面。需要说明的是，高光谱遥感数据只能获取月球表面的物质信息，因此本小节仅揭示冷海表面的岩性特征且受到 Th 含量低分辨率的影响。此外，对于多种岩性混合的像元，本小节将该像元的岩性识别为其中占统治地位的岩性类别。Kramer 等（2015）指出因为冷海狭长的形状，冷海原生的月海玄武岩容易被来源于其他地区的撞击溅射物掩埋，并采用小撞击坑边缘和溅射物探查（small crater rim and ejecta probing，SCREP）的方法探查冷海地区埋藏在撞击溅射物和火山物质下方的原生高铝玄武岩，生成火山单元图（图 4.12）。Kramer 等（2015）指出冷海地区下覆的月海玄武岩与其表面物质具有明显不同的化学成分特征。因此，如果如 Kramer 等（2015）指出的，原生月海玄武岩在冷海地区的确存在，则它们在很大程度上被表面的克里普玄武岩和碱性岩套混染或掩埋。

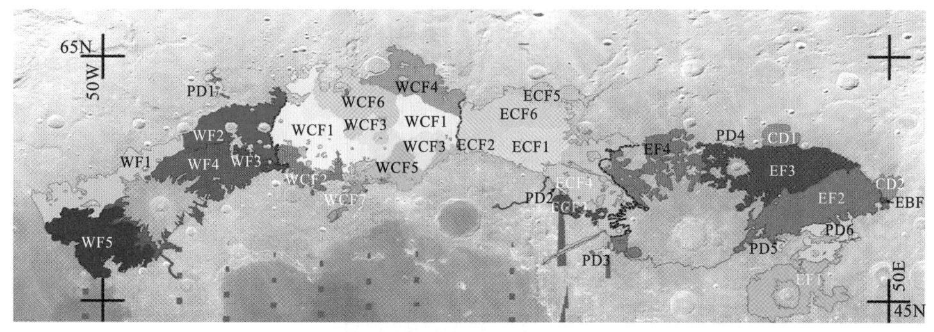

图 4.12 冷海火山单元图（Kramer et al., 2015）

WF 表示冷海西部单元，WCF 表示冷海中西部单元，ECF 表示冷海中东部单元，EF 表示冷海东部单元，CD 表示隐月海沉积物，PD 表示火山碎屑沉积物，EBF 表示冷海东部的月海玄武岩特征

静海（图 4.13）和岛海（图 4.14）作为两个例子用于展示月海玄武岩的分布特征。图 4.13 和图 4.14 分别为静海和岛海的岩性和化学成分含量图，其中图 4.13 中的黑色椭圆表示静海的大致范围；图 4.14 中的黑色封闭曲线表示岛海的大致范围，两个黑色圆形分别标出 Copernicus 和 Kepler 撞击坑的大致位置。图 4.13 和图 4.14 中的岩性分布图的底图是 LRO LOLA DEM 数据（Smith et al., 2010; http://pds-geosciences.wustl.edu/missions/lro/lola.htm [2019-08-16]），各含量分布图均叠加在由 LOLA DEM 数据生成的地形阴影图上，其中各氧化物含量（Wu, 2012）

由 CE-1 IIM 数据反演得到，分辨率为 200 m/pixel，Th 含量（Prettyman, 2012; Prettyman et al., 2006）由 LP GRNS 数据反演得到，分辨率为 60 km/pixel。

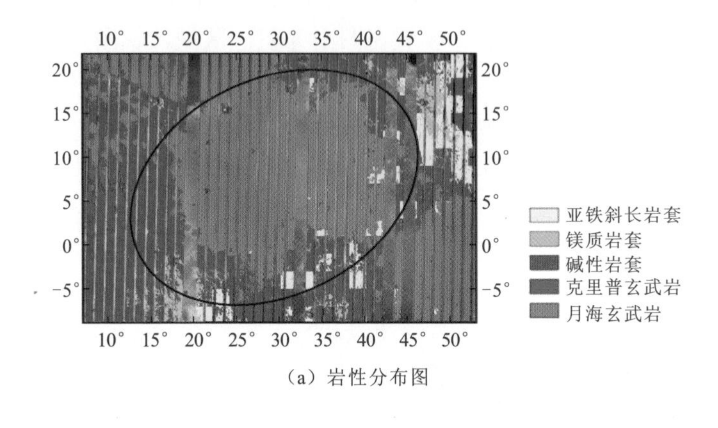

（a）岩性分布图

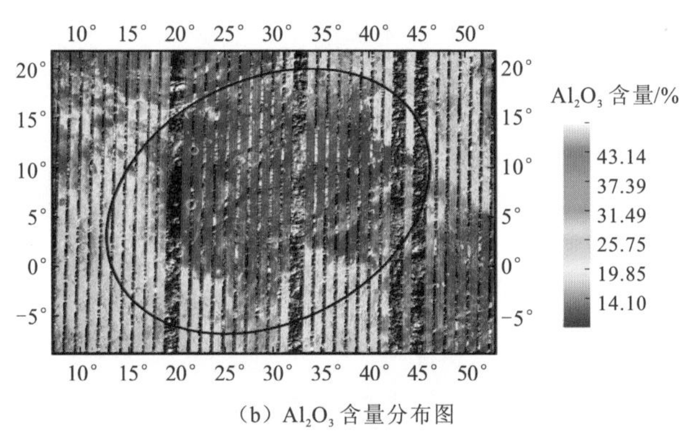

（b）Al_2O_3 含量分布图

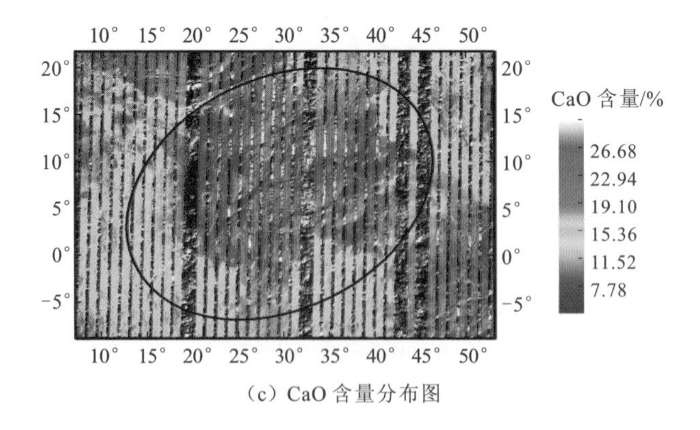

（c）CaO 含量分布图

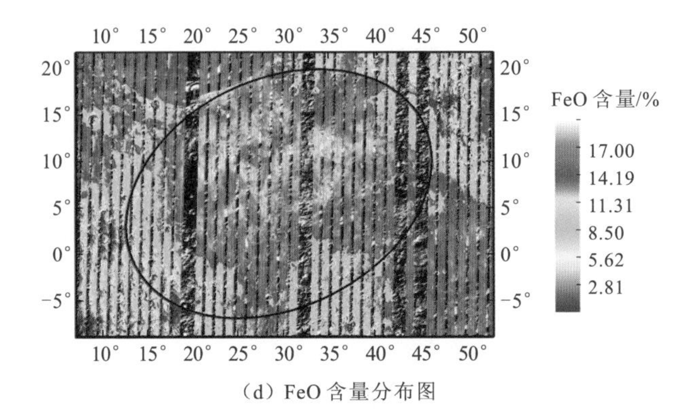

(d) FeO 含量分布图

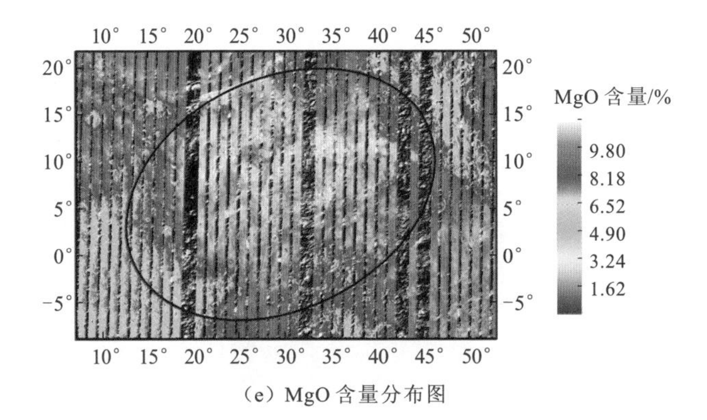

(e) MgO 含量分布图

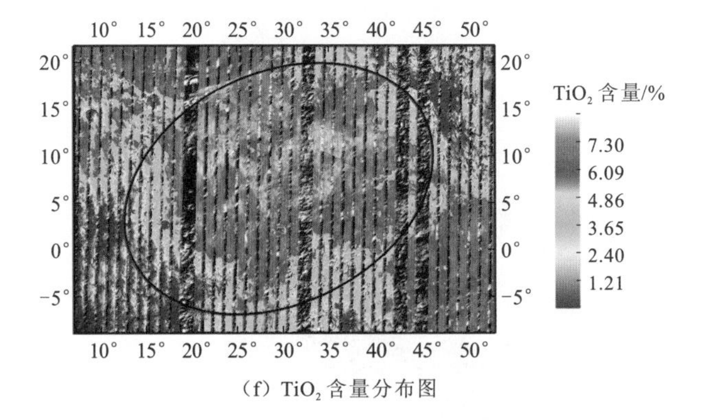

(f) TiO_2 含量分布图

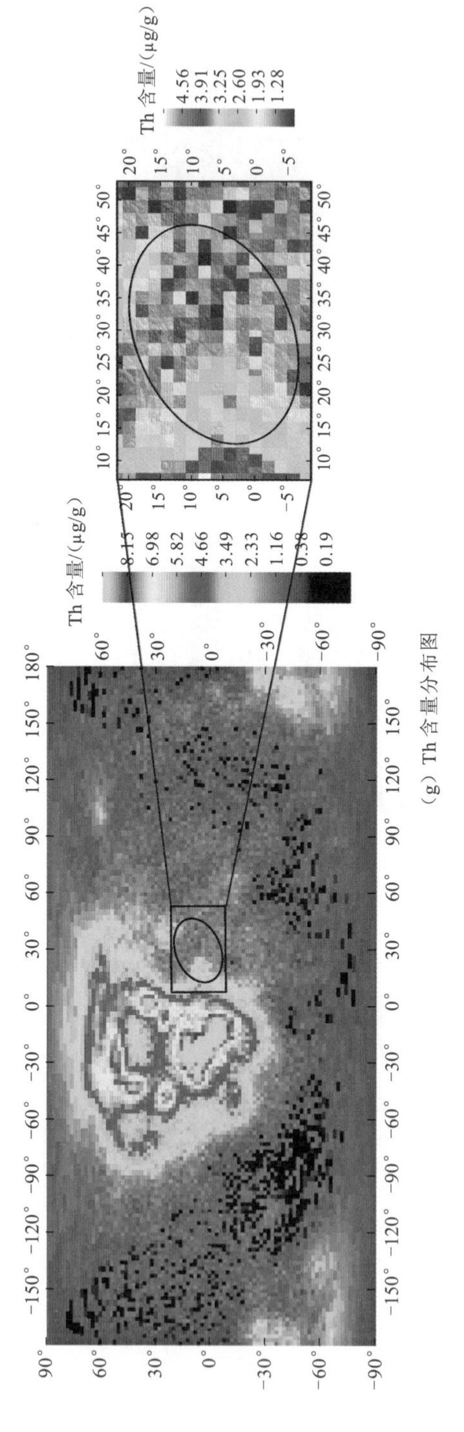

（g）Th 含量分布图

图 4.13　静海地区的岩性和化学成分分布图

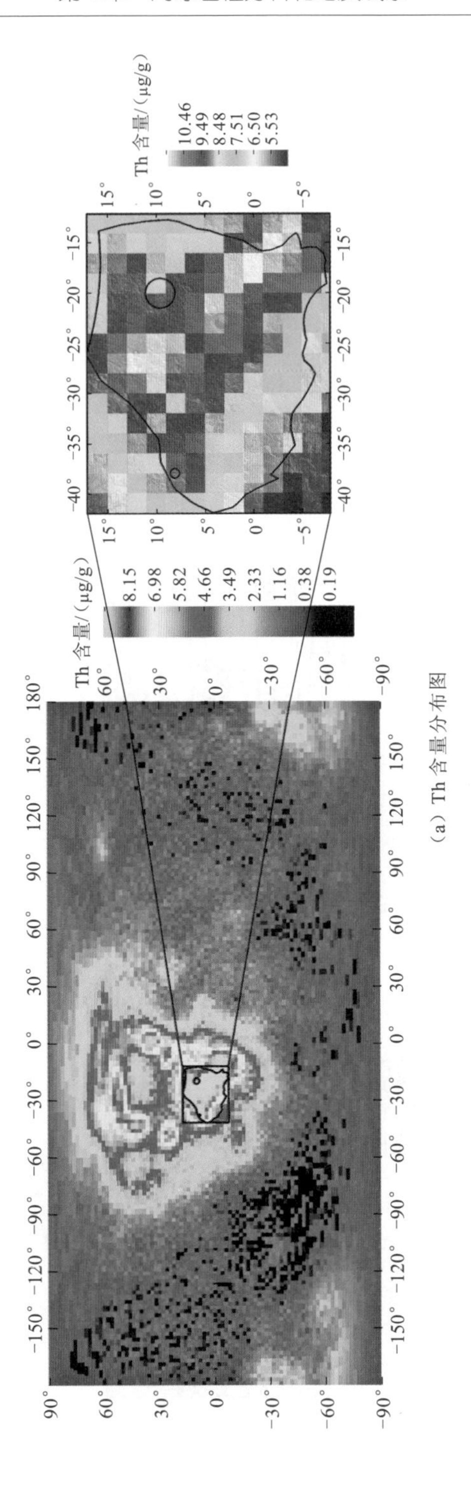
Th 含量/（μg/g）
8.15
6.98
5.82
4.66
3.49
2.33
1.16
0.38
0.19
Th 含量/（μg/g）
10.46
9.49
8.48
7.51
6.50
5.53

（a）Th 含量分布图

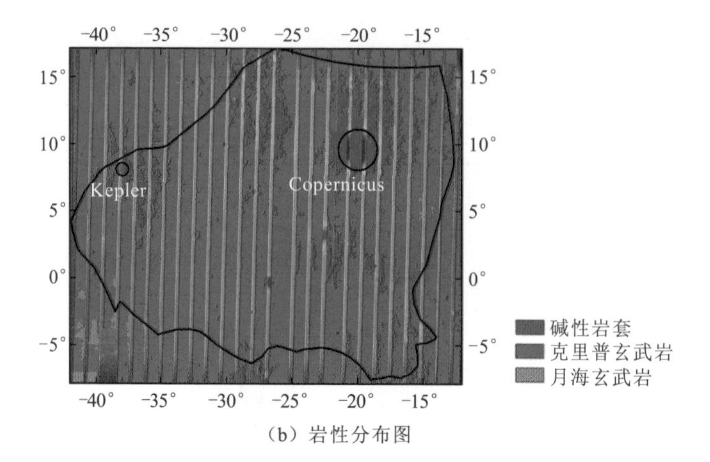

（b）岩性分布图

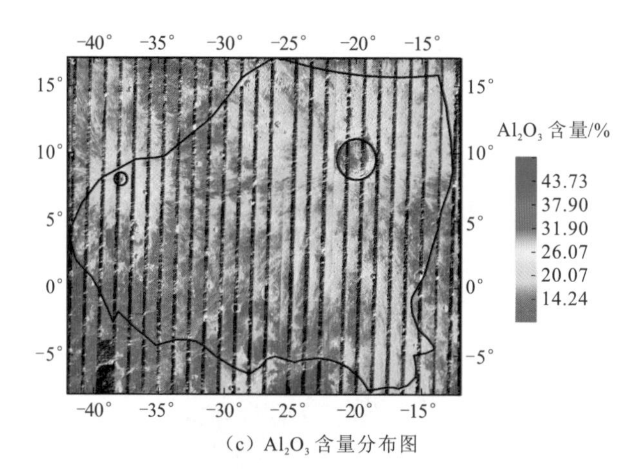

（c）Al_2O_3 含量分布图

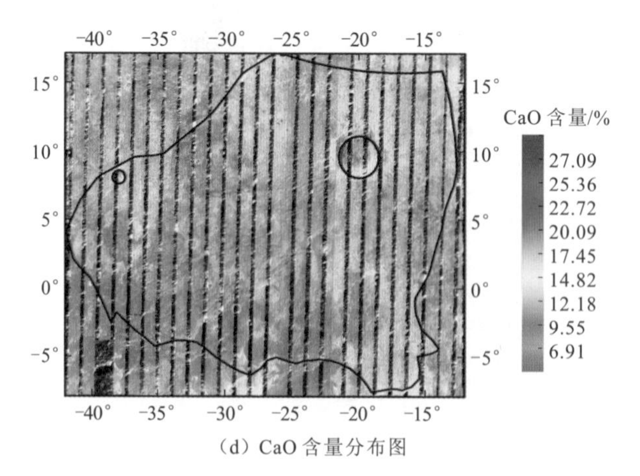

（d）CaO 含量分布图

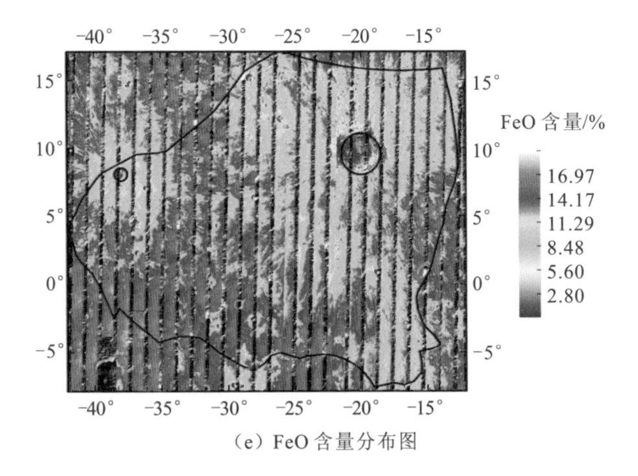

(e) FeO 含量分布图

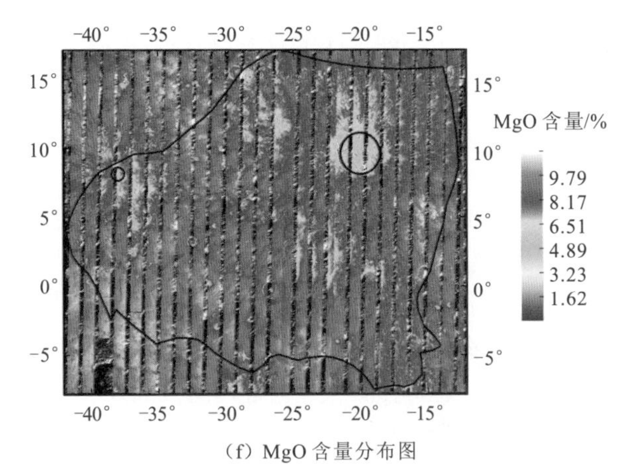

(f) MgO 含量分布图

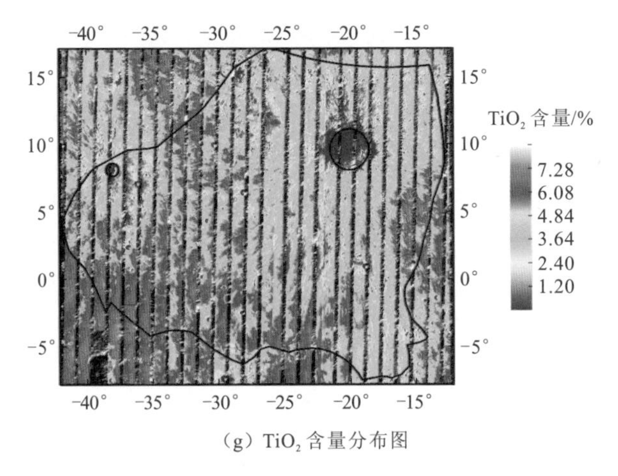

(g) TiO_2 含量分布图

图 4.14 岛海地区的岩性和化学成分分布图

静海的绝大部分表面被月海玄武岩覆盖，这些表面主要具有高 FeO、MgO 和 TiO_2 含量和低 CaO、Al_2O_3 和 Th 含量（Wu, 2012；Prettyman, 2012；Prettyman et al., 2006）。静海的一些区域具有几乎全月表最高的 FeO、MgO 和 TiO_2 含量（Wu, 2012）。相反地，在岛海月海玄武岩仅很少量地出露于月表，来源于 Copernicus 和 Kepler 两个撞击坑的溅射物覆盖了大部分区域。岛海的表面呈现提升到高的 Th 含量特征（Prettyman, 2012；Prettyman et al., 2006），它的绝大部分区域覆盖着来源于克里普火山活动的和撞击挖掘出的高 Th 物质。来源于 Copernicus 和 Kepler 撞击坑的溅射物的岩性为克里普玄武岩和碱性岩套。根据岩性特征和化学成分分布与 Copernicus 和 Kepler 撞击坑之间的距离和位置关系，在撞击成坑之前，碱性岩套可能埋藏在克里普玄武岩的下方，然后在撞击开掘的过程中，下层的碱性岩套被挖掘出来覆盖在撞击坑的表面或者被溅射到离撞击坑较近的地区，而上层的克里普玄武岩则被溅射到离撞击坑较远的区域。由于岛海地区的克里普物质的化学成分存在差异，因此该地区可能经历过多期次的克里普火山活动，早期的克里普物质与晚期的克里普物质相比，具有较低的镁铁质和较低的 Ti 含量，以及较高的 Ca 和 Al 含量。早期的克里普物质被晚期的克里普物质掩埋，然后在 Copernicus 和 Kepler 撞击成坑作用下早期的克里普物质被挖掘到月表。根据月海玄武岩被克里普玄武岩掩埋的特征，推断在岛海地区克里普火山活动可能比月海玄武质火山活动持续时间更长。因此，岛海可能经历了 3 个演化过程：①月海玄武质火山活动；②多期次的克里普火山活动，在火山作用下，克里普物质被运送到月表，并覆盖早期的月海玄武岩，并且经过多期次的克里普火山喷发，早期喷发的克里普物质被后续喷发出的克里普物质所覆盖；③Copernicus 和 Kepler 撞击坑形成，在撞击开掘作用下，埋藏较深的碱性物质和早期喷发的克里普物质被挖掘出来覆盖在晚期喷发的克里普物质上。此外，岛海的演化还有两种可能：①岛海的克里普物质来源于其他地区的撞击溅射物，即岛海喷发的月海玄武岩被后来多期次不同化学特征的克里普溅射物质掩埋；②岛海早期的多期次克里普物质被后期的月海玄武岩浆覆盖，然后在 Copernicus 和 Kepler 撞击事件作用下，又被挖掘溅射，覆盖了月海玄武岩。关于第①个补充的可能性，涉及岛海的克里普物质是否具有本地起源，即起源于本地的克里普火山活动，还是起源于其他地区的撞击溅射物。考虑岛海位于高 Th 地区，该高 Th 带比其周围地区具有更高的 Th 含量，即岛海地区具有高克里普含量，因此本小节倾向于本地克里普火山活动起源。关于第②个补充可能性，涉及克里普火山活动和月海玄武岩火山活动发生的时间顺序。在这种可能性下，克里普物质会被后期的月海玄武质物质混染，而降低克里普含量，而考虑岛海的高克里普含量特征，本小节倾向于是先发生月海玄武质火山活动，之后才发生克里普火山活动，从而使得岛海地区具有高克里普含量。

此外，月海玄武岩还充填了一些撞击坑，如充填了 Tsiolkovskiy 和 Grimaldi

撞击坑的部分区域。在南极艾特肯盆地，Apollo 撞击坑和智海（图 4.15）的部分地区被月海玄武岩覆盖。这一结果与前人的一些研究（例如：Pieters et al., 2014；Lucey et al., 2006）基本一致，前人研究也指出月海玄武岩在 Tsiolkovskiy 撞击坑（Hiesinger and Head, 2006；Lucey et al., 2006；Head, 1976）、Grimaldi 撞击坑（Wieczorek et al., 2006a,2006b）、智海（Pieters et al., 2014）和 Apollo 盆地（Hiesinger and Head, 2006；Lucey et al., 2006；Head, 1976）均有出露。图 4.15 为智海的 IIM 影像和岩性分布图，其中大的黑色圆形标出了智海的大致范围，小的黑色圆形标出了智海内的 Thomson 撞击坑的大致范围，图(b)的岩性分布图叠加在由 LOLA DEM 数据（Smith et al., 2010；http://pds-geosciences.wustl.edu/ missions/ lro/lola.htm [2019-08-16]）生成的地形阴影图上。

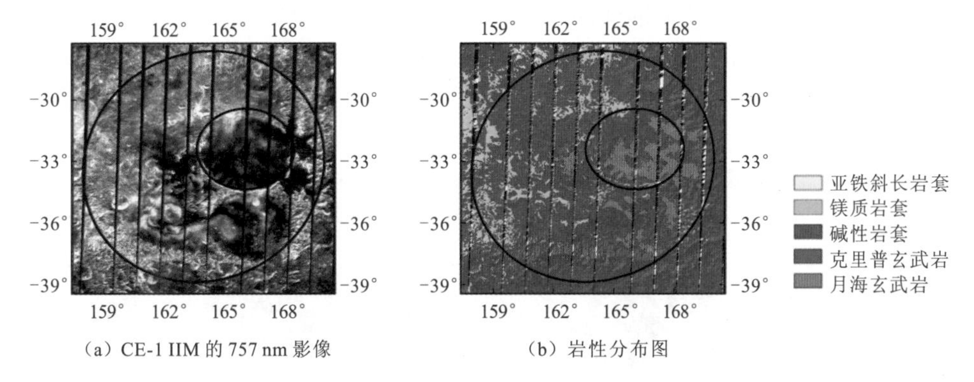

（a）CE-1 IIM 的 757 nm 影像 （b）岩性分布图

图 4.15 智海和位于智海内的 Thomson 撞击坑的影像和岩性

4）镁质岩套的分布

镁质岩套主要在 FHT 广泛分布和在 SPAT 的外围区域分布，因此本小节工作支持 Prissel 等（2014）的观点，即镁质岩浆是在全球尺度上侵入早期的斜长岩质月壳，镁质岩套在月球正面和背面均有出露。Wu（2012）指出 FHT 比月海区域具有更高的 Mg#值，本小节认为这一现象可能与镁质岩套在月表的分布特征相关，即与月海地区比较，FHT 出露物质更加富集镁质岩套物质。镁质岩套样本主要采集于由 Apollo 14、Apollo 15、Apollo 16 和 Apollo 17 任务返回的月岩样本（Wieczorek et al., 2006b），其中 Apollo 15 没有被 IIM 观测范围覆盖，Apollo 14 登陆点没有被包含在 CE-1 IIM 影像生成的氧化物含量图中（Wu, 2012），关于 Apollo 16 和 Apollo 17，本小节揭示在相对靠近 Apollo 17 样本返回位置处有镁质岩套出露，而在 Apollo 16 样本返回的一些位置处则有镁质岩套广泛出露。

本小节主要关注前人研究（Shearer et al., 2015；Klima et al., 2011；Dhingra et al., 2011；Pieters et al., 2011）中提出的 9 个可能有镁质岩套出露的候选位置，如图 4.16 所示。图 4.16（a）显示了 9 个候选位置处 LP GRNS 探测得到的 Th 含

量特征（Prettyman, 2012；Prettyman et al., 2006），其中品红色的小矩形框和对应的文字标出了 9 个候选位置：BO 表示布格（Bouguer），L 表示 La Condamine A，P 表示柏拉图（Plato）撞击坑以东的一个撞击坑，V 表示阿尔卑斯大峡谷（Vallis Alpes），BU 表示 Bullialdus，D 表示 Dryden，C 表示 Chaffee S，T 表示 Theophilus，WM 表示莫斯科海西部。图 4.16（b）～（c）为 Bullialdus 地区的 Mg#和岩性分布图。图 4.16（d）～（f）为位于 Plato 撞击坑以东的撞击坑的 Mg#和岩性分布图。图 4.16（f）显示了 Dryden 撞击坑的岩性分布图，IIM 影像没有覆盖该撞击坑的西部区域。图 4.16（g）为 Chaffee S 东部坑壁的岩性分布图，IIM 影像只覆盖了该撞击坑的东部坑壁。图 4.16（h）～（j）分别为 Theophilus 撞击坑的 FeO 含量图（Wu, 2012）、Mg#图和岩性分布图。图 4.16（k）显示了莫斯科海的岩性分布特征，其中黑色矩形框标明了内环的西部区域。其中，图 4.16(b)~(k)叠加在由 LOLA DEM 数据（Smith et al., 2010；http://pds-geosciences.wustl.edu/missions/lro/ lola.htm [2019-08-16]）生成的地形阴影图上。

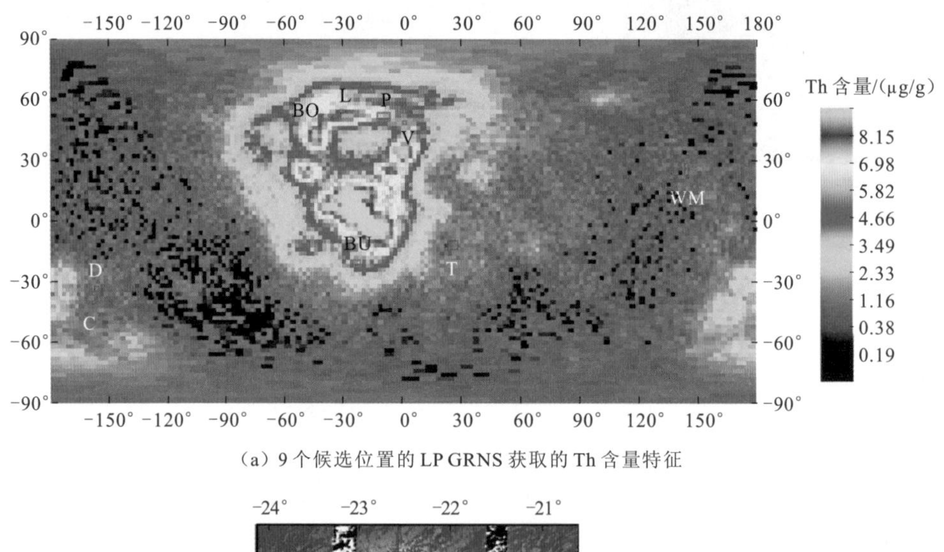

（a）9 个候选位置的 LP GRNS 获取的 Th 含量特征

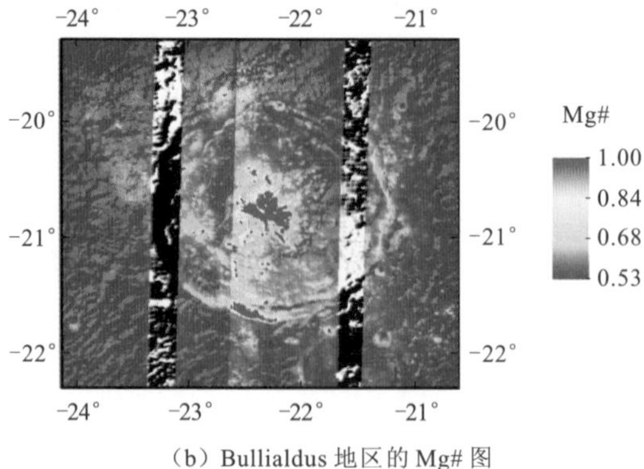

（b）Bullialdus 地区的 Mg# 图

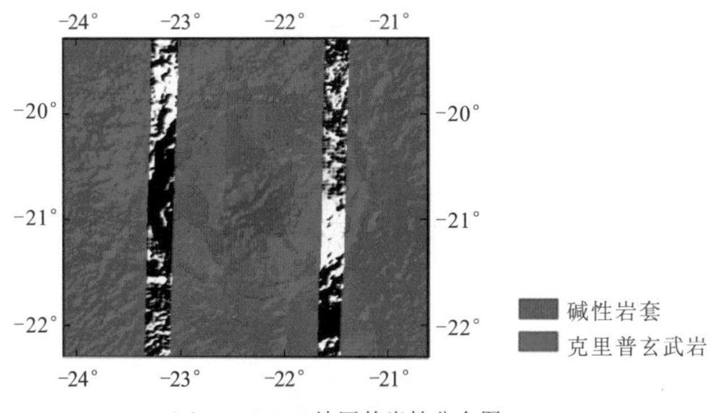

（c）Bullialdus 地区的岩性分布图

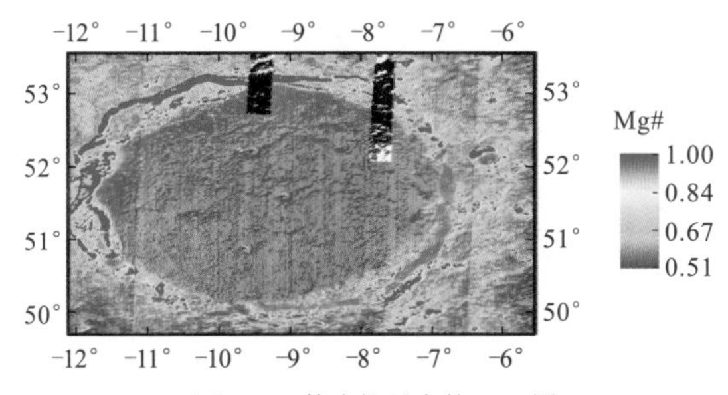

（d）Plato 撞击坑以东的 Mg# 图

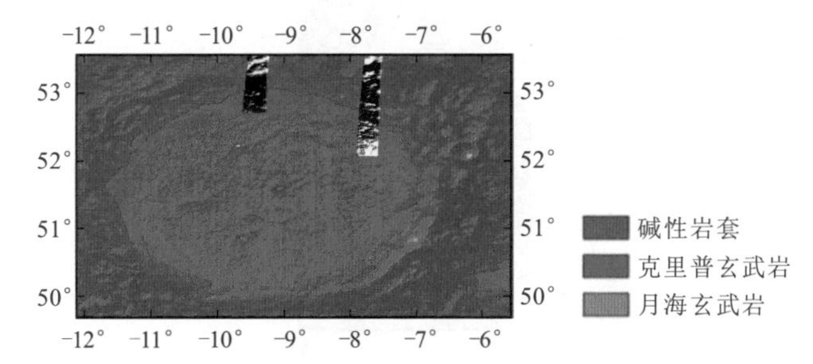

（e）Plato 撞击坑以东的岩性分布图

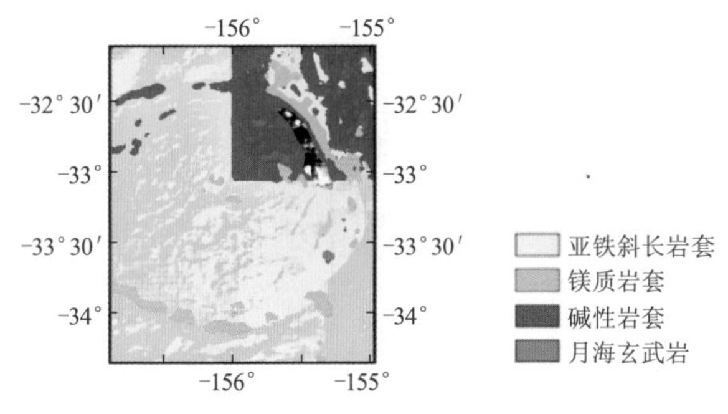

（f）Dryden 撞击坑的岩性特征

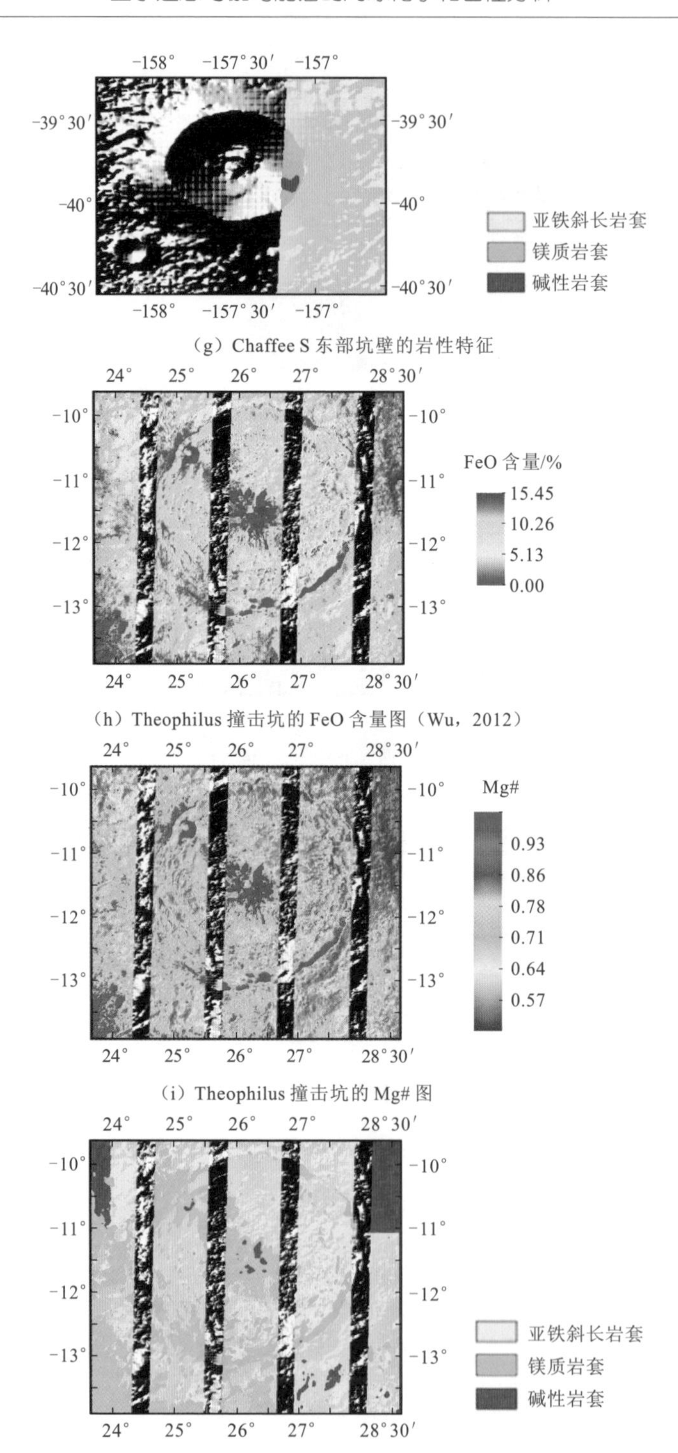

（g）Chaffee S 东部坑壁的岩性特征

（h）Theophilus 撞击坑的 FeO 含量图（Wu，2012）

（i）Theophilus 撞击坑的 Mg# 图

（j）Theophilus 撞击坑的岩性分布图

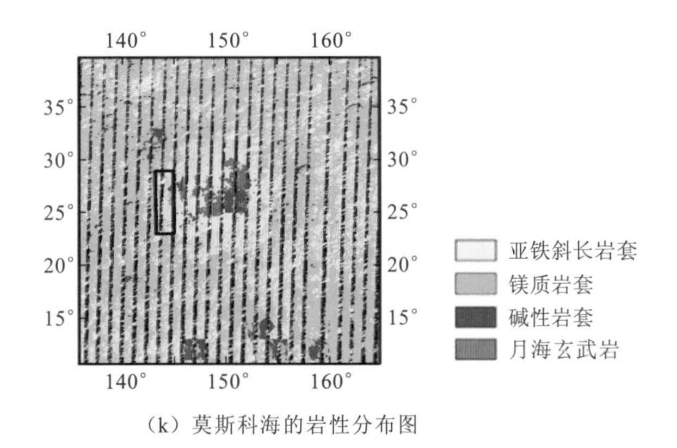

（k）莫斯科海的岩性分布图

图 4.16　前人研究提出的 9 个镁质岩套出露的候选位置（Shearer et al., 2015；Klima et al., 2011；Dhingra et al., 2011；Pieters et al., 2011）

首先，位于 PKT 内的 5 个候选位置，包括位于冷海以南的 4 个候选位置（Bouguer 撞击坑、La Condamine A 撞击坑、Vallis Alpes 撞击坑和位于 Plato 撞击坑以东的一个撞击坑）和位于云海西部的 Bullialdus 撞击坑，这 5 个候选位置均位于 Th 含量提升的区域[图 4.16（a）]，在分辨率 60km/pixel 下，Th 含量一般大于 5.3μg/g。然而，采样返回的镁质岩套样本的最大 Th 含量和平均 Th 含量分别为 4.2μg/g 和 1.18μg/g（Wieczorek et al., 2006b）。此外，Klima 等（2011）采用低钙辉石矿物和较高的 Mg # 值（>0.75）来识别 Bullialdus 撞击坑中央峰处和冷海以南 4 个地区可能的镁质岩套出露。然而，根据返回的月岩样本（Wieczorek et al., 2006b），碱性钙长岩、碱性苏长岩、碱性辉长苏长岩中斜方辉石/易变辉石的体积分数为 0.04 %～46%，Mg#值为 0.36～0.87，镁质岩套中斜方辉石/易变辉石的体积分数为 4%～60%，Mg#值为 0.68～0.9（Wieczorek et al., 2006b）。因此，根据 LCP 矿物和较高 Mg#值这两个判据能否区分镁质岩套和碱性岩套还需要进一步研究。由于这 5 个候选位置具有提升的 Th 含量，它们的岩性可能不是镁质岩套。选取这 5 个候选位置中的 Bullialdus 撞击坑[图 4.16（b）～（c）]和位于 Plato 撞击坑以东的撞击坑[图 4.16（d）～（e）]作为两个例子进行岩性分析。这两个撞击坑均位于 Th 含量提升的区域，岩性特征主要为富 Th 的岩石，如克里普玄武岩和碱性岩套。两个撞击坑中，中等 Mg#值的区域分布着克里普玄武岩，而较高 Mg#值的区域覆盖着碱性岩套。比较这 5 个候选位置的化学成分（或岩性识别指标）特征和返回的镁质岩套样本的化学成分（或岩性识别指标）特征，这 5 个撞击坑出露的岩性可能不是镁质岩套。

其次，对于南极艾特肯盆地内沿着 Apollo 盆地内环分布的两个撞击坑 Dryden

和 Chaffee S，前人研究（Shearer et al., 2015；Klima et al., 2011）指出这两个撞击坑可能有镁质岩套出露。如图 4.16（a）所示，这两个撞击坑位于低 Th 含量区域。Klima 等（2011）指出在 Dryden 东部坑壁的内侧，在约 33.2°S 位置有明显的 LCP 矿物特征且具有较高的 Mg#值（Mg#>0.75）。如图 4.16（f）所示，除了西部坑壁，IIM 影像覆盖了 Dryden 撞击坑的绝大部分地区，该撞击坑的东部坑壁的岩性主要为镁质岩套和亚铁斜长岩套。镁质岩套沿着 Dryden 撞击坑的东北部、东部和南部坑缘不连续分布，在撞击坑底部中心区域也有镁质岩套零散出露。正如 Klima 等（2011）指出的，东部坑壁内侧约 33.2°S 位置处可能有镁质岩套出露。如图 4.16（g）所示，IIM 影像覆盖了 Chaffee S 撞击坑的东部坑壁，其内侧出露的岩性主要是镁质岩套，也有一些碱性岩石出露。因此，镁质岩套可能出露于 Dryden 和 Chaffee S 撞击坑。

再次，关于镁质岩套出露的候选位置 Theophilus 撞击坑，Dhingra 等（2011）指出在该撞击坑内分布着多种岩石类型，其中，中央峰位置可能有新发现的镁质岩套成员——粉红尖晶钙长岩出露；在坑壁和坑底有零散的富含镁尖晶石的岩石出露。本小节发现，该撞击坑的中央峰、坑壁和沿着坑缘的位置均有低 FeO 含量和高 Mg#值的镁质岩石出露。如图 4.16（j）所示，在中央峰，镁质岩套是主要的岩性类别，并分布有少量的亚铁斜长岩套和碱性岩套；在坑壁，亚铁斜长岩套是主要的岩性类别。Dhingra 等（2011）指出粉红尖晶钙长岩的宿主岩性主要是钙长岩，因此本小节推断中央峰的镁质岩石可能是镁质钙长岩，具有极低的 FeO 含量且富含斜长石，即缺乏铁质矿物的斜长岩质岩石（Dhingra et al., 2011；Lucey et al., 2006）。

最后，对于候选位置莫斯科海内环西部位置，Pieters 等（2011）指出了内环西部的两个位置有粉红尖晶钙长岩出露。如图 4.16（k）所示，本小节揭示在内环西部，镁质岩套沿着内环坑缘分布；镁质岩套和亚铁斜长岩套沿着整个内环混合分布。Pieters 等（2014, 2011）指出在莫斯科盆地撞击形成时挖掘出的盆地物质是高度斜长岩质的，盆地的内部则覆盖着月海玄武岩（Morota et al., 2009；Haruyama et al., 2008）。本小节表明盆地内部不仅分布着月海玄武岩和斜长岩质物质，也有碱性岩石物质出露。结合莫斯科海地区的光学成熟度特征（Lucey et al., 2000），内环内部出露的斜长岩质物质和碱性岩石物质可能是在盆地形成后的后续撞击中挖掘出露的。在莫斯科海地区，碱性岩套主要出露于盆地底部的中心区域，而亚铁斜长岩套则被溅射覆盖了坑底和坑壁的广大区域；在盆地的坑壁处还有零散的镁质岩套出露；月海玄武岩在月海火山活动下喷发到月表，填充了盆地的（部分）内部区域。

因此，在前人工作（Shearer et al., 2015；Klima et al., 2011；Dhingra et al., 2011；Pieters et al., 2011）提出的 9 个镁质岩套出露的候选位置，只有 4 个位置（Dryden、

Chaffee S、Theophilus 撞击坑和莫斯科海）在本小节中被认为是镁质岩套出露区域。

关于镁质岩套在高地的分布，遥感数据表明在PKT外有镁质岩套出露（Pieters et al., 2014, 2011；Klima et al., 2011），然而一些长石质月球陨石却不支持镁质岩套在高地的分布（Shearer et al., 2015；Korotev, 2005）。这些长石质陨石和遥感数据的这种不一致性到目前还没有得到较好的回答（Shearer et al., 2015）。但是，月球陨石，如 Dhohar 489 中的一些镁质钙长岩和尖晶橄长岩碎屑可能提供了镁质岩套在高地分布的证据（Shearer et al., 2015；Takeda et al., 2006）。月球陨石和一些 Apollo 样本中的镁质钙长岩碎屑可能代表了不含克里普组分的镁质深成岩体（Treiman et al., 2010）。因此，本小节支持 Shearer 等（2015）提到的观点，即不含克里普组分的镁质岩套或者镁质钙长岩可能在高地地区广泛分布。Gross 等（2014）也指出亚铁斜长岩套可能只构成高地月壳的一小部分，而镁质钙长石和麻粒岩可能是高地月壳的主要岩性；这一观点与本小节的结果是基本一致的，根据岩性分布图（图 4.10），镁质岩套在 FHT 广泛分布，因此高地地区的镁质岩套可能是镁质钙长岩。此外，根据 Crites 和 Lucey（2015）生成的矿物图，高地镁质岩套具有高斜长石含量、低到较低的单斜辉石含量、低到中等的斜方辉石含量和低钛铁矿含量。

5. 月表岩性分布与月壳厚度关系

根据图 4.17 的月壳厚度图（Wieczorek et al., 2013），底图是 LOLA 地形数据（Smith et al., 2010）生成的地形阴影图，结合月表岩性分布特征，可见总体上，月海玄武岩填充的区域一般月壳厚度相对最小，克里普玄武岩出露区域的月壳厚度较小，而亚铁斜长岩套和镁质岩套出露地区的月壳厚度相对最大。但是，也有例外，如东方盆地内环以内的区域主要分布着亚铁斜长岩套和镁质岩套，然而该区域的月壳厚度小（Wieczorek et al., 2013），说明被撞击挖掘的深度深。南极艾特肯盆地的中心区域月壳厚度较小（Wieczorek et al., 2013），而该中心区域出露的主要是碱性岩套；且全球范围内，碱性岩套出露区域的月壳厚度总体上小于镁质岩套出露区域的月壳厚度，因此推测碱性岩套在月壳内的分布深度较深，部分可能仅深成侵入下月壳。而镁质岩套中至少有一部分镁质岩石在月壳内的分布深度较浅（如月球背面一些区域出露的镁质岩石），可能在浅成侵入作用下侵入上月壳和浅月表区域；还有一部分可能仅深成侵入下月壳（如东方盆地出露的镁质岩石）。

月表单元的岩性特征往往是多种岩性的混合体现，本小节工作将月表单元的岩性特征识别为在该单元内占统治地位的岩性类别。此外，本小节工作存在一些尚未解决，有待进一步研究的问题。

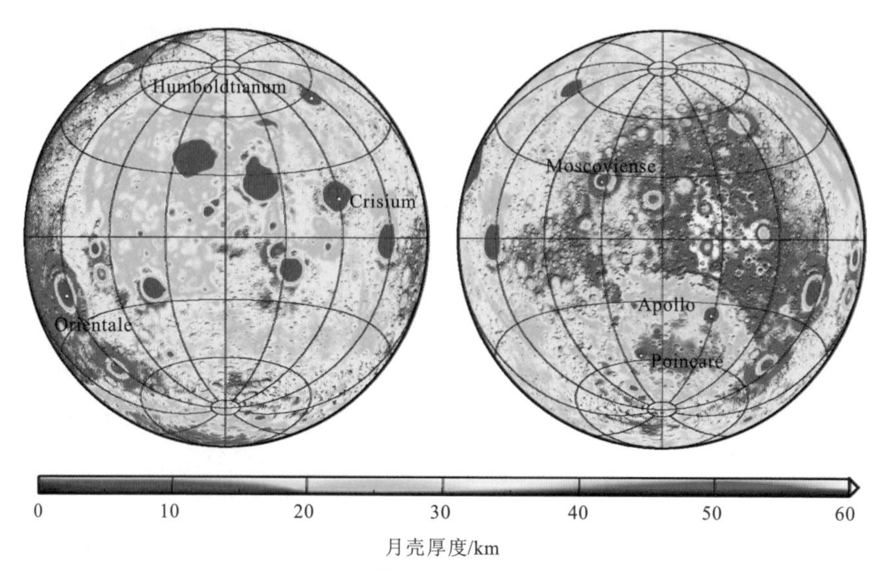

图 4.17 由 GRAIL 重力数据反演的月壳厚度图（Wieczorek et al.,2013）

Humboldtianum 表示洪堡海；Crisium 表示危海；Orientale 表示东方盆地；Moscoviense 表示莫斯科海；Apollo 表示阿波罗盆地，Poincaré 表示庞加莱盆地

（1）撞击熔融岩的分布。撞击熔融岩是来源于多种岩石类型混合的月球撞击角砾岩的一种（Hiesinger and Head, 2006）。本小节中，撞击熔融岩被识别为其含有的最主要的原生岩类型，并未单独识别出来。

（2）Fra Mauro 撞击熔融角砾岩的分布。LKFM 撞击熔融角砾岩（Spudis et al., 1991）由于其在 Wieczorek 等（2006b）中缺乏详尽的成分数据，没有纳入本小节研究中。Apollo 14 登陆点位于 Fra Mauro 建造（Fra Mauro Formation）处，因此 Fra Mauro 角砾岩直接从 Apollo 14 登陆点处采集获得（Stöffler, 2006；Hiesinger and Head, 2006；Chao, 1973）。Apollo 14 登陆点和 Fra Mauro 高地由于在位置上靠近 Copernicus 撞击坑，因此这两个地区有可能部分被 Copernicus 撞击坑的溅射物覆盖，即这两个地区可能部分分布着克里普玄武岩和碱性岩套。根据图 4.10，克里普玄武岩和碱性岩套分布在 Apollo 14 登陆点周围区域和 Fra Mauro 高地，因此这两个地区的 Fra Mauro 撞击熔融角砾岩可能被识别为克里普玄武岩和碱性岩套。

（3）Apollo 12 登陆点的岩性特征。Apollo 12 返回的样本大部分是月海玄武岩（Hiesinger and Head, 2006），由于非月海物质在附近区域的出露，Apollo 12 登陆点处的月海玄武岩层可能较薄（Head, 1975）。Apollo 12 也返回了含有钙长岩、克里普玄武岩和霏细岩碎片的克里普物质（Wentworth et al., 1994）。霏细岩是碱性岩套的成员（Wieczorek et al., 2006a），因此，根据采样返回的月岩样本，Apollo 12

登陆点的岩性主要为月海玄武岩、克里普玄武岩和碱性岩套。然而，根据图 4.4、图 4.6 和图 4.10，Apollo 12 登陆点主要分布着克里普玄武岩，具有约 14%的 FeO 含量和约 9μg/g 的 Th 含量。通常月海玄武岩的 FeO 含量为 15.5%～22.7%，Th 含量为 0.2～4.1μg/g（Wieczorek et al., 2006b）。因此，轨道数据和返回样本之间存在不一致性，这种不一致性可能有两个原因。首先，正如上文提到的，月海玄武岩层在 Apollo 12 登陆点处较薄（Head, 1975），且很可能与碱性岩套和克里普玄武岩存在混合分布，因此，月海玄武岩的岩性特征在空间分辨率低于 200 m/pixel（因为获取的月表 Th 含量具有低空间分辨率）的情况下，可能不很明显。其次，一些月海玄武岩浆可能吸收了克里普组分，导致 FeO 含量的降低和 Th 含量的提高，因此产生了增强的克里普特征。所以，虽然在图 4.10 中，Apollo 12 登陆点主要呈现出克里普特征，但月海玄武岩在该位置应该也是存在的。

（4）火山碎屑沉积的分布。Wieczorek 等（2006b）没有记录火山碎屑沉积（火山玻璃组）的 Th 含量数据，因此火山碎屑沉积的识别没有纳入本小节研究工作中。

（5）Th 含量数据的空间分辨率。目前，还没有高分辨率的 Th 含量数据，在本小节工作中，Th 含量数据的 60km/pixel 的低分辨率在一定程度上影响了岩性识别的能力。前人研究中（Wilson et al., 2015；Lawrence et al., 2007）提出的空间去卷积方法有望提高 Th 含量图的空间分辨率，可以作为一种改进方法。

（7）探测器探测深度的差异。CE-1 IIM 只能探测到月表的光谱特征（Ouyang et al., 2008），而 LP GRNS 可探测到月表以下 20～30cm 处的化学成分特征（Prettyman et al., 2006；Lucey et al., 2006），两者探测深度的差异会对岩性识别结果产生影响。

（8）月岩样本数量。本小节工作考虑了 30 个月球陨石样本，今后工作可以考虑采用更多的具有母岩碎屑成分分析的月球陨石样本，从而提高岩性识别的精度。

（9）地形阴影的影响。地形阴影会影响 IIM 影像的反射率值，从而影响 IIM 影像反演的月表氧化物含量和岩性分析。今后可以考虑采用受地形阴影影响较小的高光谱遥感数据反演月表氧化物含量，从而得到更准确的月表岩性特征。

4.2　相关岩浆洋演化和地质线索

本节针对与月球演化相关的 4 个问题进行讨论：①早期镁质岩浆的侵入是全球现象还是仅局限于 PKT？②镁质岩套的形成是否需要克里普组分？③镁质岩套和碱性岩套是否存在岩石成因关系？④南极艾特肯盆地的开掘程度如何？

本节内容来源作者发表于 *Scientific reports*（《科学报导》）的论文“Petrologic

Characteristics of the Lunar Surface”（月表岩性特征）（Wang and Pedrycz, 2015）。

4.2.1　早期镁质岩浆的侵入范围

根据岩性分布图（图 4.4 和图 4.10），镁质岩套和亚铁斜长岩套混合着分布在广阔的 FHT 区域，大部分 FHT 地区出露的岩性均为镁质岩套，而相对小部分 FHT 区域分布着亚铁斜长岩套。在 SPAT 区域，镁质岩套主要在外围区域出露。在 PKT 区域，则可能仅有（很）少量的镁质岩套出露。与月壳厚度图（图 4.17）（Wieczorek et al., 2013）比较，镁质岩套主要出露于月壳较厚的地区，而在开掘程度较深，即月壳厚度较薄的区域，镁质岩套出露较少。Cahill 等（2009）指出镁质岩套的分布是全球现象。Prissel 等（2014）提出，早期的镁质岩浆可能是全球性地侵入了斜长岩质的月壳。从本节来看，早期的镁质岩浆大范围地侵入了 FHT 地区和 SPAT 的外围区域，然后在撞击开掘作用下出露于月表。早期的镁质岩浆也可能侵入了 PKT 地区和 SPAT 的中心区域，但由于这两个区域的开掘程度较深，挖掘出了埋藏在月壳内较深处的物质，甚至下月壳物质，因此侵入月表下深度相对浅一些的镁质岩套被溅射到这些区域以外或者被掩埋，从而在这两个区域出露得较少。总之，研究表明，早期镁质岩浆大范围地侵入了 FHT 地区和 SPAT（特别是外围）地区，可能也侵入了 PKT 地区。

4.2.2　镁质岩套与克里普玄武岩的成因关系

根据岩性分布图（图 4.4 和图 4.10），克里普玄武岩的出露局限于 PKT 地区（Jolliff et al., 2000），而镁质岩套则在 FHT 地区广泛分布，在 PKT 区域内则出露少。克里普玄武岩和镁质岩套在空间分布上存在明显的差异，并且在 FHT 地区广泛分布的镁质岩套不含有克里普组分，因此本节支持 Shearer 等（2015）和 Cahill 等（2009）的观点，即克里普玄武岩与镁质岩套之间不存在岩石成因关系，克里普组分对于生成镁质岩套的初始母岩浆而言并非必需的物质，而 PKT 地区内的镁质岩套由于所处地区的特殊性而含有克里普组分。

4.2.3　镁质岩套与碱性岩套的成因关系

根据返回的月岩样本发现，从结晶的角砾岩中很难同时找到镁质岩套岩石和碱性岩套岩石（Wieczorek et al., 2006a），而这一现象可以通过生成的岩性分布图来解释。根据岩性分布图（图 4.4 和图 4.10），镁质岩套主要出露于 FHT 地区和 SPAT 的外围区域，而碱性岩套主要分布在 PKT 的外围区域、SPAT 的中心区域和 FHT 的一些零星孤立的区域，因此碱性岩套和镁质岩套在空间分布上存在明显的分离性。这种空间分布差异性和分离性使得镁质岩套和碱性岩套在撞击作用下胶着混合在一起的可能性较小，从而难以在同一块角砾岩样本中被同时收集到。结合月壳厚度图（图 4.17）（Wieczorek et al., 2013），镁质岩套在下月壳和上月壳均有分布，但可能主要分布在上月壳和浅月表区域；碱性岩套主要分布在月壳内较深的位置和下月壳区域；因此镁质岩套和碱性岩套在月壳内的纵向深度分布上也存在差异性。从化学成分而言（图 4.6）（Wieczorek et al., 2006a, 2006b），镁质岩套具有较高的 Mg#值和低 Th 含量（少部分具有提升的 Th 含量），而大部分碱性岩套具有低到中等的 Mg#值和提升甚至很高的 Th 含量，因此二者在化学成分上也存在明显的差异性。这两类岩套在横向（月表和浅月表）与纵向（月壳内）的空间分布差异性和在化学成分方面的差异性说明，这两类岩套之间可能不存在岩石成因关系。前人研究（Shearer, 2006；James et al., 1987；James, 1980；Warren and Wasson, 1980a，1980b）也提到镁质岩套和碱性岩套代表了同时期但是分离的玄武质岩浆活动，它们具有不同的起源。

4.2.4　南极艾特肯盆地的开掘程度

一些研究（例如：Taguchi et al., 2017；Sruthi and Kumar., 2014；Hagerty et al., 2011；Pieters et al., 2001；Lucey et al., 1998）表明南极艾特肯盆地的上月幔玄武质物质被挖掘或喷发出来，与下月壳的苏长质组分等混合在一起分布在盆地底部，且苏长质到辉长苏长质组分是盆地底部的主要岩性（Hagerty et al., 2011；Pieters et al., 2001）。一些研究（Wieczorek et al., 2006a；Yingst and Head, 1997）指出在盆地底部仅有相对少量的月海玄武岩出露。Pasckert 等（2018）指出南极艾特肯盆地表面可能只有 3%～4%的区域被月海玄武岩覆盖。从化学成分而言（图 4.1 和图 4.6），南极艾特肯盆地中心地区具有提升的 FeO、TiO_2、MgO 和 Th 含量，其化学成分与周围的高地地区存在明显差异。从矿物特征而言，Pieters 等（2001）指出南极艾特肯盆地广泛分布着低钙辉石；且靠近盆地中心的区域，有富橄榄石物质出露，这些富橄榄石物质可能来源于月幔；盆地的一些区域分布着高钙辉石，一些区域则具有斜长岩质特征。从岩性特征而言（图 4.5、图 4.10），南极艾特肯盆地的中心区域主要分布着碱性岩套，还有一些亚铁斜长岩套和镁质岩套分布；盆地的外围区域主要分布着镁质岩套和亚铁斜长岩套；南极艾特肯盆地中的多个盆地和月海中均有月海玄武岩出露，如 Apollo 盆地和智海等。从月壳厚度角度而言（图 4.17），Wieczorek 等（2013）指出南极艾特肯盆地内的 Poincaré 和 Apollo 盆地的月壳厚度很薄，小于 5 km；南极艾特肯盆地中心区域的月壳厚度小于 25 km。因此，综合化学成分特征、矿物特征、岩性特征和月壳厚度特征，本节支持一些前人研究（Hagerty et al., 2011；Nakamura et al., 2009；Pieters et al., 2001）的观点，在南极艾特肯盆地的中心区域，整个上月壳被移除，大量的下月壳物质和少量的月幔物质出露于月表。此外，在盆地中心区域分布的岩性以碱性苏长岩为主，可能也有一些碱性辉长岩或碱性辉长苏长岩出露，还有一些亚铁斜长岩套和镁质岩套分布；月海玄武岩在南极艾特肯盆地呈现零散地较少量出露。

4.3 本章小结

本章分析了月表和浅月表的岩性分布特征，探讨了一些相关的岩浆洋演化和地质线索。主要结论如下。

（1）亚铁斜长岩套与镁质岩套混合着主要分布在 FHT 区域，其中 FHT 大部分地区出露着镁质钙长岩，相对小部分地区分布着亚铁斜长岩套。

（2）克里普玄武岩出露于 PKT 内 Th 含量提升的地区；在岛海可能发生了多期次克里普火山活动，该地区月海玄武质火山活动结束后仍有克里普火山活动发生，早期喷发的月海玄武岩被后期喷发的克里普玄武岩覆盖。

（3）碱性岩套主要出露于 PKT 的外围区域和 SPAT 的中心区域，也出露于 FHT 区域一些零散孤立的地区，如 Compton 和 Belkovich 地区。

（4）几乎所有的月海地区都有月海玄武岩出露，一些月海的绝大部分或大部分区域均覆盖着月海玄武岩，一些月海的部分区域被月海玄武岩填充，一些月海仅有少量的月海玄武岩出露，只有冷海表面主要覆盖着克里普玄武岩和碱性岩套，其表面物质基本没有受到月海玄武岩的影响；此外，月海玄武岩也出露于高地地区的一些撞击坑，可能为隐月海的分布提供重要线索。

（5）镁质岩套广泛地出露于 FHT 地区和分布在 SPAT 的外围区域；前人研究（Shearer et al., 2015；Klima et al., 2011；Dhingra et al., 2011；Pieters et al., 2011）提出的 9 个镁质岩套出露的候选位置，可能只有 4 个位置（Dryden、Chaffee S、Theophilus 撞击坑和莫斯科海）有镁质岩套出露。

（6）克里普玄武岩和月海玄武岩主要分布在地势低洼的区域，地势最高和最低的区域均分布着亚铁斜长岩套，碱性岩套和镁质岩套的地势分布区域存在交集，此外，一些碱性岩套分布地势比镁质岩套高，而一些碱性岩套的分布地势比镁质岩套低。

（7）碱性岩套大部分在月壳内的分布深度较深，部分可能仅深成侵入下月壳；而镁质岩套中至少有一部分镁质岩石在月壳内的分布深度较浅，可能在浅成侵入作用下侵入上月壳和浅月表区域，还有一部分可能仅深成侵入下月壳。

（8）早期镁质岩浆大范围地侵入了 FHT 和 SPAT 的部分地区（特别是外围地区），可能也侵入了 PKT。

（9）克里普玄武岩与镁质岩套之间不存在岩石成因关系。

（10）镁质岩套和碱性岩套具有不同的起源，两者之间不存在岩石成因关系。

（11）在南极艾特肯盆地的中心区域，整个上月壳被移除，大量的下月壳物质和少量的月幔物质出露于月表；在盆地中心区域分布的岩性以碱性苏长岩为主，可能也有一些碱性辉长岩或碱性辉长苏长岩出露，还有一些亚铁斜长岩套和镁质岩套分布；月海玄武岩在南极艾特肯盆地呈现零散地较少量出露。

此外，需要说明的是本章识别的一些克里普玄武岩出露也有可能是携带或吸收克里普或被克里普物质混染的其他岩性，由于含有大量的克里普物质，而呈现出克里普玄武岩的化学特征。

参 考 文 献

陈建平，王翔，王楠，等，2014. 基于嫦娥数据澄海：静海幅地质图编研[J]. 地学前缘，21(6): 7-17.

邓晋福，1987. 岩石相平衡与岩石成因[M]. 武汉：武汉地质学院出版社.

杜劲松，陈超，梁青，等，2010. 月球表层及月壳物质密度分布特征[J]. 地球物理学报，53(9): 2059-2067.

李泳泉，刘建忠，欧阳自远，等，2007. 月球表面岩石类型的分布特征：基于 Lunar Prospector (LP)伽马射线谱仪探测数据的反演[J]. 岩石学报，23(5): 1169-1174.

凌宗成，刘建忠，张江，等，2014. 基于“嫦娥一号”干涉成像光谱仪数据的月球岩石类型填图：以月球雨海–冷海地区(LQ-4)为例[J]. 地学前缘，21(6): 107-120.

凌宗成，张江，刘建忠，等，2016. 嫦娥一号干涉成像光谱仪数据再校正与全月铁钛元素反演[J]. 岩石学报，32(1): 87-98.

王梁，丁孝忠，韩同林，等，2015. 月球第谷撞击坑区域数字地质填图及地质地貌特征[J]. 地学前缘，22(2): 251-262.

吴昀昭，徐夕生，谢志东，等，2009. 嫦娥一号 IIM 数据绝对定标与初步应用[J]. 中国科学：物理学　力学　天文学，39(10): 1387-1392.

肖龙，乔乐，肖智勇，等，2016. 月球着陆探测值得关注的主要科学问题及着陆区选址建议[J]. 中国科学：物理学　力学　天文学，46(2): 029602.

张招崇，王福生，2003. 一种判别原始岩浆的方法:以苦橄岩和碱性玄武岩为例[J]. 吉林大学学报(地球科学版)，33(2): 130-134.

ANTONENKO I, HEAD J W, MUSTARD J F, et al., 1995. Criteria for the detection of lunar cryptomaria[J]. Earth, moon, and planets, 69(2): 141-172.

BURNS R G, 1993. Mineralogical application of crystal field theory[M]. Cambridge: Cambridge

University Press.

CAHILL J T S, LUCEY P G, WIECZOREK M A, 2009. Compositional variations of the lunar crust: results from radiative transfer modeling of central peak spectra[J]. Journal of geophysical research planets, 114: E09001.

CAHILL J T S, THOMSON B J, PATTERSON G W, et al., 2014. The Miniature Radio Frequency instrument's (Mini-RF) global observations of earth's moon[J]. Icarus, 243: 173-190.

CHAO E C T, 1973. Geologic implications of the Apollo 14 Fra Mauro breccias and comparison with ejecta from the Ries crater, Germany[J]. Journal of research of the U.S. geological survey, 1: 1-18.

CRITES S T, LUCEY P G, 2015. Revised mineral and Mg# maps of the Moon from integrating results from the Lunar Prospector neutron and Gamma-ray spectrometers with Clementine spectroscopy[J]. American mineralogist, 100(4): 973-982.

DAY J, TAYLOR L A, FLOSS C, et al., 2006. Comparative petrology, geochemistry, and petrogenesis of evolved, low-Ti lunar mare basalt meteorites from the LaPaz Icefield, Antarctica[J]. Geochimica et cosmochimica acta, 70(6): 1581-1600.

DHINGRA D, PIETERS C M, BOARDMAN J W, et al., 2011. Compositional diversity at Theophilus Crater: understanding the geological context of Mg-spinel bearing central peaks[J]. Geophysical research letters, 38(11): 467-475.

DIFRANCESCO N J, NEKVASIL H, LINDSLEY D H, et al., 2015. Low-pressure crystallization of a volatile-rich lunar basalt: a means for producing local anorthosites[J]. American mineralogist, 100(4): 983-990.

ELARDO S M, SHEARER C K, FAGAN A L, et al., 2014. The origin of young mare basalts inferred from lunar meteorites Northwest Africa 4734, 032, and LaPaz Icefield 02205[J]. Meteoritics & planetary science, 49(2): 261-291.

ELPHIC R C, LAWRENCE D J, FELDMAN W C, et al., 2000. Determination of lunar global rare earth element abundances using Lunar Prospector neutron spectrometer observations[J]. Journal of geophysical research, 105(E8): 20333-20346.

FAGAN A L, NEAL C R, 2016. A new lunar high-Ti basalt type defined from clasts in Apollo 16 breccia 60639[J]. Geochimica et cosmochimica acta, 173: 352-372.

FREUND Y, SCHAPIRE R, 1996. Experiments with a new boosting algorithm[C]// International Conference on Machine Learning, 13th, 1996, Bari, Italy.

GIGUERE T A, HAWKE B R, GADDIS L R, et al., 2006. Remote sensing studies of the Dionysius region of the moon[J/OL]. Journal of geophysical research planets, 111: 1-11. https://doi. org /10.1029/ 2005JE002639.

GILLIS J J, JOLLIFF B L, LAWRENCE D J, et al., 2002. The Compton-Belkovich region of the moon: remotely sensed observationsand Lunar sample association[C]// 33rd Annual Lunar and Planetary Science Conference, March 11-15, 2002, Houston, Texas.

GNOS E, HOFMANN B A, AL-KATHIRI A, et al., 2004. Pinpointing the source of a lunar meteorite: implications for the evolution of the moon[J]. Science, 305(5684):657-659.

GREEN D H, 1976. Experimental testing of equilibrium partial melting of peridotite under water:satuated, high pressure conditions[J]. Can mineral, 14: 255-268.

GRESHAKE A, IRVING A J, KUEHNER S M, et al., 2008. Northwest Africa 4898: a new high-alumina mare basalt from the moon[C]// 39th Lunar and Planetary Science Conference, held March 10-14, 2008 in League City, Texas.

GROSS J, TREIMAN A H, MERCER C N, 2014. Lunar feldspathic meteorites: constraints on the geology of the lunar highlands, and the origin of the lunar crust[J]. Earth & planetary science letters, 388(17): 318-328.

HAGERTY J J, LAWRENCE D J, HAWKE B R, 2011. Thorium abundances of basalt ponds in South Pole-Aitken basin: insights into the composition and evolution of the far side lunar mantle[J/OL]. Journal of geophysical research planets, 116(E6): 1-23. https: // doi. org / 10.1029/ 2010JE003723.

HAHSLER M, GRÜN B, HORNIK K, et al., 2005. Introduction to arules:a computational environment for mining association rules and frequent item sets[J]. Journal of statistical software, 14(15): 1-25.

HALODA J, KOROTEV R L, TÝCOVÁ P, et al., 2006. Lunar meteorite Northeast Africa 003-A: a new lunar mare basalt[C]// 37th Annual Lunar and Planetary Science Conference, March 13-17, 2006, League City, Texas.

HALODA J, TÝCOVÁ P, KOROTEV R L, et al., 2009. Petrology, geochemistry, and age of low-Ti mare-basalt meteorite Northeast Africa 003-A: a possible member of the Apollo 15 mare basaltic suite[J]. Geochimica et cosmochimica acta, 73(11): 3450-3470.

HARUYAMA J, MATSUNAGA T, OHTAKE M, et al., 2008. Global lunar-surface mapping experiment using the Lunar Imager/Spectrometer on SELENE[J]. Earth, planets and space, 60(4): 243-255.

HAWKE B R, GILLIS J J, GIGUERE T A, et al., 2005. Remote sensing and geologic studies of the Balmer-Kapteyn region of the moon[J/OL]. Journal of geophysical research, 110(E6): 1-16. https: // doi. org / 10.1029/ 2004JE002383.

HAWKE B R, GIGUERE T A, PETERSON C A, et al., 2015. Cryptomare, Lava lakes, and pyroclastic deposits in the Gassendi region of the moon: final results[C]// 46th Lunar and Planetary Science Conference, held March 16-20, 2015 in The Woodlands, Texas.

HEAD J W, 1975. Some geologic observations concerning lunar geophysical models[C]// The

Soviet-American Conference on the Cosmochemistry of the Moon and Planets, 1th.

HEAD J W, 1976. Lunar volcanism in space and time[J]. Reviews of geophysics, 14(2): 265-300.

HEAD J W, WILSON L, 1992. Lunar mare volcanism: stratigraphy, eruption conditions, and the evolution of secondary crusts[J]. Geochimica et cosmochimica acta, 56: 2155-2175.

HEIKEN G, VANIMAN D T, FRENCH B M, 1991. Lunar sourcebook: a user's guide to the moon[M]. Cambridge: Cambridge University Press.

HIESINGER H, HEAD III J W, 2006. New views of lunar geoscience: an introduction and overview[J]. Reviews in mineralogy and geochemistry, 60(1):1-81.

HIPP J, GÜNTZER U, NAKHAEIZADEH G, 2000. Algorithms for association rule mining - a general survey and comparison[J]. ACM SIGKDD explorations newsletter, 2: 58-64.

HUBBARD N J, GAST P W, 1971. Chemical composition and origin of nonmare lunar basalt[J]. Geochimica et cosmochimica acta, 2(2): 999-1020.

IBM Support, 2014. SPSS Modeler 15.0 Documentation[CP/OL].http://www-01.ibm.com/support/docview.wss?uid=swg27023172.

JAMES O B, 1980. Rocks of the early lunar crust[C]// Lunar and Planetary Science Conference, 11th, Houston, TX, March 17-21, 1980.

JAMES O B, LINDSTROM M M, FLOHR M K, 1987. Petrology and geochemistry of alkali gabbronorites from Lunar Breccia 67975[J]. Journal of geophysical research solid earth, 92(B4): E314-E330.

JOLLIFF B L, GILLIS J J, HASKIN L A, et al., 2000. Major lunar crustal terranes: surface expressions and crust-mantle origins[J]. Journal of geophysical research planets, 105(E2): 4197-4216.

KAUR P, BHATTACHARYA S, CHAUHAN P, et al., 2013. Mineralogy of Mare Serenitatis on the near side of the Moon based on Chandrayaan-1 Moon Mineralogy Mapper (M3) observations[J]. Icarus, 222(1): 137-148.

KLIMA R L, PIETERS C M, BOARDMAN J W, et al., 2011. New insights into lunar petrology: distribution and composition of prominent low-Ca pyroxene exposures as observed by the Moon Mineralogy Mapper (M3)[J]. Journal of geophysical research planets, 116: 1-6.

KOROTEV R L, 2005. Lunar geochemistry as told by lunar meteorites[J]. Geochemistry, 65(4): 297-346.

KOROTEV R L, 2017a. Lunar meteorites[DB/OL].[2019-08-16]. http://meteorites.wustl.edu/lunar/moon_meteorites.htm.

KOROTEV R L, 2017b. List of lunar meteorites[DB/OL].[2019-08-16]. http://meteorites.wustl.edu/lunar/ moon_meteorites_list_alumina.htm.

KOROTEV R L, JOLLIFF B L, ZEIGLER R A, et al., 2003. Feldspathic lunar meteorites and their implications for compositional remote sensing of the lunar surface and the composition of the lunar crust[J]. Geochimica et cosmochimica acta, 67(24): 4895-4923.

KRAMER G Y, JAISWAL B, HAWKE B R, et al., 2015. The basalts of Mare Frigoris[J]. Journal of geophysical research planets, 120(10): 2947.

KRING D A, DURDA D D, 2012. A global lunar landing site study to provide the scientific context for exploration of the moon[Z/OL]. Lunar and Planetary Institute, LPI-JSC Center for Lunar Science and Exploration, LPI Contribution No.1694. https://www.Ipi.usra.edu/exploration/ CLSE-Landing-site-study/.

LAWRENCE D J, FELDMAN W C, BARRACLOUGH B L, et al., 2000. Thorium abundances on the lunar surface[J]. Journal of geophysical research: planets, 105(E8): 20307-20331.

LAWRENCE D J, ELPHIC R C, FELDMAN W C, et al., 2003. Small-area thorium features on the lunar surface[J]. Journal of geophysical research, 108(E9): 1-25. https://doi. org/10.1029/2003JE 002050.

LAWRENCE D J, PUETTER R C, ELPHIC R C, et al., 2007.Global spatial deconvolution of Lunar Prospector Th abundances[J]. Geophysical research letters, 34(3): 407-423.

LUCEY P G, TAYLOR G J, HAWKE B R, et al., 1998. FeO and TiO_2 concentrations in the South Pole-Aitken basin: implications for mantle composition and basin formation[J]. Journal of geophysical research planets, 103(E2): 3701-3708.

LUCEY P G, BLEWETT D T, TAYLOR G J, et al., 2000. Imaging of lunar surface maturity[J]. Journal of geophysical research, 105 (E8): 20377-20386.

LUCEY P G, KOROTEV R L, GILLIS J J, et al., 2006. Understanding the lunar surface and space-Moon interactions[J]. Reviews in mineralogy and geochemistry, 60(1): 83-219.

MOROTA T, HARUYAMA J, HONDA C, et al., 2009. Mare volcanism in the lunar farside Moscoviense region: implication for lateral variation in magma production of the moon[J/OL]. Geophysical research letters, 36(21): 1-5. https://doi. org/10.1029/2009GL040472.

NAKAMURA R, MATSUNAGA T, OGAWA Y, et al., 2009. Ultramafic impact melt sheet beneath the South Pole–Aitken basin on the moon[J]. Geophysical research letters, 36: 1-5.

OUYANG Z, JIANG J, LI C, et al., 2008. Preliminary scientific results of Chang E-1 Lunar Orbiter: based on payloads detection data in the first phase[J]. Chinese journal of space science, 285: 361-369.

PASCKERT J H, HIESINGER H, BOGERT C H V D, 2015. Small-scale lunar farside volcanism[J]. Icarus, 257: 336-354.

PASCKERT J H, HIESINGER H, BOGERT C H V D, 2018. Lunar farside volcanism in and around the South Pole-Aitken Basin[J]. Icarus, 299: 538-562.

PIETERS C M, HEAD III J W, GADDIS L, et al., 2001. Rock types of South Pole-Aitken basin and extent of basaltic volcanism[J]. Journal of geophysical research planets, 106(E11): 28001-28022.

PIETERS C M, BESSE S, BOARDMAN J, et al., 2011. Mg-spinel lithology: a new rock type on the lunar farside[J]. Journal of geophysical research atmospheres, 116: 287-296.

PIETERS C M, HANNA K D, CHEEK L, et al., 2014.The distribution of Mg-spinel across the moon and constraints on crustal origin[J]. American mineralogist, 99(10): 1893-1910.

POTTER R W K, COLLINS G S, KIEFER W S, et al., 2012. Constraining the size of the South Pole-Aitken basin impact[J]. Icarus, 220(2): 730-743.

PRETTYMAN T H, 2012. Lunar prospector Gamma Ray spectrometer elemental abundance. LP-L-GRS-5-ELEM-ABUNDANCE-V1.0[DS/OL]. (2012-10-24)[2019-08-16]. http://pds-geosciences.wustl.edu/missions/lunarp/grs_elem_abundance.html.

PRETTYMAN T H, HAGERTY J J, ELPHIC R C, et al., 2006. Elemental composition of the lunar surface: analysis of gamma ray spectroscopy data from Lunar Prospector[J/OL]. Journal of geophysical research planets, 111: 1-17. https://doi.org/10.1029/2005JE002656.

PRISSEL T C, PARMAN S W, JACKSON C R M, et al., 2014. Pink moon: the petrogenesis of pink spinel anorthosites and implications concerning Mg-suite magmatism[J]. Earth and planetary science letters, 403: 144-156.

QUINLAN J R, 2013. C5.0: an informal tutorial[CP/OL]. RuleQuest Research. http://www.rulequest.com/ see5-unix.html.

RYDER G, MARTINEZ R R, 1991. Evolved hypabyssal rocks from station 7, Apennine Front, Apollo 15[C]// Lunar and Planetary Science Conference, 21st, Houston, TX, Mar. 12-16, 1990.

SCHAPIRE R, 1990. The strength of weak learn ability[J]. Machine learning, 5(2): 197-227.

SCHULTZ P H, SPUDIS P D, 1979. Evidence for ancient mare volcanism[C]// Proceedings of Lunar and Planetary Science, Houston, 10th.

SCHULTZ P H, SPUDIS P D, 1983. Beginning and end of lunar mare volcanism[J]. Nature, 302(5905): 233-236.

SHEARER C K, 2006. Thermal and magmatic evolution of the moon[J]. Reviews in mineralogy & geochemistry, 60(1): 365-518.

SHEARER C K, ELARDO S M, PETRO N E, et al., 2015. Origin of the lunar highlands mg-suite: an integrated petrology, geochemistry, chronology, and remote sensing perspective[J]. American mineralogist, 100(1): 294-325.

SMITH D E, 2013. LDEM_4.IMG, LRO-L-LOLA-4-GDR-V1.0[DB/OL]. (2013-11-15)[2019-08-16]. http://imbrium.mit.edu/LOLA.html.

SMITH D E, ZUBER M T, NEUMANN G A, et al., 2010. Initial observations from the lunar orbiter laser altimeter (LOLA)[J/OL]. Geophysical research letters, 37(18): 1-6. https://doi.org/10.1029/2010GL043751.

SNAPE J F, JOY K H, CRAWFORD I A, 2011.Characterization of multiple lithologies within the lunar feldspathic regolith breccia meteorite Northeast Africa 001[J]. Meteoritics and planetary science, 46(9): 1288-1312.

SPUDIS P D, RYDER G, TAYLOR G J, et al., 1991. Sources of mineral fragments in impact melts 15445 and 15455-Toward the origin of low-K Fra Mauro basalt[C]// Lunar and Planetary Science Conference, 21st, Houston, TX, Mar. 12-16, 1990.

SPUDIS P D, MARTIN D J P, KRAMER G, 2014. Geology and composition of the Orientale Basin impact melt sheet[J]. Journal of geophysical research planets, 119(1): 19-29.

SRUTHI U, KUMAR P S, 2014. Volcanism on farside of the moon: new evidence from Antoniadi in South Pole Aitken basin[J]. Icarus, 242: 249-268.

STÖFFLER D, 2006. Cratering history and lunar chronology[J]. Reviews in mineralogy and geochemistry, 60(1): 519-596.

TAGUCHI M, MOROTA T, KATO S, 2017. Lateral heterogeneity of lunar volcanic activity according to volumes of mare basalts in the farside basins[J]. Journal of geophysical research: planets, 122(7): 1505-1521.

TAKEDA H, YAMAGUCHI A, BOGARD D D, et al., 2006. Magnesian anorthosites and a deep crustal rock from the farside crust of the moon[J]. Earth and planetary science letters, 247(3/4): 171-184.

TAYLOR G J, WARREN P, RYDER G, et al., 1991. Lunar Rocks[M]// HEIKEN G H, VANIMAN D T, FRENCH B M. Lunar sourcebook: a user's guide to the moon. Cambridge: Cambridge University Press: 183-284.

TREIMAN A H, MALOY A K, JR SHEARER C K, et al., 2010. Magnesian anorthositic granulites in lunar meteorites Allan Hills A81005 and Dhofar 309: geochemistry and global significance[J]. Meteoritics and planetary science, 45(2): 163-180.

WANG X, PEDRYCZ W, 2015. Petrologic characteristics of the lunar surface[J]. Scientific reports, 5: 17075.

WANG X, ZHAO S, 2017. New insights into lithology distribution across the moon[J]. Journal of geophysical research:planets, 122(10): 2034-2052.

WANG X, ZHANG X, WU K, 2016. Thorium distribution on the lunar surface observed by Chang'E-2 gamma-ray spectrometer[J]. Astrophysics and space science, 361(7): 1-11.

WARREN P H, 1985.The Magma Ocean Concept and Lunar Evolution[J]. Annual review of earth &

planetary sciences, 13(5): 201-240.

WARREN P H, 1993. A concise compilation of petrologic information on possibly pristine nonmare moon rocks[J]. American mineralogist, 78: 360-376.

WARREN P H, WASSON J T, 1980a. Early lunar petrogenesis, oceanic and extraoceanic[C]// Conference on the Lunar Highlands Crust, 11th, Houston.

WARREN P H, WASSON J T, 1980b. Further foraging of pristine nonmare rocks: correlations between geochemistry and longitude[C]// Conference on the Lunar Highlands Crust, 11th, Houston.

WENTWORTH S J, MCKAY D S, LINDSTROM D J, et al., 1994. Apollo 12 ropy glasses revisited[J]. Meteoritics, 29(3): 323-333.

WHITTEN J L, HEAD III J W, 2015. Lunar cryptomaria: physical characteristics, distribution, and implications for ancient volcanism[J]. Icarus, 247: 150-171.

WIECZOREK M A, PHILLIPS R J, 2000.The "Procellarum KREEP Terrane": implications for mare volcanism and lunar evolution[J]. Journal of geophysical research:planets, 105(E8): 20417-20430.

WIECZOREK M A, JOLLIFF B , KHAN A, et al., 2006a. The constitution and structure of the Lunar interior[J]. Reviews in mineralogy and geochemistry, 60(1): 221-364.

WIECZOREK M A, JOLLIFF B L, SHEARER C K, et al., 2006b. Supplemental data for new views of the moon, Volume 60: new views of the moon[DS/OL]. Washington D. C: Mineralogical Society of America. https:// www.minsocam.org/msa/rim/Rim60.html.

WIECZOREK M A, NEUMANN G A, NIMMO F, et al., 2013. The crust of the moon as seen by GRAIL[J]. Science, 339(6120): 671-675.

WILSON J T, EKE V R, MASSEY R J, et al., 2015. Evidence for explosive silicic volcanism on the moon from the extended distribution of thorium near the Compton-Belkovich Volcanic Complex[J]. Journal of geophysical research planets, 120(1): 92-108.

WÖHLER C, BEREZHNOY A, EVANS R, 2011. Estimation of elemental abundances of the lunar regolith using clementine UVVIS+NIR data[J]. Planetary and space science, 59(1): 92-110.

WOOD J A, 1972. Thermal history and early magmatism in the moon[J]. Icarus, 16(2): 229-240.

WU Y, 2012. Major elements and Mg# of the moon: results from Chang'E-1 Interference Imaging Spectrometer (IIM) data[J]. Geochimica et cosmochimica acta, 93: 214-234.

WU Y, ZHENG Y, ZOU Y, et al., 2010. A preliminary experience in the use of Chang'E-1 IIM data[J]. Planetary and space science, 58(14/15): 1922-1931.

YINGST R A, HEAD J W, 1997. Volumes of lunar lava ponds in South Pole - Aitken and Orientale basins: implications for eruption conditions, transport mechanisms, and magma source regions[J]. Journal of geophysical research: planets, 102(E5): 10909-10931.

ZEIGLER R A, KOROTEV R L, JOLLIFF B L, et al., 2005. Petrography and geochemistry of the

LaPaz Icefield basaltic lunar meteorite and source crater pairing with Northwest Africa 032[J]. Meteoritics & planetary science, 40(7): 1073-1102.

ZEIGLER R A, KOROTEV R L, HASKIN L A, et al., 2006. Petrography and geochemistry of five new Apollo 16 mare basalts and evidence for post-basin deposition of basaltic material at the site[J]. Meteoritics and planetary science, 41(2): 263-284.

ZHANG L Y, LI C L, LIU J J, 2005. Data processing plan of imaging interferometer of the Chang'E project[C]// Proceedings of the International Lunar Conference. Toronto, Canada.

编 后 记

《博士后文库》（以下简称《文库》）是汇集自然科学领域博士后研究人员优秀学术成果的系列丛书。《文库》致力于打造专属于博士后学术创新的旗舰品牌，营造博士后百花齐放的学术氛围，提升博士后优秀成果的学术和社会影响力。

《文库》出版资助工作开展以来，得到了全国博士后管委会办公室、中国博士后科学基金会、中国科学院、科学出版社等有关单位领导的大力支持，众多热心博士后事业的专家学者给予积极的建议，工作人员做了大量艰苦细致的工作。在此，我们一并表示感谢！

《博士后文库》编委会